가장 기묘한 수학책

WEIRDEST MATHS

가장 기묘한 수학책

스포츠부터 암호까지, 기묘함이 가득한 수학 세계로의 모험

데이비드 달링 ✦ 아그니조 배너지 지음
고호관 옮김

MID

| 추천사 |

이 책을 통해 학생들은 자칫 뻔하게 다가올 수 있는 수학사, 수학자 그리고 일상 속 수학적 궁금증과 고민을 방대한 자료조사와 수학적 통찰력으로 꿰뚫어 버리는 작가의 필력에 먼저 반하게 될 것입니다. 또 책 속으로 여행하며 상상력과 유머, 아름다움과 철학 그리고 미래의 예측에 이르기까지 다양한 분야에 대한 지식을 넓히고 나아가 수학에 대한 재미와 자신감을 키울 수 있을 것으로 확신하며 이 책을 추천합니다.

_양서고등학교 수학교사 전철

수학은 기묘한 것이다. 10대 수학 천재 아그니조 배너지와 그의 스승이자 과학 작가인 데이비드 달링은 수학에 대한 이국적이고 특이한 사실로 이 책을 가득 채운다.

_BBC SCIENCE FOCUS

숙련된 과학 작가와 젊은 수학 천재의 훌륭한 조합은 열정, 명료함, 그리고 흥미를 매 페이지에 내뿜는 결과를 낳았다. 이상하지만 정말 멋진 읽을거리이다.

_바비 시걸(『숫자, 삶을 바꾸는 마법』 저자)

목차

| 들어가면서 |

시인과 수학자의 차이는 시인은 자신의 머리를 천국에 집어넣으려고 노력하는 반면 수학자는 천국을 자신의 머리에 집어넣으려고 노력한다는 점이다.

- G. K. 체스터튼

수학적 진리는 변하지 않는다. 그건 물리적 현실 밖에 있다…. 이것이 우리의 믿음이다. 이것이 우리를 움직이는 핵심적인 힘이다.

- 조엘 스펜서

만약 대수학이 내게 도움이 될 때마다 1달러씩 받았다면, 내게는 x달러가 있을 것이다.

- 출처 불명

우리가 첫 번째 책을 쓰기 시작했을 때 한 사람은 61세의 과학 작가였고 다른 한 사람은 15세의 학생이었다. 있기 어려운 조합 같았지만, 아그니조는 평범한 십대가 아니었다. 내(데이비드)가 수학과 과학을 지도한다는 이야기를 들은 아그니조의 아버지는 내게 아그니조가 수학과 현대 물리학, 과학과 철학이 겹치는 분야에 관한 더욱 폭넓은 지식을 갖추도록 도와달라고 부탁했다.

아그니조의 학교에서는 더 가르칠 수 있는 게 없었고, 아그니조는 4학년 위의 학생들과 같은 시험을 치고 있었다(그러면서 거의 언제나 만점을 받았다).

아그니조에게 뛰어난 능력이 있다는 사실은 처음부터 분명했고, 비범한 암산 능력과 놀라운 기억력을 보여주었다. 그와 처음 만났을 때 나는 10년쯤 전에 내가 쓴 『보편적인 수학 백과사전』이라는 책을 빌려주었다. 수학 세계의 모든 것을 담은 책으로 400쪽이나 되는 꽤 두꺼운 책이다. 일주일 뒤에 아그니조가 책을 다시 가져왔는데, 읽고 상당 부분을 기억하고 있을 뿐만 아니라 몇 가지 소소한 오류까지 찾아냈다! 그때부터 우리의 수업은 평범한 수업과 달리 암흑에너지의 성질에서부터 시작해 상상하기 어려울 정도로 거대한 수의 이름에까지 이르는 대학원생 수준의 내용을 아우르게 되었다.

2015년 언젠가 나는 아그니조에게 각자 특별히 좋아하는 분야에 따라 장을 나누고 서로 교차 검증을 해주면서 함께 책을 쓰자고 제안했다. 다행히 출판사에서 이 특이한 공동 작업의 장점을 알아보고 제안을 받아들였다. 그 결과 2018년 초에 『기묘한 수학책』이라는 결실이 모습을 드러냈다.

2018년에 아그니조보다 큰 일을 해낸 17살짜리 수학자는 아마 거의 없을 것이다. 출판 작가가 된 지 얼마 지나지 않아 명성을 자랑하는 발칸 수학 올림피아드에 참가할 영국 대표로 뽑혔고, 이어서 2018년 국제 수학 올림피아드에 영국 대표로 출전했다. 단 한 번 참가한 국제 수학 올림피아드에서 아그니조는 만점으로 공동 1위를 차지했다. 지난 24년 동안 영국 참가자가 얻은 최고의 결과였다. 아그니조는 영국으로 돌아오자마자 다시 여행길에 나섰다. 이번에는 『기묘한 수학책』의 새로운 판본을 홍보하기 위해 가족과 함께 인도로 향했다. 그것으로도 충분하지 않다는 듯이 영국으로 돌아와 몇 주 쉬지도 않고서 스리니바사 라마누잔Srinivasa Ramanujan과 G. H. 하디Hardy, 찰스 배비지Charles Babbage 같은 수학계의 수많은 영웅이 다녔던 케임브리지대학교 트리니티 칼리지에서 수학 학위 과정을 시작했다.

기묘한 수학 3부작의 마지막 권인 『가장 기묘한 수학책』에서 우리는 이 기이하고 대단히 놀라운 세상을 폭넓게 살펴볼 것이다. 스포츠와 삶, 그리고 우주 그 자체와 관련된 수학을 탐구할 것이다. 수학 천재는 과연 무엇이 다른지 질문을 던지고, 어린 신동이었다가 세계 최고의 수학 경시대회에서 1위를 차지하게 된 아그니조의 여정을 살펴볼 것이다. 소설 속의 수학에 관해서 알아보고, 아름다움이 신뢰할 만한 진리의 척도라는 주장을 검토하고, 앞으로 수학자가 이루어 낼 일에 관해서도 질문을 던져 볼 것이다.

많은 사람에게 수학은 지루하고 어려워 보인다. 나중에는 어떻게든 없애야 할 학교의 어쩔 수 없는 단점이기도 하다. 하지만 수학은 단순한 계산보다 헤아릴 수 없을 정도로 심오하다. 우리 주변과 우리 내부의 모든 것(음악, 예술, 자연, 정신)에 스며들어 현실의 보이지 않는 기반을 이룬다. 수학은 딱딱하고 어렵기는커녕 생기 넘치고 매혹적이며, 기묘한 만큼이나 놀라운 학문이다.

1장 천재

재능은 불꽃이다. 천재는 불이다.

\- 버나드 윌리엄스

존 폰 노이만John von Neumann은 6살 때 암산으로 8자리 수를 곱하거나 나눌 수 있었고, 몇 년 뒤에는 어려운 미적분 문제를 풀 수 있을 정도가 되었다. 또한, 고대 그리스어로 대화하거나 힐끗 보고 암기한 전화번호부를 통째로 암송해 부모님의 친구들을 즐겁게 해주기도 했다. 어른이 되어 꽃을 피울 놀라운 재능의 전조였다. 경제학자 폴 새뮤얼슨Paul Samuelson은 폰 노이만에 대해 자신이 만나본 사람 중에 "가장 두뇌 회전이 빠른 사람"이라고 말했다. 폴란드 출신의 영국 수학자 제이콥 브로노우스키Jacob Bronowski는 1973년 다큐멘터리 <인류의 상승>에서 폰 노이만이 "자신이 아는 사람 중 단연코 가장 영리한 사람"이라고 했다.[*]

* 브로노우스키가 두 번째로 영리하다고 생각한 사람은 이탈리아계 미국 물리학자 엔리코 페르미(Enrico Fermi)였다

천재라는 단어를 정의할 수 있을까

오늘날 '천재'라는 딱지는 너무 많이 쓰이고 있다. 게다가 아름다움처럼 주관적인 면이 있어 정확하지도 않다. 지능 지수라고도 부르는 IQ와 같은 수치 하나로 천재의 기준을 정할 수 있다는 주장은 검증이 되지 않았다. 20세기 초 프랑스 심리학자 알프레드 비네Alfred Binet의 연구를 바탕을 만들어진 보편적인 IQ테스트는 평균 지능을 100 정도에 두고 약 160이 넘을 경우 천재라고 평가한다. 하지만 신문에 실리는 가로세로퍼즐과 마찬가지로 IQ테스트는 나이와 연습량에 따라 (어느 정도까지는) 좋아질 수 있다. 게다가 이 테스트는 특정 사고방식을 선호한다. 만약 베토벤과 피카소, 아인슈타인의 천재성을 멘사 가입 테스트 점수로 순위를 매긴다고 하면 누가 기꺼이 받아들이겠는가? 20세기의 위대한 이론물리학자로 폭넓게 인정받고 있으며 1965년 노벨 물리학상 공동수학자(줄리언 슈윙거Julian Schwinger와 도모나가 신이치로Tomonaga Sin-Itiro와 함께)였던 리처드 파인만Richard Feynman이 학교에서 받은 IQ테스트 결과는 고작 125였다. 나와 함께 책을 쓰는 아그니조는 12세에 멘사 가입 테스트를 치렀고, 나올 수 있는 최고 점수인 162점을 받으며 같은 나이의 스티븐 호킹Stephen Hawking을 앞섰다. 하지만 뛰어난 지능을 나중에 유용하게 활용하지 않는 한 그런 비교가 의미 없다는 사실을 스스럼없이 인정했다.

양육 환경과 천재성은 관련있을까

천재, 특히 수학 천재란 무엇일까? 누구에게나 천재가 될 수 있는 잠재성이 있어 그걸 이용할 방법만 찾으면 되는 걸까? 아니면, 개인의 두뇌 속에 처음부터 천재의 '번뜩임'이 있어야만 하는 걸까? 비범한 능력과 성취의 형태는 매우 다양하기 때문에 쉽게 답을 낼 수는 없다.

예를 들어 존 폰 노이만은 어떤 기준으로 보아도 의심의 여지 없는 천재지만 좋은 환경에서 자랐다. 1903년 부다페스트의 유대인 부모에게서 태어난 폰 노이만은 돈으로 얻을 수 있는 이익을 모두 취했다. 8세에는 재력 있는 사람들을 위한 헝가리 수도의 뛰어난 교육 체계의 정점에 있는 예비학교 세 곳 중 한 곳인 파소리 에반젤리쿠스 김나지움에 들어갔다. 이 엘리트 교육 체계는 1890년대에서 1930년대 사이에 과학과 수학의 세계 무대에서 중요한 역할을 한 세대를 만들어냈다. 폰 노이만뿐만 아니라 수학자이자 우주공학자 테오도르 폰 카

20세기 최고의 수학자로 폭넓게 인정받고 있는 존 폰 노이만. 1956년의 모습.

르만Theodore von Kármán, 방사화학자 게오르크 드 헤베시George de Hevesy, 물리학자 레오 실라르드Leó Szilárd, 유진 위그너Eugene Wigner, 에드워드 텔러Edward Teller, 그리고 왕성한 연구로 유명한 수학자 에르되시 팔Erdős Paul 등이 있다. 이 재능 있는 헝가리 유대인 대부분은 20세기 전반에 미국으로 건너가 초인간적이라고 할 만한 능력으로 금세 명성을 얻었다. 언젠가 실라르드는 지적인 외계인이 존재할 것 같은데 왜 아직까지 발견되지 않았냐는 – 이른바 페르미 역설 – 질문을 받고 이렇게 대답했다. "외계인은 이미 우리 사이에 있다. 다만 스스로 헝가리인이라고 부를 뿐이다."

동유럽인이 다른 이들보다 더 똑똑하게 태어난다고 주장하는 사람은 없다. 위 사례가 보여주는 건 올바른 양육과 교육이 지적 재능을 기르는 데 도움이 된다는 것뿐이다. 하지만 천재에게 그 이상의 뭔가가 있는 건 분명하다. 세상에 등장했던 위대한 수학자 중 몇몇은 변변찮은 환경 속에서 태어났기 때문이다.

타고난 천재, 가우스

1777년 지금의 독일 니더작센주에서 태어난 카를 프리드리히 가우스Carl Friedrich Gauss를 보자. 오늘날 가우스는 유클리드나 아이작 뉴턴, 레온하르트 오일러Leonhard Euler 같은 수학의 거장들과 어깨를 나란히 한다. 그러나 가우스의 출신은 대단치 않았다. 아버지는 정원사, 벽돌공, 정육사 등 생계를 유지

할 수 있다면 손에 닿는 대로 일을 했다. 어머니는 글을 읽거나 쓸 줄 몰랐고, 가우스의 생일도 기록해 놓지 않았다. 그래도 그게 주님 승천 대축일, 즉 부활절 40일 뒤로부터 8일 전인 수요일이라는 사실은 기억했다. 시간이 흘러 가우스는 자신의 생일만이 아니라 과거와 미래를 막론한 모든 해의 부활절 날짜를 계산할 수 있는 공식을 만들었다.

심지어 아장아장 걷던 시기에도 가우스의 수 감각은 두드러져 말도 간신히 할 나이에 덧셈을 할 수 있었다. 갓 세 살이 되었을 때는 아버지의 세금 계산에서 실수를 찾아냈다. 일곱 살 때는 학교 선생님이 아이들이 푸는 데 한참 걸릴 거라고 생각한 문제를 몇 초 만에 풀어냈다. 1부터 100까지 모두 합하는 문제였다. 가우스는 그 합계를 합이 101이 되는 50쌍의 덧셈으로 - (1+100)+(2+99)+…+(50+51) - 나눌 수 있다는 사실을 금세 알아냈다. 그러면 총합은 101 곱하기 50으로, 5050이 된다. 열 살이 되었을 때는 '이항정리binomial theorem'라는 수학 개념과 관련해 중요한 발견을 하기도 했다. 뉴턴이 먼저 알아냈던 것이지만, 가우스는 그 사실을 몰랐다. 어린 신동의 성취에 대한 소문이 퍼지자 브라운슈바이크 공작이 가우스가 더 많은 교육을 받을 수 있도록 후원해 주었다.

덕분에 가우스는 칼리지움 카롤리눔에 다녔고, 18세에 수학 학위를 받은 뒤 대학원 공부를 위해 명망 있는 괴팅겐대학교에 진학했다. 박사 학위를 받고 1년 뒤인 1796년에는 눈금 없는 자와 컴퍼스만으로 정17각형을 작도할 수 있다는 사실을 보임으로써 기하학의 중요한 문제를 해결했다. 그리스인은 자와 컴퍼스만으로 3, 5, 15각형을 작도하는 방법을 알아냈지만, 아무리 노력해도 같은 방법으로 17각형을 작도하는 데 성공하지는 못했다. 이 발견은 가우스로 하여금 역시나 뛰어난 능력을 보이고 있었던 언어 대신 수학에 집중하게 했다. 얼마 뒤인 같은 해에 가우스는 모든 수를 최대 세 개의 삼각수*의 합으로 나타낼 수 있다는 사실을 알아냈다.

가우스가 이룬 성취 중에서 가장 화려했던 건 사라진 천체를 찾아냈던 일이다. 1801년 이탈리아 천문학자 주세페 피아치Giuseppe Piazzi는 기존의 항성 목록에 올라와 있지 않은 희미한 천체를 발견하고 여기에 세레스라는 이름을 붙였다. 몇 주에 걸쳐 추적한 결과 세레스는 별이 아니라 태양 주위를 도는 천체임을 알 수 있었다. 하지만 그때 피아치는 병에 걸려 이 새 천체를 놓쳐버리고 말았다. 다행히 가우스는 피아치가 남긴 약간의 관측 결과만 가지고 천체의 궤도와 대략적인 위치를 알아내었다. 오늘날 우리가 알다시피 세레스는 소행성대에서 가장 큰 천체다. 사실 왜소행성으로 다시 분류할 정도로 크다.

가우스는 학교에 들어가기 전부터 수학에 비범한 재능을 보였다. 능력을 인정받고 발전할 기회를 얻지 못했어도 그렇게 꽃을 피울 수 있었을지는 미지수지만, 그 천재성은 타고난 것으로 보인다. 어떤 면에서 가우스는 좀 더 최근에 살았던 다른 천재와 비슷하다.

---

* 1+2+⋯+n 형태로 나타낼 수 있는 수. 예를 들어 1, 3, 6, 5050 등

20세기의 가장 뛰어난 수학자

20세기의 가장 뛰어난 수학자는 가우스처럼 노동자 계급의 부모에게서 태어났고, 어려서 아주 소박한 교육을 받았다. 그러나 11세에 처음으로 학교에서 정규 수학을 접하게 된 스리니바사 라마누잔이 다른 차원에서 놀고 있다는 건 분명했다. 십대 초반의 라마누잔은 다른 학생들을 가르쳤고, 새로운 개념을 수월하게 터득했고, 여러 차례 상을 받았다. 1903년 16세 때 『기초 결과 개요』라는 정말 별것 아니어 보이는 제목의 책을 도서관에서 빌렸는데, 사실 그 책은 악명 높을 정도로 어려운 케임브리지대학의 졸업 시험(수학 트라이포스 Mathematical Tripos라고 부른다)을 바탕으로 순수 수학 분야의 약 5,000가지 결과를 빽빽하게 담고 있었다. 단지 책의 내용을 흡수하는 데 만족하지 못했던 라마누잔은 누구의 도움도 받지 않고 혼자서 그 결과를 전부 도출하기 시작했다. 그 과정에서 하늘에서 뚝 떨어진 듯한 놀라운 결론을 풍성하게 떠올리기도 했다.

어디서 나왔는지 알 수 없는 이 광기에 가까운 창의성은 라마누잔의 연구를 나타내는 특징이 되었다. 생을 마칠 때까지 라마누잔은 자신의 주요 통찰과 발견 모두를 논리를 넘어선 한 존재의 덕으로 돌렸다. 바로 나마기리(라마누잔의 고향) 여신이었다. 라마누잔은 여신이 꿈에 나타나 공식을 알려주면, 자신이 깨어나서 확인한다고 말했다. 그러나 라마누잔의 증명은 종종 불완전해서 확인하거나 때로는 이해하는 것조차 힘들었다. 가끔은 완전히 틀린 것도 있었다.

만약 20대 때 저명한 영국 수학자들에게 편지를 보내지 않았다면 라마누잔은 무명의 수학자로 남아있었을 것이다. 그의 편지를 받은 수학자 중 단 한 명만이 이를 진지하게 받아들였다. 다행히 그 한 사람은 케임브리지대의 명성 있는 학자이자 저명한 정수론자로, 자신도 어린 시절부터 재능을 꽃피웠던 G. H. 하디였다. 아장아장 걷던 시절에 수백만까지 수를 썼고, 좀 더 커서는 교회에서 찬송가 번호를 소인수분해하면서 시간을 보낸 사람이었다. 하디는 라마누잔의 편지에서 뭔가 특별한 것을 알아챘다. 이 인도인이 내놓은 결과 일부는 기존 수학과 일치했지만, 고도로 발전되어 있었고 생소한 방식으로 결과에 도달했다. 완전히 새로워 보이는 결과도 있었는데, 하디는 "그게 옳지 않다면 누구도 그걸 만들어낸다는 상상을 하지 못했을 것이기 때문"에 아마도 옳을 것이라고 생각했다. 안타깝게도, 불과 7년 뒤에 써야 했던 라마누잔의 부고에서 하디는 라마누잔이 "최고 수준의 수학자이며, 특출난 독창성과 능력을 함께 지닌 사람"이라고 말했다. 수학 능력에 개인적으로 점수를 매길 때 하디는 자신에게는 겸손하게 25점, 케임브리지대학교의 가까운 동료인 존 리틀우드John Littlewood에게는 30점, 당시 가장 유명했던 수학자 다비트 힐베르트David Hilbert에게는 80점을 주었다. 그리고 라마누잔에게는 100점을 주었다.

하디는 라마누잔을 케임브리지로 초청했고, 두 사람은 지금 아그니조가 공부하는 바로 그 트리니티 칼리지에서 막강한 팀을 이루었다. 하디는 젊은 라마누잔에게 학술지에 출판하고 다른 수학자에게 검증받을 수 있도록 정석적인 방법으로 증명을 써내려가는 방법을 가르쳤다. 그러면서도 라마누잔이 배우지 못한 전통적인 수학 교육을 가르치는 것이 가능하지도 바람직하지도 않다는 사실을 인식하고 있었다. 하디는 그런 교육의 위험성을 잘 알고 있었다. 그런 교육이 진정한 천재의 징후이자 산물인 비범한 창의성을 억누른 경우가 많았기 때문이다.

어떤 주제에 관해 너무 잘 알면 지나치게 조심스러워질 수 있다. 머릿속에 전통적인 지혜가 가득하다면 괜찮아 보이는 생각이 떠올라도 예전에 배웠던 것과 일치하지 않을 경우 틀렸다는 생각이 들게 마련이라 감과 직관을 의심하게 될 수 있다. 만약 라마누잔이 돈이 많이 들지만 전통적인 교육을 받았다면, 그 천재성이 그렇게 밝고 독특하게 빛날 수 있었을까? 수학 천재에게도 밟고 올라가야 할 토대는 분명 필요하다. 하지만 세상에 순응하도록 그들의 재능을 짓밟지 않으면서 천재를 키우려면 정식 학교 교육을 얼마나 시켜야 적당할까?

경지에 이르는 일

라마누잔의 천재성에서 가장 신기한 측면은 그게 초자연적인 원천에서 나왔다는 라마누잔의 확신이었다. 특히 과거의 예술가와 음악가는 자신의 작품이 신에게서 영감을 받았다고 표현한다. 레바논 출신의 미국 신비수의 시인이자 예술

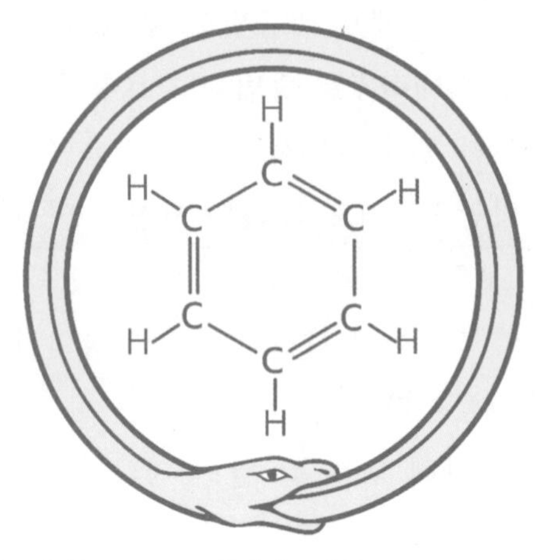

케쿨레가 꿈속에서 보았다는 우로보로스와 벤젠 고리 구조

가였던 칼릴 지브란Kahlil Gibran은 이런 의문을 품었다. '나는 전능하신 신의 손으로 연주하는 하프일까? 아니면 그분의 숨결이 지나가는 플루트일까?' 수학자나 과학자가 자신을 상위에 있는 권능의 대리인으로 여기는 일은 더 드물지만, 문득 떠오른 영감의 중요성에 관해 이야기하는 일은 흔히 있다. 독일 화학자 아우구스트 케쿨레August Kekulé가 꿈속에서 자기 꼬리를 물고 있는 뱀(우로보로스*라고 하는 고대의 기호로, 끊임없는 순환을 상징한다)을 보고 벤젠 고리를 발견했다고 한 일은 유명하다. 프랑스의 철학자이자 수학자였던 르네 데카르트René Descartes와 수학자 앙리 푸앵카레Henri Poincaré 역시 무의식중에 떠오른 그림 덕분에 중요한 발견을 할 수 있었다고 한 바 있

* '꼬리를 삼키는 자'라는 뜻의 그리스어

다. 1904년에 나온 자신의 책 『과학의 기초』의 한 장 '수학적 창조'에서 푸앵카레는 이렇게 표현했다.

> 잠재의식적인 자아는 의식적인 자아보다 절대 열등하지 않다. 그건 완전히 무의식적인 게 아니다. 분별력이 있고, 솜씨가 있고, 섬세함이 있다. 그건 선택하는 법을, 예측하는 법을 안다.

푸앵카레도 위대한 수학 천재의 한 명으로 폭넓게 인정받는 인물이다. 사후(푸앵카레는 1912년에 세상을 떠났다)에 수학의 영역이 너무 넓어지면서 아무리 예리한 사람이라고 해도 모든 면에 통달할 수는 없게 되었기 때문에 푸앵카레는 '최후의 박식가'라고 불린다.

스위스의 정신의학자이자 정신분석가 카를 융Carl Jung은 꿈을 통해 지식이 전해진다는 고대 전통의 중요성을 20세기의 이성이 떨어뜨렸다고 이야기한 바 있다. 그러나 지난 100년간 최고의 물리학자로 꼽히는 알베르트 아인슈타인Albert Einstein은 자신의 가장 큰 업적이 난데없이 나타났다는 사실을 선선히 인정했다. 1905년 봄의 어느 날 밤 "머릿속에 폭풍이 몰아쳤고, 다음 날 아침이 되자 마치 손아귀에 우주의 설계도가 있는 것과 같았다"고 회상했다. 그 뒤로 몇 주 동안 아인슈타인은 쉬지 않고 미친 듯이 연구하며 특수상대성이론의(새로운 시공간의 물리학의) 근간이 된 31쪽짜리 공책을 채웠다.

꿈이나 백일몽, 깊은 잠에서 깨어나면서 깨달음을 얻었을 때 그 원인을 신이나 다른 불가사의한 우주의 영향으로 돌리는 건 이해하기 어렵지 않다. 라마누잔은 자신의 가족과 고향의 종교에 완전히 빠져 있었고, 습관적으로 좋은 결과를 부와 성공을 상징하는 힌두교 여신 락슈미의 현지 형태인 나마기리의 덕으로 돌렸다. 라마누잔의 마음속에 있는 여신의 모습이 잠재의식 속의 수학적 묵상과 겹치는 것도 당연했다. 라마누잔이 가장 집착하는 두 가지가 하나로 융합한 것이다. 인격신은 믿지 않는 대신 스피노자의 신, "경험하는 세계 속에서 스스로 드러나는 우월한 정신"에 가까운 존재를 믿는다고 공공연히 말했던 아인슈타인조차도 때때로 자신의 아이디어가 신에게서 나왔다고 말했다.

우리는 모두 성가신 문제로 골머리를 앓다가 잠이 들었는데 깨어나 보니 밤 사이에 명백한 해결책이 떠올라 있는 경험에 익숙하다. 원래 우리 두뇌는 의식적인 개입 없이 생각을 정리하는 데 뛰어나다. 사실 많은 경우에 생각은 방해만 되는 듯하다. 하지만 필수적인 지식이나 기술 없이 어려운 문제를 해결하려고 한다면 어떤 노력도 소용이 없다. 훌륭한 수학자에게 뛰어난 통찰력이 있을 수는 있다. 하지만 그 전에 이미 그 주제에 관해 많은 것을 알고 있고, 오랜 시간을 들여 생각한다. 삶의 어떤 분야에서든 이는 마찬가지다. 최고의 테니스 선수는 공이 물 흐르듯 날아가고 몸이 자동으로 움직이는 듯한 '경지에 이르는 것'에 관해 이야기한다. 하지만 그런 경험은 오랜 연습과 헌신이 바탕이 되어야만 얻을 수 있다.

아르헨티나계 미국인 수학자이자 컴퓨터과학자로, 정보

이론에 중요한 업적을 남긴 그레고리 차이틴Gregory Chaitin은 지적으로 '경지에 오른다'는 게 어떤 것인지를 이렇게 묘사했다.

> 나는 새로운 수학 이론을 만드는 내 경험만 살펴볼 수 있는데, 그게 어디서 오는 건지는 모른다고 말할 수밖에 없다…. 뭔가 활기를 띠거나 좀 더 예민해지는 것 같다. 그건 멋진 상태다. 오래 지속되지는 않는다. 그건 놀라운 기분이다.

천재성을 인정받기 위한 환경의 중요성

지능이든 어떤 예술적 재주든 운동 능력이든 뛰어난 능력이라는 주제가 나올 때마다 유전인가 환경인가 하는 해묵은 문제가 튀어나오기 마련이다. 양쪽 다 각자 한계가 있다. 아무리 강한 의지가 있고 오랫동안 훈련을 한다고 해도, 심지어 몸 상태가 최상일 때라고 해도 독자 여러분은 우사인 볼트만큼 빨리 뛸 수 없다. 육체라는 기본적인 재료가 받쳐주지 않는다면 환경만으로는 한계가 있다. 마찬가지로, 잠재적인 천재도 올바른 격려와 지원을 받지 못하면 낭비될 수 있다. 어떤 경우에는 유전이 먼저고 환경이 그 뒤를 따르는 듯하다. 가우스와 라마누잔의 경우가 그렇다. 반대로 처음에는 별로 유망하지 않았지만 이후에 뛰어난 수학자와 과학자가 되는 경우도 있다.

자크 아다마르Jacques Hadamard는 19세기 말에 소수 정리를 증명해(동시대의 벨기에 수학자 샤를 드 라 발레푸생Charles de la Vallée Poussin도 독립적으로 증명했다) 명성을 얻은 수학자다. 이 정리는 수직선 상의 소수 분포와 관련이 있으며, 수학의 가장 위대한 미해결 난제인 리만 가설에도 영향을 끼친다. 그러나 스스로 밝혔듯이, 아다마르는 대기만성형이었다. "산수 과목에서 나는 5학년(10~11살)이 될 때까지 꼴찌거나 거의 꼴찌였다."

선형대수학*의 창시자 중 한 명인 헤르만 그라스만Hermann Grassmann도 마찬가지였다. 몇 세기 전, 젊은 시절의 그라스만은 당시의 프러시아에서 아버지가 수학과 물리학을 가르쳤던 슈체친 김나지움에서 공부하고 있었다. 그라스만의 아버지는 자식의 수학 잠재력에 그리 낙관적이지 않았고 정원사가 되는 게 어떻겠냐고 권했다. 인류에게 다행스럽게도, 그라스만은 비록 수학이 아니라 신학, 고전언어, 철학을 공부했지만 베를린에서 대학을 다니며 학업을 계속했다. 다시 수학으로 돌아온 계기도 대단치 않았는데, 아버지처럼 학교에서 가르치는 데 필요한 자격시험을 치르려고 1년 동안 준비하기로 하면서였다. 그라스만은 시험 준비를 위해 조수간만 이론에 관한 에세이를 쓰다가 벡터 공간이라는 개념과 함께 완전히 새로운 수학적 접근법 - 오늘날의 선형대수학 - 을 도입했다.

하지만 당시에 그라스만은 자신의 혁신적인 발견의 공로를 거의 인정받지 못했다. 결국 교사 자격을 따는 데는 성공해

* 오늘날 양자역학에서 기계학습에 이르기까지 과학에 다양하게 쓰이고 있는 분야

1852년 53세의 나이로 '교수' 칭호와 함께 슈체친 김나지움에서 아버지가 보유하고 있던 위치에 올랐다. 하지만 대학교에서 가르치고 싶다는 커다란 야망은 다른 수학자 에른스트 쿠머Ernst Kummer가 프러시아 교육부에 보낸 보고서 때문에 이루지 못했다. 이 보고서에서 쿠머는 조수간만에 관한 그라스만의 획기적인 에세이가 "칭찬할 만큼 좋은 내용이지만, 형식에 문제가 있다"고 적었다.

이러한 비판은 그라스만의 삶에 꾸준히 등장했다. 아주 약간의 경우를 제외하고는 동료들은 그 아이디어의 중요성을 이해하지 못한 채 계속해서 그라스만의 방법론을 공격했다. 1844년에 나온 그라스만의 첫 번째 훌륭한 저작 『확장 이론』은 거의 완전히 무시당했다. 18년 뒤에 나온 새 판본도 마찬가지였다. 아우구스트 페르디난트 뫼비우스August Ferdinand Möbius와 오귀스탱 루이 코시Augustin-Louis Cauchy, 주세페 페아노Giuseppe Peano 같은 저명한 수학자들은 그라스만의 연구에 관해 알고 있었고, 페아노는 자연수의 기초에 관한 자신의 저작에서 그라스만의 개념이 쓰인 부분을 너그럽게 인정해주기도 했다. 하지만 그라스만은 시대를 너무 앞서 있어 적절한 평가를 받지 못한 것이 사실이다. 게다가 당시에는 아직 생겨나지 않았던 집합론처럼 자신의 아이디어를 엄밀하게 표현할 수 있는 언어와 수학적 도구가 없었다. 돌이켜보면 그라스만은 사실 혼자서 수학의 새로운 분야 하나를 만들어낸 몇 안 되는 인물 중 하나다. 하지만 헤르만 바일Hermann Weyl을 비롯한 다른 수학자들이 선형대수학, 특히 벡터 공간의 핵심 개념을 정식으로 정의한 20세기 초까지 그라스만의 천재성과 그가 이룬 성취의 수준은 제대로 인정받지 못했다.

자신의 아이디어가 인정 받고 뿌리를 내릴 수 없는 시대에 살았던 과거의 천재는 얼마나 많았을까? 적어도 그라스만은 사후에라도 그 대단한 선견지명을 인정받았다. 그러나 지난 수 세기에 걸쳐 수학이나 과학에 혁명을 가져올 수도 있었을 수많은 사람이 시대와 장소를 잘못 타고난 탓에 이름을 알리지 못하고 사라졌을 게 분명하다.

천재의 대명사 아인슈타인

공교롭게도, 알베르트 아인슈타인은 모든 면에서 운이 좋았다. 물리학은 혁명을 받아들일 수 있을 정도로 성숙해 있었고, 유럽에서는 그에 필요한 이론적 기반이 개발되고 있었다. 새로운 과학의 패러다임을 알리는 데는 단지 깊은 통찰력과 도발적인 성격으로 무장한 천재만 필요한 상황이었다.

누군가에게 천재의 이름 하나를 말해 보라고 하면 '아인슈타인'이 나올 가능성이 크다. 그리고 아마 웃음기 있는 눈과 길고 덥수룩한 머리를 한 노인의 사진을 떠올릴 것이다. 성년기의 아인슈타인은 기록이 잘 남아있지만, 어린 시절은 별로 그렇지 않다. 간혹 아인슈타인이 대기만성형이었다는, 9살이 될 때까지 말도 잘 못했고 교사가 학습부진아라고 생각했다는 이야기가 들릴 때도 있다. 좀 더 그럴듯한 설로는, 몇몇 정신의학자의 주장처럼, 아인슈타인에게 아스퍼거 증후군이 있었다는 게 있다. 폭이 좁고 흔히 알 수 없는 관심사에 대한 몰입, 사회적 관습 무시, 일반적인 대화에 대한 무관심, 그리고 때로는 단정하지 못한 용모 등의 특징을 보이는 질환이다. 아인슈타인은 세상을 떠났고 당시에는 그 질환에 관한 이해가 부족했기 때문에 그런 진단은 불확실하고 논쟁적일 수밖에 없다.

하지만 어린 시절의 아인슈타인이 수학에 아주 집중했다는 건 확실하다. 12살 때 아인슈타인은 가족의 친구로 매주 찾아와 자신을 가르쳐 주었던 의대생 막스 탈미Max Talmey에게서 기하학 교과서를 받았다. 훗날 탈미는 이렇게 회상했다. "여름 한 철 동안 아인슈타인은 책 전체를 읽었다. 이어서 좀 더 수준 높은 수학에 빠져들었다…. 곧 수학적 천재성이 너무 높이 날아올라 나로서는 따라갈 수 없었다." 같은 해에 아인슈타인은 미적분을 독학하기 시작했고, 1~2년 안에 터득했다. 같은 시기에 웬만한 성인이라도 당혹스러워할 만큼 두껍고 어려운 책인 임마누엘 칸트Immanuel Kant의 『순수이성비판』에도 열중했다. 다른 과목에 있어서는 평균 정도에 불과했다. 그래서 취리히 연방공과대학교에 한 번에 입학하지 못했던 것이다. 집중하는 분야가 좁았을 뿐만 아니라 사회성이 활발하지 않다는 점도 아스퍼거 증후군의 증상과 맞아떨어진다. 아인슈타인 자신의 말에 따르면,

나는 진정 외로운 여행자이며, 한 번도 내 나라, 내 가족, 내 친구, 심지어는 내 육친에게 진심으로 속했던 적이 없다. 이런 속

박에도 불구하고 나는 결코 거리감과 고독하고 싶은 욕구를 잃지 않았다….

스위스의 한 작은 대학에서 학위를 받은 뒤 마침내 취리히 연방공대에 들어가게 된 아인슈타인이 항상 스승에게 인상을 남겼던 건 아니다. 헤르만 민코프스키Hermann Minkowski는 아인슈타인을 가리켜 "수학에 전혀 관심이 없는 게으른 개"라고 불렀다. 물론 그게 사실은 아니었다. 아인슈타인은 수학과 물리학에 깊은 관심이 있었다. 정식 교육의 일부로 접한 견해나 문제에 관해서는 별로 그렇지 않았을 뿐.

졸업한 뒤 아인슈타인은 많은 자유로운 사상가가 그랬듯 쉽게 일자리를 구하지 못했다. 하지만 몇 년 뒤 학교에서 만난 한 친구의 아버지 덕분에 스위스 특허청에서 사무원으로 일할 수 있었다. 일은 그다지 힘들지 않아서 남는 시간에 자신의 아이디어를 발전시킬 수 있었다. 1905년 '기적의 해'에 아인슈타인은 광전 효과, 브라운 운동, 특수상대성이론, 질량 에너지 등가에 관한 일련의 논문을 발표했다. 이중 어느 하나만으로도 노벨상을 받을 수 있을 정도였다(실제로는 첫 번째 논문으로만 받았다). 그때 아인슈타인은 26살이었고, 능력은 정점에 올라 있었다. 그 뒤로도 한 10년간은 계속 정점을 유지했고, 그동안 일반상대성이론이라는 급진적인 새 중력 이론을 만들었다. 하지만 1915년 이후로 아인슈타인의 창의성은 예전만 못해졌고, 남은 생애에는 더 이상 혁신적인 이론을 개척하지 못했다.

G. H. 하디는 1940년에 발표한 회고록 『어느 수학자의 변명』에서 이렇게 썼다. "어떤 수학자도 수학이 다른 어떤 예술이나 과학보다도 젊은이의 분야라는 사실을 절대 잊어서는 안 된다." 하디의 소감은 흔히 물리학, 특히 고도로 수학적인 이론물리학으로까지 번지곤 한다. 이 주장을 뒷받침하는 사례는 분명히 많다. 아인슈타인도 그중 하나다. 아인슈타인의 천재성은 20세기 초에 10여 년 정도 강렬하게 불타올랐고, 그 뒤로는 사그라들었다.

1933년 마지막 학문적 고향인 뉴저지의 프린스턴 고등과학원으로 온 아인슈타인은 중력과 전자기력을 통합하는 이론을 향한 길고 헛된 여행을 시작했다. 이곳에서 아인슈타인이 만난 두 명의 위대한 지성이 있다. 둘 다 각자 자신만의 방식으로 비범했는데, 한 명은 아인슈타인의 가까운 친구가 된 오스트리아 논리학자 쿠르트 괴델Kurt Gödel이었다. 그리고 다른 한 명은 존 폰 노이만이었다.

20세기의 최고를 다투는 천재로서 아인슈타인과 폰 노이만은 흥미로운 차이점을 보인다. 오늘날에는 아인슈타인이 훨씬 더 유명하지만, 폰 노이만의 성취는 범위가 더 넓고 더 젊은 시절부터 이루어졌다. 19세가 되었을 때 폰 노이만은 이미 중요한 수학 논문 두 편을 발표했고, 두 번째 논문에서는 이른바 '서수* ordinal number'라는 개념을 현대적으로 정의했다. 그 뒤로도 게임 이론과 초창기 전자 컴퓨터 분야를 개척했고,

* 자연수 개념을 일반화하는 데 쓰이는 수

원자폭탄 개발을 위한 미국의 일급 기밀 계획이었던 맨해튼 프로젝트에서 탁월한 역할을 했다.

맨해튼 프로젝트에서 함께 일했던 폰 노이만의 동료 한 사람은 마찬가지로 IQ가 높은 헝가리인인 유진 위그너였다. 두 사람은 부다페스트의 같은 엘리트 학교를 1년 차이로 함께 다녔다. 왜 그 세대의 헝가리인 중에 천재가 많냐는 질문은 받은 1963년 노벨 물리학상 수상자 위그너는 천재는 폰 노이만 한 사람뿐이라고 대답했다. 어쩌면 어렸을 때부터 친한 친구여서 선입견이 있었을지도 모르지만, 위그너는 폰 노이만을 가리켜 "유일하게 완전히 깨어 있는 사람"이라고 말했다. 그러나 아인슈타인과 폰 노이만을 비교할 때는 이렇게 이야기했다.

> 아인슈타인은 폰 노이만보다도 더 깊게 이해한다. 아인슈타인의 정신은 폰 노이만보다 더 예리하고 더 독창적이다.

천재성이라고 하는 것, 그리고 생각의 속도(이 점에서는 어느 모로 보나 폰 노이만이 특별했다), 이해의 깊이(위그너에 따르면 아인슈타인이 뛰어났다), 독창성, 창의성 등 천재성이 드러나는 형태에 영향을 끼치는 요소는 다양해 보인다. 때로는 아인슈타인이나 라마누잔과 같은 경우처럼 천재의 관심사가 좁을 때도 있지만, 폰 노이만이, 그리고 레오나르도 다 빈치 같은 몇몇 르네상스인이 더욱 잘 보여주듯이, 어떨 때는 많은 분야에 걸치기도 한다. 생전에 많은 인정을 받았음에도 불구하고 오늘날 폰 노이만은 고등과학원에서 한 건물에 있었던 아인슈타인과 같은 명성을 떨치지 못한다. 그러나 아인슈타인이 고등과학원으로 온 뒤로 사실상 정체 상태였던 것과 달리 폰 노이만은 비교적 짧은 삶을 마칠 때까지 연이어 대단히 어려운 과제를 떠맡으며 활약했다. 양자역학의 수학에서 일기예보나 수문학 같은 실용적인 문제, 컴퓨터의 기초, 세포 자동자에 이르는 여러 분야에서 중심적인 역할을 했다. 폰 노이만은 자신이 능통한 수학의 여러 분야를 물리학과 전산학 연구에 활용했다. 또, 기억력이 놀라울 정도로 뛰어났다. 수학자이자 컴퓨터과학자로, 에니악 컴퓨터 계획에 참여했던 헤르만 골드스타인Herman Goldstine은 이렇게 기록했다.

> 내가 아는 한 폰 노이만은 책이나 글을 한 번 읽고 정확히 그대로 인용할 수 있다. 심지어 몇 년이 지난 뒤에도 막히는 데 없이 그렇게 한다…. 한 번은 내가 그 능력을 시험해 보려고 '두 도시 이야기'가 어떻게 시작하는지 들려달라고 했다. 그러나 폰 노이만은 전혀 주저하지 않고 곧바로 첫 장을 암송하기 시작했고, 10분인가 15분 뒤에 그만하라고 할 때까지 계속했다.

창의적 천재 프리먼 다이슨

이 글을 쓰고 있자니 아인슈타인과 폰 노이만이라는 가까운 과거의 천재들과 공동 저자인 아그니조 사이의 연관성이 떠오른다. 그 연결 고리는 또 다른 뛰어난 사상가인 영국 출신의 미국 물리학자 겸 수학자 프리먼 다이슨Freeman Dyson이다. 내가 태어난 1953년에 다이슨은 고등과학원에 영구적인(1940년대 말에 임시로 일한 적은 있었다) 자리를 얻었는데, 연구실이 아인슈타인과 폰 노이만의 연구실에 가까웠다. 다이슨은 폰 노이만에 대해 이렇게 썼다.

> 수학자로서의 조니의 특별한 능력은 모든 수학 분야의 문제를 논리 문제로 바꾸는 것이다. 조니는 직관적으로 문제의 논리적 본질을 파악하고 간단한 논리 규칙을 이용해 문제를 풀 수 있었다.

2020년에 세상을 떠난 다이슨 자신도 평생 특출하게 창의적인 사람이었다. 다섯 살의 나이에 큰 수와 태양에 들어있는 원자의 수를 계산하는 데 관심을 보였다. 다이슨은 케임브리지대학교에서 G. H. 하디 밑에서 공부했고, 과감하게 정설에 도전하는 자세로 명성을 얻었다. 다이슨의 친구로, 신경과 의사이자 작가인 올리버 색스Oliver Sachs는 이렇게 말했다. "과학과 창의성에 관해 프리만이 가장 좋아하는 단어는 '전복적'이다." 1947년 다이슨은 미국으로 이주한 뒤 금세 코넬대학교의 리처드 파인만과 가까워졌다. 몇 년 뒤에는 양자전기역학의 두 가지 서로 다른 공식, 파인만 다이어그램과 슈윙거와 도모나가가 개발한 이른바 연산자 방법이 같다는 사실을 증명해 과학 세계에 발자취를 남겼다.

1953년부터 1994년 은퇴할(명예교수로 남았다) 때까지 40년 동안 다이슨은 고등과학원을 이끄는 빛나는 인물 중 한 사람으로, 우주 핵추진, 외계 문명 탐색, 소수의 분포와 중원소 핵의 에너지 준위 사이의 혹시 모를 연결 고리를 밝히는 일 등에 자신의 천재성을 발휘했다. 2004년에는 친절하게도 내 책『보편적인 수학책』을 읽고 그때까지 아무도 알아채지 못했던 몇 가지 소소한 오류를 지적해 주었다. 2013년 갓 13살이 된 아그니조가 내게서 배우기 시작했을 때 나는 그 책을 빌려주고 원하는 만큼 가지고 있으라고 했다. 아그니조는 바로 다음 주에 400쪽을 모두 읽고 짧은 오류 목록과 함께 책을 돌려주었는데, 그 목록에는 다이슨이 찾아냈던 오류 두 개도 있었다!

아그니조가 세상에 어떤 족적을 남길지는 아직 알 수 없다. 찰스 배비지, 제임스 클러크 맥스웰James Clerk Maxwell, 닐

12살의 아그니조.

스 보어Niels Bohr, 버트런드 러셀Bertrand Russell, 그리고 앞서 보았듯이 하디, 라마누잔, 다이슨이 다녔던 케임브리지대 트리니티 칼리지에서 공부하고 있으며 2018년 국제 수학올림피아드에서 공동 1위를 차지한 아그니조는 문제 해결 능력과 기억력이 비범하다. 게다가 그런 재능은 타고난 것이다. 아그니조는 17살까지 스코틀랜드에서 평범한 공립학교에 다녔고, 뛰어난 수학 능력은 거의 스스로 만들어낸 것이다. 물론 가족과 주변 사람들의 도움과 격려를 받기는 했다.

천재성은 어디에서 왔을까

천재성이 있다는 건 확실했으므로 나는 아그니조에게 그에 관해 물어본 적이 있다. 그게 어디서 왔을까? 아그니조를 이 특정 분야(수학)에 있는 다른 거의 모든 사람과 다르게 만들어주는 건 무엇일까? 아그니조는 쉽게 대답하지 못했다. 그냥 원래 비범한 사람에게 왜 비범하냐고 묻는다면 대답하기 쉽지 않다. 아그니조는 수학에 대한 깊은 열정을 지목한다. 하지만 자신의 두뇌에 뭔가 특이한 게 있을지도 모른다는 점도 선뜻 인정한다. 다른 매우 영리한 사람들과 마찬가지로 아그니조의 재능도 아주 어린 나이, 학교에서 간단한 산수 정도도 배우기 전에 다른 사람들의 눈에 분명하게 보였기 때문이다. 아그니조는 기억력도 환상적이다. 덕분에 다른 사람들처럼 많이 노력하지 않고도 대부분의 과목을 잘할 수 있다.

어쩌면 되먹임 효과로도 천재성을 일부 설명할 수 있을지 모른다. 어떤 사람이, 때로는 유전적으로, 가령 운동이나 노래에 소질을 갖고 태어나는 것처럼 어떤 사람은 수학을 하는 데 더 적합한 두뇌를 갖고 태어날 수 있다. 우리는 원래 어떤 것에 소질이 있으면 그게 쉽고 재미있기 때문에 그 일을 더 많게 하게 마련이고, 그러면 실력은 더욱 좋아진다. 사람들도 칭찬할 것이고, 우리는 더 기분이 좋아져 재능을 점점 더, 어쩌면 집착하는 수준이 될 때까지 개발하다가 정말로 뛰어나게 된다.

심리학자들의 연구에 따르면, 수학적인 재주와 밀접한 관련이 있는 다른 능력이 몇몇 있다고 한다. 예를 들어, 어렸을 때부터 수학에 적성을 보이는 어린이는 시각공간 문제도 잘 푸는 경향이 있다. 수학을 잘하면 데이터에 숨어 있는 구조를 포착하는 좀 더 일반적인 능력이 좋다는 증거도 있다. 수학과 음악에 둘 다 뛰어난 사람을 어렵지 않게 찾을 수 있으며 체스 훈련이 수학 점수를 높이는 데 도움이 되는 이유를 이것으로 설명할 수 있다. 음악과 체스는 둘 다 핵심에 복잡한 데이터 구조가 있다. 아인슈타인이 논리 기호나 수학 방정식이 아니라 이미지와 느낌, 음악적 구조가 자신의 추론의 바탕을 이루고 있다고 밝힌 건 유명한 일이다. 하지만 어떤 사람이 수학의 천재가 되는지 우리가 여전히 이해하지 못하고 있다는 것도 사실이다. 그리고 이 문제는 너무 복잡해서 천재가 달라붙어도 알아내지 못할지 모른다.

아그니소와 함께 이 책을 쓰면서 나는 그에게 자신의 뛰어난 수학 능력이 어디에서 왔다고 생각하는지를 물었다. 아그니조는 이렇게 대답했다.

잘 모르겠어요. 제 생각에 그게 무슨 뜻이든 간에 '천재성'은 언제나 열정과 관련이 있는 것 같아요. 열정은 우리가 뭔가에 아주 깊숙이 빠져들어 그것에 아주 뛰어나게 되도록 이끌어줘요. 또, 아기의 두뇌에도 몇몇 사람을 천재가 되게 하는 뭔가가 있을 게 분명하다고 생각해요. 하지만 그게 뭔지는 아직 수수께끼죠.

2장

스포츠 속의 수학

야구의 90퍼센트는 마음가짐이고, 나머지 절반은 육체다.

- 요기 베라

크리켓공은 왜 흔들릴까? 야구공을 치는 게 정말 스포츠에서 가장 어려운 기술일까? 유체역학 방정식은 어떻게 수영 선수가 신기록을 세울 수 있게 해줄까? 오늘날 스포츠에는 수학이 스며들어 있다. 수학은 스포츠 자체의 배경이 되는 과학과 더불어 가능한 한 최고의 기량을 발휘하기 위해 선수들이 사용하는 방법의 바탕이 된다. 찰나의 순간, 극도의 정확성, 최고의 체력, 완벽한 준비에 따라 승부가 갈리는 스포츠에서 수학은 성공과 실패라는 차이를 만들 수 있다.

초창기의 스포츠에 얽힌 수학

초창기의 스포츠 경기 종목으로는 기원전 8세기까지 거슬러 올라가는 원반던지기가 있다. 스타디온(180m 달리기), 창던지기, 멀리뛰기, 레슬링과 함께 기원전 708년 18번째 올림픽에서 처음 열렸던 고대의 5종 경기 중 하나였다. 무게가 약 4kg인 단단한 청동 원반을 가능한 한 멀리 던지는 경기로, 각자 다섯 번을 던져 가장 좋은 기록으로 순위를 가렸다. 무게를 한 발에서 다른 발로 옮기며 몸을 돌리면서 높아지는 나선을 따라 팔을 휘둘러 원반을 던지는 기술은 아테네 조각가 엘레우테라에의 미론이 만든 유명한 작품 <원반 던지는 사람>에 어느 정도 나타나 있다. 원래의 그리스 청동상은 사라졌지만, 로마 시대에 대리석과 청동으로 만든 복제본이 많이 남아 있다.

원반던지기는 1870년대에 스포츠 경기로 다시 부활했고, 1896년 아테네에서 열린 최초의 현대 올림픽에 포함되었다. 얼마 뒤 <원반 던지는 사람>을 연구한 체코 선수 프란티셰크 얀다-수크František Janda-Suk가 몸 전체를 한 바퀴 반 돌린 뒤 던지는 현대적 방식을 선보였고, 이 방식으로 1900년 올림픽에서 은메달을 차지했다.

현대의 원반은 고대에 쓰던 것보다 더 작고 가볍다. 남성용은 지름이 22cm에 무게는 2kg다. 모양은 렌즈와 닮아서 가장 두꺼운 가운데는 두께가 46mm이고, 바깥쪽으로 갈수록 점점 얇아져 가장자리의 두께는 12mm가 된다. 재료는 플라스틱과 나무, 유리섬유, 탄소섬유, 혹은 금속이고, 가장자리와 가운데는 금속으로 되어 있다. 선수는 지름이 2.5m인 원 안에 들어가 처음에는 던지는 방향과 반대쪽으로 바라보고 선다. 그리고 오른손잡이일 경우 반시계 방향으로 한 바퀴 반을 돌며 운동량을 얻은 뒤에 던진다. 실격이 되지 않으려면 원반이

원반 던지는 사람. 미론의 원본(기원전 460년경)을 2세기에 로마에서 복제한 작품.

34.92도 너비로 표시된 구역 안에 떨어져야 한다. 이렇게 이상해 보이는 각도로 정한 건 각 변의 비율이 단순한 삼각형을 그리기 위해서다. 낙하 구역 양쪽 선의 끝부분을 잇는 선은 삼각형의 양옆선 길이의 정확히 60퍼센트다.

원반던지기의 역사에서 선수들은 대부분 순전히 시행착오로만 가장 훌륭한 던지기 방법을 만들었다. 초보는 뛰어난 선수들의 기술을 모방하는 방식으로 배웠다. 하지만 최근에는 수학을 바탕으로 하는 물리학 지식이 선수들이 유리한 고지를 점하는 데 결정적인 역할을 했다.

원반의 공기역학을 이해하는 건 대단히 중요하다. 비행 중에 원반은 빠르게 회전하는 날개가 된다. 빠른 회전 덕분에 안정적으로 모양을 유지하면서 날아가고, 정확히 던지면 추가로 양력까지 얻는다. 핵심 요소는 던질 때의 속도와 각도, 높이, 그리고 회전 속도다. 원의 완전한 활용, 원의 뒤에서 앞으로 움직이면서 발끝을 중심으로 이루어지는 빠른 회전, 그리고 팔 휘두르기, 쭉 뻗은 팔로 속도를 더하는 움직임을 비롯한 원반던지기의 특징적인 동작은 던지는 시점에 가능한 큰 운동량을 원반에 전해주는 게 목적이다. 원반던지기 선수는 힘이 세고 민첩할 뿐만 아니라 키도 커야 한다. 그래야 던질 때 쭉 뻗은 팔이 지상에서 충분히 멀어질 수 있고 각운동량도 커질 수 있다. 안정적으로 비행하면서 가능한 한 양력을 많이 받으며 날기 위해서는 던지는 시점에서 원반이 37~42도 기울어져 있어야 한다. 그보다 작으면 양력을 잃고, 그보다 크면 속도를 잃는다.

원반던지기는 육상에서 유일하게 맞바람을 맞으면 유리한 종목이다. 실제로 회전하는 원반은 적당히 바람이 부는 날에 바람을 향해 던지면 더 멀리 날아간다. 전진 속도는 살짝 줄어들지만, 더 빠르게 불어오는 바람으로 인한 추가적인 양력과 그에 따른 체공 시간 증가로 상쇄하고도 남기 때문이다. 공기의 밀도가 높아도 양력이 커진다. 따라서 고도가 낮고 기온이 낮을수록 유리하다. 텍사스대학교 지구물리학연구소 연구진은 다른 모든 조건이 똑같으면 섭씨 40도인 더운 날보다 섭씨 0도인 추운 날에 원반이 약 10cm 더 멀리 날아간다는 사실을 밝혔다. 온도가 똑같으면 해발 36m인 로마에서 던진 원반이 해발 2225m인 멕시코시티에서 똑같이 던진 원반보다 멀리 날아간다. 하지만 모든 외부 요소 중에서 풍속이 최고다. 텍사스대학교 연구진은 시속 32km인 맞바람을 받을 때 원반이 똑같은 속도의 뒷바람을 받을 때보다 6m 더 멀리 날아간다는 사실을 알아냈다. 동독의 위르겐 슐트가 1986년 6월 6일 74.08m로 세계신기록을 세웠을 때 강한 맞바람을 정면으로 받았다는 건 전혀 놀라운 일이 아니다. 그 기록은 지금까지도 깨지지 않았다.

이상적인 투척 각도를 찾아라

해머던지기와 포환던지기 역시 선수가 원 표시 안에서 각자의 장비를 34.92도 구역 안에 떨어뜨려야 한다. 하지만 이 두 종목의 배경에 있는 수학과 물리학은 원반던지기의 경우와 사뭇 다르다. 남성용 해머는 길이가 1.22m인 철사가 달린 7.26kg짜리 공이다. 여성용 해머 무게의 두 배에 조금 못 미친다. 포환은 남성용과 여성용 모두 무게가 해머와 거의 같지만, 단순한 구 모양의 물체다. 날아가는 해머와 포환은 바위처럼 공기의 영향을 별로 받지 않는다. 따라서 가장 멀리 던지기 위해 이상적인 투척 각도는 양력을 받지 않는 모든 투척물과 마찬가지로 45도일 것 같다. 하지만 실제로는 그렇게 간단하지 않다.

포환던지기 선수가 45도로 던져서는 안 되는 이유는 크게 두 가지다. 첫째, 포환을 던지는 높이가 지면이 아니라 비교적 키가 큰 선수의 경우 2m 이상이 된다. 간단한 기하학 계산에 따르면, 속도가 일정할 때 가장 멀리 나가는 투척 각도는 45도보다 작다. 예를 들어, 만약 투척 속도가 초속 13m이고 던지는 높이가 지상 2.1m라면, 최적의 투척 각도는 42도다. 둘째, 해부학적 구조상 인간은 낮은 각도로 던질 때 더 빨리 던질 수 있다. 포환던지기 선수도 예외는 아니다. 그래서 각도와 투척 속도의 균형을 맞춰 거리가 최대가 되도록 한다. 30도로 초속 12m로 던질 수 있는 사람이 60도로 던지면 초속 10m밖에 나오지 않을 수도 있다. 이 문제를 좀 더 복잡하게 만들어보자면, 최대 거리를 구하기 위한 속도 대 각도 곡선은 선수에 따라 다르다. 대부분의 엘리트 포환던지기 선수의 투척 각도는 각각 다르지만 30도에서 40도 사이다. 그러나 어떤 경우든 정확한 각도에 맞춰서 던지는 것보다는 던지는 순간에 최대 속도를 내려고 노력하는 게 더 중요하다.

모든 던지기 종목의 목표는 가능한 한 빠른 속도를 내면서 최적의 각도로 던지는 것이다. 어떻게 빠른 속도를 내는지가 기술적으로 가장 복잡한 부분이다. 해머던지기의 경우 선수가 빙글빙글 돌면서 철사 끝에 달린 공의 회전 속도를 높이는 게 가장 큰 관건이다. 따라서 선수가 힘이 세야 하긴 하지만, 던지기 직전 단계에서 발을 민첩하게 움직이는 게 훨씬 더 중요하다. 포환던지기의 경우도 상체의 힘, 특히 마지막 순간에 팔로 밀어내는 힘을 더욱 강조하긴 하지만 주로 쓰이는 두 가지 동작(직선식과 회전식) 모두 민첩성이 필요하다.

원반, 해머, 포환, 창 같은 모든 투척 종목과 관련 있는 수학을 자세히 살펴보면, 어느 쪽으로도 기울지 않고 정면으로 똑바로 던지는 게 더 낫다는 사실을 알 수 있다. 이건 손실방

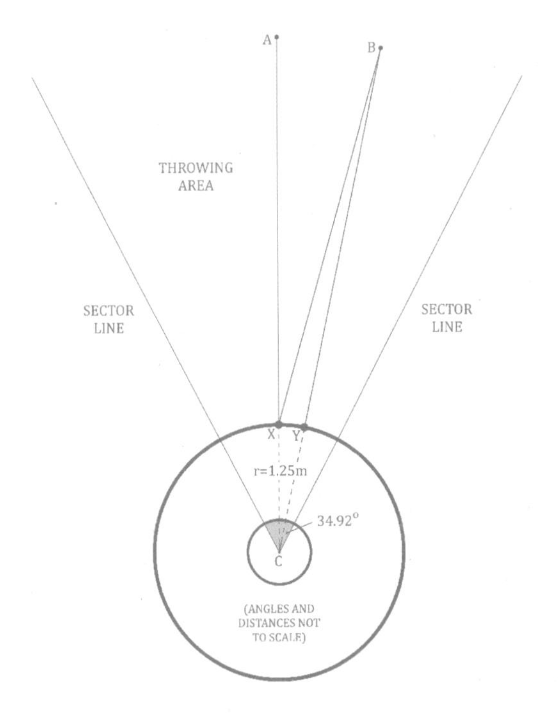

X에서 놓은 원반이 A에 떨어진다면, 던지기 기록은 XA다. C(던지는 원의 중심)에서 X로 이어지는 반지름과 같은 선을 따라 측정한다. 그러나 만약 X에서 놓은 원반이 B에 떨어진다면, 던지기 기록은 YB가 된다. 이번에도 중심까지 이어지는 직선을 따라 측정한다. YB는 XA보다 조금 짧다. 그래서 실제로 던진 거리의 일부를 인정받지 못하게 된다. 그러나 만약 원반을 Y에서 B까지 던졌다면, 거리를 조금도 손해 보지 않을 수 있다. .

정식이라는 것 때문이다. 최종 거리는 투척물이 땅에 처음 닿은 지점에서 원의 중심까지 직선을 그었을 때 원의 둘레와 만나는 점까지의 거리를 측정해 결정한다. 원반이나 해머를 정면이 아닌 다른 방향으로 던진다면 기하학적인 이유로 인해 수평으로 이동한 약간의 거리를 손해 보게 된다. 예를 들어 만약 원반을 50m 던졌는데, 원반이 낙하 구역의 가장자리에

딱 떨어졌다고 하자. 즉, 정면에서 약 20도 정도 기울어진 것이다. 그러면 인정받을 수 있는 거리는 49.93m가 된다. 7cm 손해가 별게 아니어 보일 수도 있지만, 치열한 경쟁에서 그 차이는 시상대에 올라가느냐 아니냐를 가를 수도 있다.

제압을 위한 던지기의 수학

야구와 크리켓 같은 스포츠에서 던지는 물체에 관한 수학은 다른 관점을 취한다. 이 경우에는 멀리 던지는 게 아니라 공의 움직임 그리고/혹은 속도를 통해 상대편 타자를 제압하는 데 목적이 있다. 야구공과 크리켓공은 크기와 무게가 비슷하지만, 구조, 특히 바느질이 다르다. 배트로 공을 때리는 건 야구가 좀 더 어렵다. 보통 전문 투수의 공을 떠난 공이 최고 수준의 크리켓 볼러가 던진 공보다 조금 더 빠를 뿐만 아니라 타자까지의 거리가 더 짧다. 야구는 16.8m, 크리켓은 17.4m로, 그 결과 강속구의 이동 시간은 0.40초(야구)와 0.45초(크리켓)이 된다. 게다가 야구 배트는 점점 가늘어지는 둥근 방망이고, 크리켓 배트는 치는 면이 훨씬 넓고 평평하다. 반대로 크리켓 타자는 공이 배트까지 날아오는 짧은 시간 동안 땅에 튕겨 허공과 지상 양쪽에서 모두 움직이는 더 복잡한 상황에 맞서야 한다.

야구 투수는 구속과 던질 때 손가락을 이용해 가하는 회전의 정도와 방향을 다양하게 바꾸며 상대 타자를 속이려 한다. 빠르게 회전하는 공은 허공에서 휘거나 아래로 푹 꺼지는데,

야구공(왼쪽)과 크리켓 공(오른쪽).

이건 19세기에 이 현상에 관해 실험했던 독일 물리학자 하인리히 마그누스Heinrich Magnus의 이름을 딴 마그누스 효과 때문이다. 회전은 공의 양쪽에 기압 차이를 만들고, 그로 인해 회전 방향에 직각으로 작용하는 힘이 생긴다. 옆으로 회전하는(회전축이 수직일 때) 공은 오른쪽 아니면 왼쪽으로 휜다. 앞으로 회전하는, 혹은 '탑스핀'을 먹인 공은(야구 용어로 '커브볼'이라고 하는 투구) 타자에게 닿기 전에 아래로 떨어진다.

크리켓에서는 '스핀 볼러*'가 회전을 주면 어느 정도 옆으로 움직이거나 아래로 떨어지기는 해도 마그누스 효과가 그다지 큰 역할을 하지 않는다. 빠른, 특히 중간보다 조금 빠른 볼러들이 소중히 여기는 이른바 '스윙'이라고 하는 허공에서 옆으로 흔들리는 움직임은 던질 때 공이 비대칭적이기 때문에 생긴다. 이런 비대칭을 만드는 한 가지 방법은 손가락과

* 회전으로 공의 방향으로 조절하는 유형 - 역자

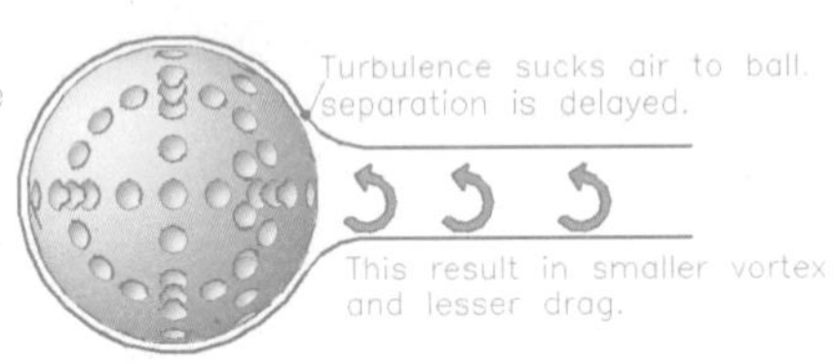

골프공의 표면에는 300에서 500개에 달하는 홈이 있어 뒤쪽에 난류를 일으킨다. 이를 통해 골프공의 비거리를 비약적으로 상승시킬 수 있다.

실밥이 서로 비스듬하게 놓이도록 공을 잡는 것이다. 그러면 어느 한쪽이 다른 쪽보다 더 거친 상태로 날아가게 된다. 많은 실례로 검증이 된 다른 방법은 선수들이 공을 옷에 문질러 한쪽 반구는 매끄럽고 반대쪽 반구는 무디고 거칠게 만드는 것이다. 공기는 매끄러운 표면 위에서 더 쉽게 움직이므로 사실상 공은 거친 면 쪽을 향해 끌려가게 된다.

골프와 테니스, 축구, 럭비, 미식축구와 같은 다른 구기 종목의 핵심에도 공기역학이 있다. 옆 방향의 회전으로 생기는 마그누스 효과는 슬라이스*나 훅**이 났을 때 골프공의 불규칙한 움직임을 설명할 수 있다. 그러나 분당 수천 번의 속도로 역회전이 걸리도록 정확히 치면 똑같은 효과로 양력을 얻어 공이 더 높고 멀리 날아간다. 골프공 표면에 홈이 300에서 500개가 있는 건 난류를 일으켜 공 뒤쪽의 기압이 낮은 영역의 크기를 줄여서 공이 받는 순 인력을 줄이기 위해서다. 클럽 헤드와 부딪히는 순간 공이 받는 힘은 놀라울 정도로 커서 18,000N에 이른다. 이 힘은 불과 0.5밀리초 동안만 지속된다. 숙련된 골프 선수가 이렇게 강한 힘으로 때리면 공은 250m 이상 날아갈 수 있다. 하지만 만약 표면이 완전히 매끄럽다면 날아가는 거리는 100m 정도로 줄어든다.

공기역학을 더 많은 스포츠로

오늘날의 수학자와 과학자는 장비 설계에서 선수의 운동 능력에 이르기까지 모든 면에서 최고 수준의 스포츠에 영향을 끼친다. 어떤 경우에는, 적어도 수치로 설명하는 부분에서는 그 성공 공식이 꽤 구체적이다. 100m 달리기는 출발선에서 일어날 때 앞다리 무릎의 각도가 90도에 가까워야 하고, 뒷다리 무릎의 각도는 약 120도가 되어야 한다. 처음 일곱 번이나 여덟 번째 걸음을 내딛는 동안 몸의 각도는 45도에서

* (오른손잡이 기준) 직선으로 출발한 골프공이 오른쪽으로 휘는 샷
** (오른손잡이 기준) 직선으로 출발한 골프공이 왼쪽으로 휘는 샷

60도로, 속력은 최고 속력의 70퍼센트로 높아져야 한다. 16 또는 17번째 걸음(30m)을 내딛었을 때는 몸이 꼿꼿이 선 상태에 속력은 90퍼센트여야 하며, 그 직후 속도를 최고로 올려야 한다. 놀랍게도 수학적으로 분석하면 마지막 40m는 100퍼센트보다 낮은 속도로 달리되 내딛는 횟수를 늘려야 한다.

배스대학교의 스포츠과학자 켄 브레이Ken Bray는 축구에 관한 수학을 연구한 뒤 세계 최고 수준의 선수 중 3분의 1 정도가 수학, 그중에서도 특히 기하학에 직관적으로 강하다는 결론을 내렸다. 덕분에 정확하게 패스하고, 프리킥을 차고, 위치 선정을 하는 데 유리하다는 것이다. 또한 브레이는 최적의 프리킥을 찰 수 있는 공식을 알아냈다. 약 22m에서 골문을 노린다고 할 때 찬 공은 약 16도로 상승하면서 시속 95~110km로, 그리고 1초당 약 10번 회전하면서 날아가야 한다. 한편 브루넬대학교 연구진은 장거리 스로인의 경우 최적의 던지는 각도가 30도라고 결론 내렸다. 대부분의 선수가 그 각도에서 가장 빠르게 공을 날릴 수 있어 거리가 최대가 되기 때문이다.

스포츠 점수에 얽힌 수학

감독은 선수와 팀의 능력을 최대한 끌어내기 위해 수학을 이용하거나 수학 자문을 고용한다. 예를 들어 피겨스케이팅에서는 회전과 점프, 플립처럼 기술적으로 어려운 동작이 더 많은 점수를 받는다. 하지만 실수할 위험을 무릅쓰고 어려운 동작을 시도하는 것과 쉬운 동작을 선택하는 것 중에 어느 쪽이 더 나을까? 그리고 어떤 순서로 동작을 배치하고 연결하는 게 가장 효과가 좋을까? 수학자는 과거의 시합을 분석해 선수가 가장 높은 점수를 받을 프로그램을 구성하는 데 도움이 될 수 있다.

점수 체계가 복잡하기로는 올림픽 종목 중에서 가장 힘든 종목 중 하나인 10종 경기를 따를 만한 게 별로 없다. 100m, 400m, 1500m 달리기, 110m 허들, 멀리뛰기, 높이뛰기, 장대높이뛰기, 포환던지기, 원반던지기, 창던지기로 이루어진 10종 경기는 이틀에 걸쳐 경기를 치른다. 각 종목을 치를 때마다 공식과 전 세계 육상 경기를 총괄하는 기구인 월드 애슬레틱스가 정한 표를 이용해 점수를 계산한다. 트랙(달리기) 종목에서 선수가 얻는 점수를 계산하는 공식은 $A \times (B-T)^C$다. T는 선수가 달성한 시간 기록이고, A와 B, C는 월드 애슬레틱스가 정한 경기력 표에 따른 수치다. 예를 들어 100m 달리기의 경우 A는 25.43, B는 18, C는 1.81이다. 만약 여러분이 100m를 10.25초에 달렸다면, 여러분이 얻는 점수는 $25.43 \times (18-10.25)^{1.81}$으로 1035점이 된다. 필드(뛰기와 던지기) 종목에서 쓰는 공식은 똑같지만 빼기 부분이 반대다. 트랙 종목에서는 시간이 더 짧을수록 점수가 높지만, 필드 종목에서는 거리가 더 멀수록 점수가 높기 때문이다. 포환던지기의 경우 공식은 $A \times (D-B)^C$이고, A는 51.39, B는 1.5, C는 1.05다. 만약 여러분이 18.3m를 던졌다면, 여러분의 점수는 $51.39 \times (18.3-1.5)^{1.05}$으로 994점이 된다.

오늘날의 10종 경기 점수 체계는 1912년부터 쓰였다. 바침 처음으로 올림픽 종목이 된 해이기도 하다. 각 종목의 A와 B, C, D값은 세계신기록이 나왔을 때 점수가 약 1000점이 되도록 정한 것이다. 하지만 세월에 따라 성적이 좋아지면서 표에 적힌 수치도 서서히 조정이 되었다. 현재 세계기록은 2018년 9월 프랑스 선수 케빈 메이어Kevin Mayer가 세운 9,126점이다. 만약 어떤 선수가 모든 종목에서 세계기록과 같은 기록을 달성한다면, 점수는 12,500점이 될 것이다. 10종 경기의 각 종목에서 역대 최고의 기록을 모으면 합계 점수는 약 10,500점이다.

최고 수준의 10종 경기 선수는 가장 위대한 스포츠 선수라고 할 수 있다. 속도, 지구력, 체력, 기술 모든 면에서 강해야 하기 때문이다. 하지만 이 종목의 특성과 점수를 계산하는 방법을 보면 단순히 육체적인 도전에 그치지 않는다. 이 종목에서 최고가 되려면 집중적으로 훈련할 종목을 잘 선택해 최적의 결과를 얻어야 한다. 10종 경기 선수들의 역대 상위 100위 점수를 평균 내 보면, 평균 점수가 높은 종목은 멀리뛰기, 100m 허들, 장대높이뛰기였다. 반대로 점수가 가장 낮은 종목은 1500m 달리기였고, 이어서 원반던지기, 창던지기, 포환던지기가 엇비슷했다. 점수가 높은 종목을 놓고 보면 공통적인 특징이 있다. 최고 속도로 달리는 능력이 중요하다는 점이다. 즉, 만약 여러분이 올림픽 10종 경기에 출전하고 싶다면 계산을 해야 한다. 먼저 뛰어난 달리기 선수가 되어야 한다. 그다음에 체력과 던지기 종목에 필요한 기술을 기르자. 그러고 나서 장거리 달리기를 연습하는 편이 좋을 것이다.

날씨의 영향까지 계산하다

10종 경기의 점수 계산이 조금 어려울 수는 있지만, 오버제한 크리켓*에서 쓰는 끔찍하게 복잡한 방법과 비교하면 아무것도 아니다. 아마 하늘 아래에서 펼쳐지는 스포츠 중에서 이 - 초심자에게는 - 혼란스럽기 짝이 없는 종목보다 날씨의 영향을 더 받는 스포츠는 없을 것이다. 비와 '나쁜 조명'이 경기의 흐름을 깨는 경우가 워낙 많아서 경기가 자연스럽게 흘러가는 게 불가능할 때 결과를 결정하는 데 필요한 규칙까지 만들어야 했다. 각 팀에 정해진 수만큼의 오버(여섯 번의 투구가 오버 하나를 이룸)가 할당되는 1일 경기의 경우 국제적으로 인정받는 방법은 영국 통계학자 프랭크 덕워스Frank Duckworth와 토니 루이스Tony Lewis의 이름을 딴 덕워스-루이스 기법이다.

원자력 발전 업계에서 수리과학자로 일했던 프랭크 덕워스는 은퇴 뒤 국제크리켓협회의 통계 자문이 되었다. 덕워스가 유명해진 다른 계기로는 개인의 위험 인지를 측정하는 방법(덕워스 스케일)을 개발한 일과 20대 초반에 존 레논John Lennon의 숙모 집에 세들어 살았다는 사실이 있다. 토니 루이스는 옥스퍼드브룩스대학교에서 양적 연구 기법을 가르쳤다. 그전에는 웨스트잉글랜드대학교에서 강사로 일했다. 덕워스-루이스 기법은 이곳에서 했던 학부 졸업 과제에 그 기원을 두고 있다. 2014년 호주 퀸즐랜드 본드대학교의 데이터과학자 스

* 투구 수를 제한해 보통 하루에 끝나게 한 크리켓 - 역자

티븐 스턴Steven Stern이 이 기법을 관리하고 업데이트하는 일을 맡으면서 오늘날에는 공식적으로 덕워스-루이스-스턴, 줄여서 DLS 기법이라고 부른다.

날씨 탓에 잃어버린 시간 때문에 남은 오버의 수가 줄어들 수밖에 없는 경우 공격 측의 바뀐 목표 점수를 계산하는 방법은 전에도 있었다. 그중 어느 것도 딱히 효과가 없다가 1992년 크리켓 월드컵에서 벌어진 잉글랜드와 남아프리카공화국의 중요한 경기에서 결정타가 나왔다. 경기가 막바지에 이르렀을 무렵 소나기가 와 잠시 중단되었는데, 남아공이 13번 투구에 22점을 내야 하는 상황이었다. 브라이언 맥밀란Brian McMillan과 존티 로즈Jonty Rhodes라는 두 강타자로 달성하고도 남을 목표였다. 그러나 선수들이 경기장을 나가 있던 짧은 시간 뒤에 당시에 쓰이던 계산법인 '가장 생산적인 오버 기법'은 남아프리카가 1번 투구에 21점을 내야 한다는 바뀐 목표 점수를 내놓았다. 프랭크 덕워스는 이렇게 말했다.

"난 라디오에서 크리스토퍼 마틴-젠킨스(BBC 해설가)가 '분명히 누가 저것보다 나은 방법을 만들 수 있을 텐데요'라고 하는 말을 들은 게 기억난다. 그리고 곧 그게 수학적인 해결 방법이 필요한 문제라는 사실을 깨달았다."

덕워스와 토니 루이스가 찾아낸 해결책을 자세히 설명하려면 오랜 시간이 걸리고 실시간으로 정확히 계산하려면 컴퓨터가 필요하다. 핵심은 똑같은 시점에 각 팀에 남아있는 '자원'을 고려한다는 것이다. 자원은 '아직 남아있는 오버의 수'와 '남아서 목표 점수를 얻을 수 있는 타자의 수'다. 만약 2팀(두 번째로 치는 팀)이 1팀보다 점수를 낼 수 있는 자원이 적다면, 경기가 중단된 뒤 목표 점수는 양팀에 남은 자원의 비율에 따라 하향 조정된다. 반대로 만약 1팀의 이닝에서 경기가 중단되었는데, 2팀이 자신의 이닝에서 똑같은 시점에 더 많은 자원을 가지고 있을 수 있다. 그런 경우 덕워스-루이스 기법은 쓸 수 있는 여분의 자원으로 얻으리라고 기대할 수 있는 평균 점수를 바탕으로 2팀의 목표를 올린다. 이 기법은 과거에 치뤄진 1일 국제경기 이력을 영리하게 고려한다. 예를 들어 기록에 따르면 자원이 내려가는 비율은 오버에 걸쳐 일정하지 않고 득점 패턴에 따라 달라진다. 또, 어떤 이닝에서 후반에 경기 중단으로 오버를 잃는 건 초반에 잃는 것보다 팀에 더 큰 영향을 끼친다. 목표 점수를 재조정할 기회가 적을 뿐만 아니라 후반의 오버가 좀 더 생산적이기 때문이다. 다행히 심판이 직접 DLS 방정식을 풀어야 하는 건 아니다. 계산기를 든 수학자라고 해도 그 복잡한 계산과 씨름하고 있는 사이에 더 많은 오버가 사라질 것이다! 국제경기에서는 필요한 소프트웨어가 깔린 컴퓨터를 이용해 날씨가 방해가 될 경우 재빨리 새로운 목표를 계산한다.

DLS는 까다롭고 실용적인 문제를 푸는 데 수학이 큰 도움이 된 아주 좋은 사례다. 일반 대중이나 스포츠 전문가 중에 그게 어떻게 작동하는지를 자세히 아는 사람은 거의 없지만, 제 역할을 하고 있다는 데 만족하고 있다.

모든 스포츠는 수와 관련된 게임

오늘날 스포츠는 거대한 산업이고 경쟁도 그 어느 때보다 치열하다. 무대의 뒤편에서는 스포츠과학자와 수학자가 경기력을 더욱 높이기 위해 새로운 디자인, 소재, 전략을 열심히 개발하고 있다. 때로는 그 효과가 놀라울 정도로 눈에 띄는 결과를 만들어내기도 한다. 바로 2008년에 있었던 일처럼. 그해에 갑자기 수영 종목에서 신기록이 쏟아져나왔는데, 서서히 올라오고 있는 과거의 신기록 곡선에서 한참 벗어나 있었다. 몇 달 동안 모두 합쳐서 40개 이상의 세계신기록이 나왔고, 그중 절반은 2008년 베이징 올림픽에서 나왔다. 이유를 알아내는 데는 오래 걸리지 않았다. 선수들이 물의 저항을 크게 줄여주는 신형 수영복을 착용했던 것이다.

스피도가 제작한 새로운 수영복은 LZR('레이저'라고 읽는다) 레이서라고 하는데, 일반적으로는 '빠른 수영복'이라고 부른다. 이탈리아 기업 멕텍스가 호주 스포츠연구소와 함께 개발한 이 수영복은 NASA의 풍동 실험 데이터와 컴퓨터로 가상의 수영 선수 모형을 분석하는 공기역학 소프트웨어를 이용해 디자인했다. 레이저 레이서는 소수성(물을 밀어내는) 소재와 근육을 압축하고 몸을 더 유선형으로 만들어주는 천을 비롯해 물을 헤치고 나가는 속도를 높일 수 있는 다양한 특성을 극한까지 밀어붙였다. 심지어는 상어의 피부 구조(합성 피부 돌기, 즉 비늘)까지 빌려와 저항을 줄이는 데 이용했고, 그 결과는 대단했다. 제품이 시장에 나온 지 몇 달 만에 상위권 수영 선수 대부분이 사용했다.

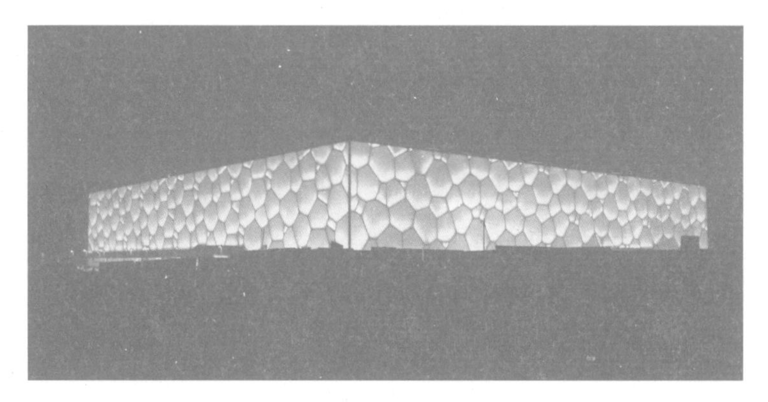

베이징의 국립 아쿠아틱 센터. 2008년 이곳에서는 수많은 세계신기록이 세워졌다.

베이징 올림픽에서는 메달을 딴 선수의 98퍼센트가 새로운 수영복을 입고 경기에 나섰다. 하지만 곧 논란이 일어났다. 베이징 올림픽이 끝나고 몇 달 뒤인 2008년 12월, 크로아티아에서 열린 유럽 쇼트코스 수영 선수권 대회에서 세계신기록이 17개 더 나왔다. 레이저의 위력을, 물을 더 쉽게 헤치고 갈 수 있도록 몸을 압박해주는 능력을 목격한 많은 선수가 효과를 더 높이기 위해 수영복을 여러 겹 입고 출전했다. 곧 이 정도면 '기술 도핑'이라는 주장이 나왔고, 수영연맹이 개입해 전신 빠른 수영복을 금지했다. 2009년 수영대회를 관장하는 기구인 국제수영연맹은 남성 수영복은 최대 허리에서 무릎까지만 덮을 수 있고, 여성 수영복은 어깨에서 무릎까지만 덮을 수 있다는 규정을 만들었다. 또, 소재는 천 혹은 직물이어야 한다고 규정했다. 당연하게도, 2021년 런던 올림픽을 비롯한 이후 대회에서는 수영 세계신기록이 훨씬 더 줄어들었다.

선수가 훈련할 때 소모하는 칼로리를 보든, 포뮬러1 경주

차 위를 흘러가는 공기를 시뮬레이션하는 방정식을 보든 토너먼트 경기 일정에 담긴 그래프 이론을 보든, 모든 스포츠는 어느 정도 수와 관련된 게임이다. 비록 스포츠에 강한 일급 수학자가 많지는 않다고(유명한 예외가 영국의 올림픽 마라톤 예선에서 5위를 한 앨런 튜링이다) 해도 사이클 기술에서 골키퍼 전략에 이르는 모든 면에서 성공을 위한 수학의 공헌은 거의 셀 수 없을(하지만 꼭 그렇지는 않은) 정도다.

3장 다른 누구도 모르게

튜링은 독일의 에니그마 암호를 해독한 업적으로 가장 유명한 아주 뛰어난 수학자였다. 튜링의 훌륭한 공헌이 없었다면 제2차 세계대전의 역사가 아주 달랐을 거라는 건 전혀 과장이 아니다.

- 고든 브라운

♣

비밀 메시지, 고대 언어, 암호는 모두 숨어 있는 미지의 내용에 대한 우리의 호기심을 자극한다. 여기에는 오랜 역사가 있고, 일부 암호 혹은 전체 언어는 오늘날까지도 수수께끼로 남아있다. 고대의 언어 체계든 의도적으로 숨긴 메시지든 암호 해독의 핵심에는 두각을 나타내는 다양한 기법이 있다. 온라인 사기와 사이버 공격에 취약한 오늘날 우리는 안전과 보안을 위해 과거 그 어느 때보다 더 암호의 수학에 의존하고 있다.

잊혀진 언어를 해독하기

일부 사멸한 문제 체계는 끝내 해독이 되지 않았다. 남아있는 것이라고는 고대의 돌이나 부서진 점토판에 새겨진 기호 몇 개가 고작이기 때문이다. 이스터섬의 나무판에 흔적이 남아있는 롱고롱고어는 1860년대에 선교사가 도착했을 때 이미 기억에서 사라진 뒤였다. 라파누이인에 따르면, 섬에서 그 언어를 알고 있던 현명한 사람은 모두 이전에 왔던 침략자에게 죽었다고 했다. 남아있던 나무판이 대부분 땔감으로 쓰이는 바람에 지금까지 살아남은 건 한 줌에 불과하다. 나무판에 새겨진 120여 개의 주요 문자와 수백 종류의 변형 문자는 주로 사람과 다른 동물, 식물의 윤곽을 도식화한 것이거나 기하학적인 도형으로, 왼쪽에서 오른쪽으로, 아래에서 위를 향해 좌우교호법을 뒤집은 방식으로 읽는다. 즉, 독자는 왼쪽 아래부터 읽기 시작한다. 첫 행을 왼쪽에서 오른쪽으로 읽은 뒤 판을 180도 돌려 그다음 행을 읽는다. 어떤 경우에는 달력이나 족보에 관한 정보가 기록되어 있는 듯하지만, 대부분은 아직 해독 불가능한 상태다.

크레타 상형문자와 함께 고대 미노스인이 사용했던 두 가지 문자 중 하나인 선형문자A에서도 더 많은 사례를 찾을 수 있다. 선형문자A는 기원전 2000년의 점토판 수백 개에 새겨져 있었다. 선형문자A와 선형문자B의 존재는 1890년대에 영국 고고학자 아서 에반스Arthur Evans 경에 의해 세상에 알려졌다. 하지만 두 체계가 많은 기호를 공통으로 사용함에도 선형문자B는 해독이 되었지만 선형문자A는 거의 해독되지 않았다. 선형문자A의 조상(선형문자A로 발전한 이전 언어)이 무엇인지 아무도 모르기 때문에 학자들은 선형문자B와 비슷한 점을 이용해 해독하려고 노력했다. 선형문자A로 쓴 많은 글은 물품 목록과 양, 거래와 관련된 사람들의 이름으로 보이지만,

헤라클리온 고고학 박물관에 전시된 파이스토스 원반의 한쪽 면.

오로지 '총합'이라는 뜻의 단 한 단어밖에 확실히 알아내지 못했다.

파이스토스 원반도 흥미롭기는 마찬가지다. 파이스토스 원반 역시 크레타 상형문자와 마찬가지로 미노스 문명에서 나왔고, 연대는 청동기 중기 또는 후기다. 여기에는 선형문자A와 선형문자B를 닮은 기호와 고유의 기호가 함께 담겨있다. 지름이 15cm인 이 점토 원반에는 양쪽에 나선형으로 총 241개의 기호가 새겨져 있다. 점토가 굳기 전에 상형문자 인장을 눌러서 찍은 게 분명해 보인다. 이스터섬의 점토판과 마찬가지로 암호를 해독하고자 하는 사람이 마주할 문제는 맥락과 같은 문자를 사용한 사례의 부족이다. 기원전 3500~기원전 1900년의 인더스 계곡에서 쓰였던 문자 체계인 인더스 문자도 자료 부족으로 해독이 되지 않고 있다. 인더스 문자에 쓰인 기호 417개를 하나하나 정리한 상태지만, 아주 짧은 조합으로만 쓰이고 있어 번역하기가 극도로 어렵다.

보이니치 문서는 엉터리일까

현존 최고의 수학 도구로도 잃어버린 인간의 언어를 해독하는 게 대단히 어렵다는 사실은 언젠가 마주치게 될지도 모를 외계의 메시지를 이해하는 게 얼마나 어려울지 짐작하게 한다. 과학자들은 인류와 우리의 지식, 우리의 세계에 관한 정보를 담은 전파를 우주로 전송했다. 그리고 외계지성체가 보내는 비슷한 인공 신호를 수신하려는 노력은 계속 진행 중이다. 똑똑한 외계인이라면 아마도 신호에 담긴 내용을 이해하기 쉽게 만드려고 대단한 노력을 기울일 것이다. 하지만 외계인이 하고자 하는 말을 우리가 얼마나 성공적으로 해독할 수 있을지는 미지수다. 일단 애초에 우리가 외계인의 신호를 수신할 수 있어야 한다. 또, 수학이 보편적이라는 사실은 대체로 인정하고 있으므로 만약 우리가 성간 통신에 관여하는 상황이 온다면 소수 같은 기본적인 수학을 이용해 두 지성 사이의 만남을 이룰 가능성이 있다.

만든 사람이 의미를 숨기려고 노력한다면 메시지 해독은 더욱 힘들어진다. 그리고 해독하고자 하는 대상이 진짜 메시지인지 아닌지 확실하지 않다면 상황은 곱절로 어려워진다.

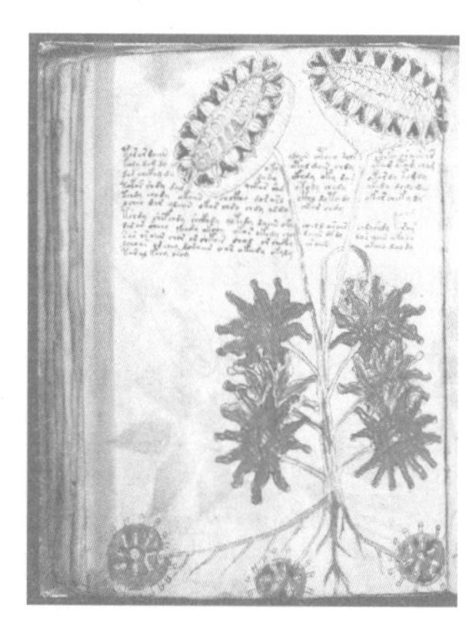

아직 해독되지 않은 상태로 남아있는 보이니치 문서의 일부.

보이니치 문서의 사례를 보자. 서적상이었던 윌프리드 보이니치Wilfrid Voynich가 1912년에 이탈리아의 수도원에서 발견한 이 문서는 신성로마제국 황제 루돌프 2세가 소유했었다는 소문이 있는 중세의 책이다. 연대에 대해서는 의심의 여지가 없다. 가죽 표지를 방사성 탄소 연대 측정법으로 조사한 결과 15세기 중반이 나왔고, 책에 쓰인 잉크도 연대가 비슷했다. 하지만 내용은 당황스러웠다. 책 전체에 약초와 벌거벗은 요정, 혹은 점성술, 천문학, 우주에 관한 기이한 그림과 17만 가지 이상의 기호가 실려 있다. 기호는 '단어' 35,000개 정도 분량의 글을 이루고 있는데, 그 의미는 1세기에 걸친 암호분석가들의 결연한 노력에도 풀리지 않았다.

단어의 분포와 구조는 보이니치 문서의 고유한 내적 패턴을 따르는 듯이 보인다. 예를 들어 어떤 문자는 단어의 맨 앞과 끝에만 나타나고 중간에는 한 번도 나오지 않는다. 이런 패턴은 어떤 유럽 언어에게도 낯선 것이다. 단 한 문자만 다른 단어도 놀라울 만큼 자주 나오고 똑같은 단어가 연속으로 세 번 나오는 부분도 있다. 만약 책을 이루고 있는 재료의 연대가 비교적 최근이었다면, 당연히 날조로 치부했을 것이다. 오래된 책이라는 사실을 인정받은 지금도 어쩌면 결국 똑같은 운명을 맞이할지도 모른다.

2004년 킬대학교의 컴퓨터과학자이자 언어학자인 고든 러그Gordon Rugg는 보이니치 문서에 대한 자신의 결론을 밝혔다. 순전한 쓰레기라는 것이다. 러그는 보이니치 문서가 겉보기에는 언어학적으로 정교해 보여도 450년 전의 암호 기법을 이용해 충분히 만들어 낼 수 있는 수준이라는 결론을 내렸다. 1550년에 이탈리아 수학자 지롤라모 카르다노Girolamo Cardano가 만들어 그 이름을 딴 '카르단 격자'로 불리는 방법과 의미없는 기호가 담긴 커다란 표를 이용해 만든 것일 수 있다는 주장이었다. 오스트리아 린츠 요하네스케플러대학교의 안드레아스 시너Andreas Schinner는 문서를 통계적으로 분석했고, 아마도 의미 없는 엉터리일 것이라는 데 동의했다. 그러나 논쟁은 끝나지 않았다. 러그의 분석은 다양한 근거로 비판을 받았는데, 그중 하나는 문서의 연대가 카르다노보다 훨씬 앞선다는 사실이었다. 진실이 무엇이든 간에 보이니치 문서는 놀라운 작품이다. 대단히 공을 들인 위작이거나 뛰어나기 그지없는 중세의 암호다.

작곡가, 암호해독가, 비밀 편지

아주 최근에도 해독이 되지 않은 글이 있다. 다양한 협주곡 및 교향곡, 그리고 <위풍당당 행진곡>으로 유명한 영국 작곡가이자 열정적인 아마추어 암호해독가였던 에드워드 엘가의 곡인 <수수께끼 변주곡>이다. 일부 음악학자는 엘가가 이 곡을 이루는 열네 작품 안에 다른 작곡가의 유명한 곡 멜로디를 숨겨놓았다고 생각한다.

이 수수께끼 외에도 '도라벨라 암호'라는 것을 반드시 언급해야 한다. 1897년 엘가는 젊은 여성 친구이자 자신을 사모했던 도라 페니Dora Penny에게 연필로 암호 편지를 썼다. 구불거리는 문자 87개로(24종류) 이루어진 글귀는 세 줄에 걸쳐 쓰여 있었다. 이 비밀 메시지는 엘가의 변주곡에 이름을 붙여주기도 했던 도라가 『에드워드 엘가: 변주곡의 추억』이라는 자신의 회고록에 실으면서 세상에 알려졌다. 언뜻 보면 각각의 구불거리는 문자가 알파벳의 서로 다른 문자를 나타내는 듯하다. 하지만 아직 어떤 분석으로도 해답을 알아내지는 못했다. 유부남 작곡가와 17살이나 어린 도라 사이의 연애편지를 위장하기 위해서 엘가와 도라(엘가가 도라벨라라는 별명을 붙인) 둘만 아는 모종의 속기로 쓴 게 아니냐는 추측도 있었다. 그러나 회고록에서 도라는 자신도 그게 무슨 뜻인지 전혀 모른다고 주장했다.

2007년 엘가 협회는 대회를 열어 상금 1,500파운드를 걸고 도라벨라 암호를 만족스럽게 풀어낼 사람을 찾았다. 창의적인 사람들이 도전했지만, 참가자 누구도 그럴듯해 보이

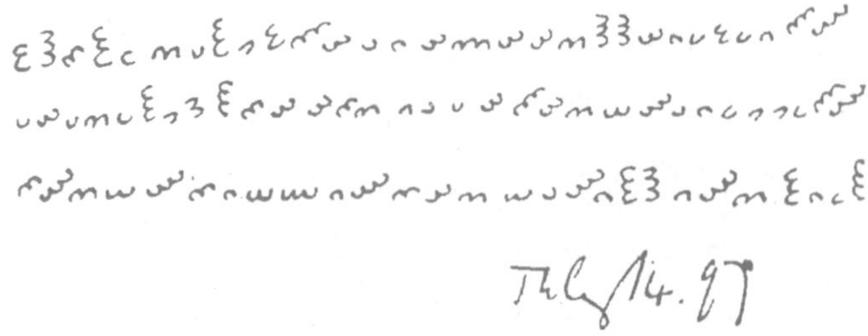

1897년 에드워드 엘가가 쓴 도라벨라 암호..

는 해석을 내놓지 못했다. 암호가 글이 아니라 음표거나 악보의 일부라는 주장도 있었다. 엘가가 불과 1년여 뒤에 수수께끼 변주곡을 작곡했다는 사실을 생각하면, 엘가가 친구에게 헌정한 바로 그 작품의 단편을 부호화한 것이라고 상상할 법도 하다.

비밀 정보와 암호의 역사

비밀 정보를 보내야 할 필요는 문명의 초창기부터 있었다. 부호와 암호가 있기도 전에 글을 숨기는 기술인 스테가노그래피(병기)가 있었고, 오랜 세월에 거쳐 온갖 창의적인 방법이 쓰였다. 헤로도토스의 『역사』에는 가장 초창기에 쓰인 방법 하나가 실려 있다. 헤로도토스에 따르면, 기원전 440년에 히스티아에우스라는 그리스인이 가장 신뢰하는 하인의 머리를 밀고 사위인 밀레토스의 지배자 아리스타고라스에게 보낼 비밀 메시지를 두피에 문신으로 새겼다. 그리고 하인의 머리가 다시 자라길 기다린 뒤 "밀레토스에 도착하면 아리스타고라스에게 네 머리를 밀고 살펴보게 하라"는 지시와 함께 보냈다. 여기서 '헤드라인'이라는 단어에 새로운 의미가 생겼다.

암호 역시 고대 시대부터 사용하기 시작했다. 암호는 문자 하나를 다른 문자 하나로, 소위 평문을 암호문으로 바꿨다가 다시 바꾸는 방식으로 메시지를 바꾼 것이다. 반면, 부호는 단어나 문장 전체를 다른 단어나 숫자로 바꾼 것이다. 율리우스 카이사르는 사적인 연락에 초창기의 암호 체계를 사용했다. 평문의 알파벳을 하나씩 정해진만큼 떨어져 있는 다른 알파벳으로 바꾸는 간단한 방식을 사용했다. 예를 들어 A는 B, B는 C 등으로 바꿀 수 있다. 현대 영어 알파벳에서 이런 단순 치환 방법을 사용하면 25가지 다른 암호문을 얻는다. 수신자는 어떤 카이사르 암호가 쓰였는지만 알면 평문을 얻을 수 있다.

당연한 말이지만, 카이사르 암호는 그다지 안전하지 않다. 사실 키에 따라 각각의 알파벳을 다른 알파벳이나 기호로 바꾸는 단일 문자 치환 방식은 어떤 유형이라고 해도 매우 취약하다. 셜록 홈스가 <춤추는 사람>에서 그런 암호를 푸는 방법을 보여준 바 있다. 의뢰인의 아내는 다양한 동작을 한 사람 모양 그림이 늘어선 메시지를 받기 시작한다. 각각의 그림이 서로 다른 문자를 나타낸다고 가정한 홈스는 금세 어떤 그림이 E(영어에서 가장 흔히 쓰이는 문자)인지 알아낸다. 이어서 그다음으로 흔한 T, A, O 등으로 여러 가지 조합을 시도해 결국 몇몇 불완전한 단어를 해독해낸다. 그러자 경험에 의한 추측으로 빠진 구멍을 메울 수 있게 된다. 예를 들어, 'T_E'는 'THE'일 가능성이 크다. 그러면 H를 알게 된다. 춤추는 사람으로 된 메시지가 손에 더 많이 들어올수록 홈스의 작업은 더 쉬워진다.

여왕들의 암호 전쟁

스코틀랜드의 여왕 메리 1세가 사촌인 영국의 개신교인 여왕, 엘리자베스 1세를 죽일 음모를 꾸밀 때 공모자와 암호를 이용해 연락했다는 사실은 유명하다. 비서인 길버트 컬Gilbert Curle이 암호화한 메리의 편지는 맥주통 마개 속에 숨겨진 채 그녀의 유배지였던 스태포드셔의 차틀리 장원을 몰래 빠져나갔다. 카이사르의 시대 이후 암호는 커다란 진보를 이루었고, 메리가 연락에 사용한 암호는 기호 하나만이 아니라 몇몇 단어까지 바꾼 것이었다. '무효'와 같은 아무 의미 없는 기호도 넣어서 그게 문자인 줄 알고 해석하려는 사람을 헷갈리게 하거나 다음 문자가 두 번 나온다는 점을 알리는 이중 표시 같은 것도 있었다.

하지만 16세기 중반이면 암호화 기술이 발전한 만큼 해독 기술도 발전한 상태였다. 메리는 몰랐지만, 은밀한 연락을 담당하던 연락책은 엘리자베스의 수석 비서이자 정보부 수장이었던 프랜시스 월싱엄Francis Walsingham을 위해 일하던 이중첩자였다. 메리가 쓴 모든 편지는 중간에 월싱엄이 가로채 케임브리지대학교에서 공부한 언어학자이자 숙련된 암호해독가인 토머스 펠리페스Thomas Phelippes 경에게 넘겼다. 메리가 연관되어 있음을 분명히 한 음모의 주동자 앤서니 바빙턴Anthony Babington 경에게 답장을 보내는 순간 메리와 엘리자베스를 향한 음모의 운명은 결정됐다. 펠리페스는 편지를 해독한 뒤 약삭빠르게 메리가 바빙턴에게 다른 관련자의 이름을 묻는 내용으로 수정해서 다시 보냈다. 이들은 곧 전부 붙들려 사형을 당하고 말았다. 메리는 다음과 같은 문구로 자신의 죄를 인정한 셈이 되었다. "계획이 실행되고 나면 내가 나갈 수 있다는… 여기서 나갈 수 있다는 명령을 내려야 한다." 짧은 재판 뒤에 메리는 참수형을 당했다.

점점 더 정교해지는 암호화 기법

만약 메리가 1553년 이탈리아 암호학자 조반 벨라소Giovan Bellaso가 개발한 훨씬 더 정교한 암호 체계에 관해 알고 있었다면 훨씬 더 나은 결과를 얻을 수 있었을 것이다. 그건 알파벳 여러 개를 바꾸어 평문을 암호화하는 다중 문자 치환 기법에 바탕을 둔 방법이었다. 알파벳을 여러 개 이용한다는 아이디어는 거의 한 세기 전인 1466년, 사영기하학의 창시자이자 전방위적인 지식인이었던 레온 알베르티Leon Alberti에 의해 태동했다. 알베르티의 방법은 치환하는 알파벳이 몇 단어마다 바뀌는데, 암호문 안에 있는 키 문자의 등장으로 위치를 표시한다. 암호 해독에는 동심원 고리 두 개로 이루어진 금속 원반을 이용한다. 바깥쪽 고리는 고정되어 있고, 안쪽 고

알베르티의 암호 해독용 금속 원반.

리는 가운데 꽂힌 핀을 중심으로 회전할 수 있게 되어 있다. 바깥쪽 고리는 여러 칸으로 나뉘어 있고, 각 칸에는 평문의 대문자와 암호책 안에 담긴 구절을 가리킬 때 사용하는 숫자 1~4가 하나씩 들어있다. 안쪽 고리에는 암호문에 쓰는 소문자가 뒤죽박죽인 순서로 새겨져 있다.

1500년대 초 독일의 수도원장으로 박식가였던 요하네스 트리테미우스Johannes Trithemius는 알베르티의 원반이 없어도 되는 방법을 개발했다. 원반 대신 이용한 건 사각표였다. 네모 격자 모양의 표로 첫 줄에는 알파벳 26글자가 있고, 그 아랫줄부터 한 글자씩 왼쪽으로 옮긴 알파벳을 적었다. 그러면 총 26가지 카이사르 암호가 생긴다. 트리테미우스의 방법으로 만든 암호문은 무작위하게 나열한 문자처럼 보이지만, 여전히 홈스가 이용한 것과 같은 빈도 분석에 취약하다. 전략이 노출된 경우에는 특히 더 그렇다. 게다가 새로운 알파벳으로 치환해야 하는 지점을 메시지 안에서 지시 문자로 알려야 한다는 치명적인 약점이 있었다.

조반 벨라소가 이룬 혁신은 이 정보가 발견되지 않도록 메시지 밖으로 빼낸다는 데 있었다. 그 대신 미리 정해 둔 암구호나 키워드를 이용해 각 문자를 어떤 문자로 치환해야 하는지 확인한다. 키워드의 각 문자는 메시지의 다음 문자를 해독하는 데 쓰이는 알파벳 배열이 사각표의 몇 번째 줄인지 알려준다. 키워드가 길수록 똑같은 문자로 대체하는 일이 적어진다.

알베르티와 트리테미우스가 정해진 패턴으로 치환하는 방법을 쓴 반면, 벨라소의 방법은 새로운 키를 고르기만 하면 치환 패턴이 쉽게 바뀔 수 있었다. 키는 보통 한 단어나 짧은 문장이었고, 사전에 송신자와 수신자가 공유했다.

이름을 빼앗긴 암호 기법

그러나 벨라소는 자신의 발명에 적절한 공로를 인정받지 못했다. 19세기에 잘못된 사실이 알려지는 바람에 그 공로는 비슷한 시기에 살았던 프랑스의 외교관이자 암호학자였던 블레이즈 드 비제네르Blaise de Vigenère가 차지했다. 그래서 비제네르 암호로 불리게 된 이 방법은 대단히 강력한 암호로 명성을 얻었다. 찰스 도지슨Charles Dodgson(루이스 캐럴)은 어린이를 위해 쓴 글 <알파벳 암호>(1868)에서 비제네르 암호가 깨뜨릴 수 없는 암호라고 설명했다. 하지만 그건 사실과 거리가 멀었다. 처음 등장한 지 얼마 안 된 16세기에 몇몇 암호분석가가 이따금 풀어냈던 것이다. 그리고 1863년 독일 보병 장교이자 암호학자였던 프리드리히 카시스키 Friedrich Kasiski는 비제네르 암호를 비롯해 키워드를 이용해 문자를 바꾸는 모든 다중 문자 치환 암호를 깨뜨릴 수 있는 확실한 방법을 발표했다.

치명적인 약점에도 불구하고 비제네르 암호는 많은 활약을 했다. 미국 남북전쟁 당시, 남부 연합은 놋쇠 원반과 함께 이 방법을 사용해 지휘관들끼리 메시지를 보냈다. 불행히도, 연방(북군)이 정기적으로 이를 가로채 해독했다. 남부연합이 'Manchester Bluff', 'Complete Victory', 'Come Retribution'라는 똑같은 키 세 가지를 반복해서 사용한 탓도 있다.

전치 암호라는 또 다른 주요 암호 기법이 있는데, 이 기법은 문자를 사전에 정해 놓은 규칙이나 키에 따라 치환하지 않고 배열만 바꾼다. 예를 들어 평문의 문자를 한 쌍씩 묶어서 뒤집거나 모든 문자를 거꾸로 쓸 수 있다. 정해 둔 재배열 규칙이 복잡할수록 암호해독가가 내용을 이해하기 어려워진다. 애너그램*을 찾는 것도 전치 암호를 해독하는 효과

* 문자의 순서를 바꾸어 다른 단어를 만드는 유희 - 역자

적인 방법이다. 하지만 시간이 아주 많이 걸린다. 제1차 세계대전과 미국 남북전쟁 시기는 둘 다 컴퓨터로 자동으로 애너그램을 찾을 수 없던 시절이라 민감한 메시지를 흔히 전치 암호 형식으로 보내곤 했다.

에니그마 장치의 등장

제1차 세계대전이 끝난 직후 독일 공학자 아르투르 슈르비우스Arthur Scherbius는 에니그마라고 하는 놀라운 암호 기계를 발명했다. 에니그마는 상업용과 군용으로 다양한 모델이 나왔는데, 제2차 세계대전 때 독일군의 비밀 통신을 암호화하는 데 쓰이면서 가장 큰 악명을 얻었다. 타자기를 닮은 에니그마에는 고리 또는 회전자 세 개가 들어있었는데, 각

밀라노 과학기술박물관에 전시된 에니그마 장치. 1930년대와 제2차 세계대전 때 쓰였다.

각에는 A부터 Z까지 문자가 적혀 있었다. 키보드 위에는 램프 보드가 있어 각각의 문자마다 작은 불빛이 켜지게 되어 있었다. 사용자가 키보드로 평문을 입력하면 램프 보드에서 그에 해당하는 문자에 불이 들어왔다. 키를 누르면 회전반이 돌아서 암호가 끊임없이 바뀌었다.

전쟁이 터지기 전, 영국은 언어학에 의존하여 에니그마를 깨뜨리려 시도했고 그 성과는 제한적이었다. 이보다 훨씬 더 큰 진전은 수학자가 달라붙어 에니그마의 작동을 모사하는 기계를 만든 폴란드에서 이루어졌다. 작동 중에 나는 짤깍짤깍 소리 때문에 '봄바'라고 불린 이 장치는 메시지를 암호화한 세팅을 찾을 때까지 빠른 속도로 여러 세팅을 검색할 수 있게 해준다.

그러나 나치 과학자들은 에니그마를 개선해 보안을 강화했다. 에니그마 앞쪽에 설치한 플러그 보드는 문자 쌍을 전치할 수 있게 해주었다. 이것을 기존의 회전반 중 하나와 조합하면 가능한 세팅의 수는 약 1.6해 개로 많아졌다. 모두 똑같은 에니그마 장치를 갖고 있었던 독일군 지휘관은 서로 메시지를 해독할 수 있도록 매일 새로운 회전반 설정을 발급받았다. 이렇게 보안을 강화하자 봄바는 더 이상 효과적이지 않았다. 그러나 폴란드는 그 지식을 영국과 공유했고, 영국은 앨런 튜링 Alan Turing을 비롯한 재능 있는 수학자를 모아 버킹엄셔의 블레츨리 파크에 암호해독 전문집단을 만들었다.

앨런 튜링과 암호해독반의 활약

시간이 흘러 튜링과 그 동료들은 좀 더 복잡한 전시의 에니그마 암호를 해독할 수 있는 자체적인 '봄브'를 개발했다. 블레츨리 파크의 다른 암호분석가들이 '크립'을 찾아내면서 봄브의 작업은 더 쉬워졌다. 크립이란 감시와 분석, 그리고 영리한 추측을 통해 부분적으로 의미를 알게 된 메시지를 뜻한다. 예를 들어 독일의 기상관측소에서 보낸 암호 메시지에는 Wettervorhersage(날씨 예보)에 해당하는 단어가 모든 메시지의 비슷한 위치에 있을 가능성이 크다. 또 다른 실마리는 에니그마가 어떤 문자를 똑같은 문자로 암호화할 수 없으므로 똑같은 문자가 같은 위치에 나타나지 않을 때까지 암호화된 메시지와 크립을 여러 방식으로 비교해 볼 수 있다는 사실에서 얻을 수 있었다.

튜링의 봄브는 대단한 기계 장치였다. 폭은 2.1m에 높이는 195cm, 무게는 1톤이 나갔으며, 총 길이가 1.9km에 달하는 전선과 97,000개의 부품이 쓰였다. 사실상 봄브는 전선 하나하나까지 그대로 복제한 에니그마 36개를 쌓아놓은 것과 같았다. 처음 작동시킬 때 각각의 복제 에니그마는 그날 획득한 크립으로부터 얻은 문자 쌍을 제공받는다(예를 들어 추측하는 단어에서 P가 C가 된다는 식으로). 그러면 회전반 세 개가 돌아가면서 17,576(26^3)가지의 가능한 모든 위치를 확인해 맞아떨어지는 것을 찾는다. 각각의 에니그마 복제품이 동시에 올바르게 보이는 문자 쌍을 가리킬 때 봄브는 작동을 멈추고 결과를 출력한다. 분석가들은 봄브가 찾아낸 결

2차 세계대전 중에 찍은 블레첼리 파크의 봄브.

과와 다른 정보를 이용해 그날 독일군이 사용하는 키를 알아낸다. 이 키를 알면 에니그마를 세팅해 24시간 동안 가로챈 모든 메시지를 해독할 수 있었다.

블레츨리 파크에서 만든 첫 번째 봄브가 성공적이라는 사실이 확실해지자 이 귀중한 자원이 공습에 파괴될 가능성을 줄이기 위해 수백 대를 더 만들어서 영국 전역의 다양한 장소에 배치했다. 쉬지 않고 작동한 봄브는 독일군의 메시지를 하루에 3,000개부터 전쟁이 끝날 때까지 모두 약 250만 개를 해독하며 연합군에게 적의 움직임과 전략에 관한 귀중한 정보를 제공했다.

현실에서나 허구에서나 마찬가지로 부호와 암호라고 하면 항상 가장 먼저 떠오르는 것은 군대와 외교 분야다. 냉전 시대의 첩보 소설 중에서 스파이와 스파이가 지닌 암호책에 관한 언급이 나오지 않는 게 있을까? 소설 속의 스파이는 어떤 대가를 치르더라도 적의 눈에 띄지 않게 해야 하는 암호책(일종의 사전)을 지키며, 이런 책에서 비밀 메시지 속의 숫자나 음어에 해당하는 평문을 찾아보며 쉽게 번역하곤 한다. 현실에서도 많은 국가와 조직이 고유한 음어를 갖고 있고, 민감한 통신 내용을 가로채여 단어 빈도 분석 같은 기법으로 해독될 위험을 피하기 위해 음어를 정기적으로 바꾸곤 한다. 그러나 이런 '개인키' 체계는 모두 그다지 세련되지는 않은 방법이며, 암호책이 잘못된 사람에게 들어가는 불상사가 일어날 가능성이 항상 존재한다.

더 강력한 암호, 더 많아진 수수께끼

1973년 훨씬 더 강력한 암호화 기법이 등장했다. 영국 정부의 감시 기관인 GCHQ에서 비밀리에 개발했는데, 1997년까지는 이 사실을 비밀에 부쳤다. 공개 키 암호라고 불리는 이 기법은 오늘날 우리가 온라인에서 물건을 주문하거나 송금하거나 스카이프로 화상 통신을 할 때도 보편적으로 쓰인다. 두 수를 곱하는 것보다 어떤 수를 인수분해하는 게 훨씬 더 어렵다는(예를 들어 7과 2는 14의 인수다) 사실에 바탕을 둔 방법이다. 두 인수가 거대한 소수일 때 컴퓨터는 순식간에 둘을 곱할 수 있다. 하지만 곱한 결과만 알고 있는 상태라면, 유의미한 시간 안에 인수를 찾아내는 건 불가능하다.

공개 키 암호는 한 쌍의 키를 이용한다. 하나는 공개키, 다른 하나는 비밀키다. 공개키는 매우 큰 수로 두 큰 소수의 곱이고, 이 두 소수는 비밀키가 된다. 수학 공식에 따라 공개키는 메시지를 암호화하는 데 쓰인다. 그러나 오로지 비밀키를 갖고 있는 사람만이 곧바로 메시지를 해독해 그 안에 담긴 정보를 얻을 수 있다. 컴퓨터의 속도가 빨라지면서 공개키에 쓰인 큰 수의 소인수를 찾아 '무차별 대입 공격'을 할 수 있는 능력도 좋아졌다. 이는 새로운 알고리즘과 훨씬 더 큰 공개키의 도입으로 이어졌고, 가능한 모든 조합을 확인하는 방법으로는 소인수분해하는 게 거의 불가능해졌다. 그러나 해커들은 고성능 프로세서로 사용자 암호를 알아내는 등의 방법을 이용해 암호를 우회할 수 있다.

온갖 노하우와 기술적 도구를 지닌 현대의 암호분석가도 몇몇 유명한 부호와 암호 앞에서는 주춤거린다. 그중 하나가 공개 키 암호에 가장 흔히 쓰이는 알고리즘을 개발한 론 라이베스트Ron Rivest가 고안한 것이다. 1999년 라이베스트는 MIT의 컴퓨터과학 연구실의 높이 1m짜리 납 상자 안에 수수께끼의 상품을 숨겼다. 상자에는 연구실이 70주년을 맞이하는 2033년까지 열리지 않는 자물쇠가 달려 있다. 하지만 그 전에 라이베스트가 낸 미친 듯한 난이도의 문제를 누군가 풀어낸다면 열 수 있다. 그 문제는 7,200조 자리 수를 다른 616자리 수로 나누었을 때 나오는 나머지를 묻는 것이다. 마찬가지로 616자리인 이 나머지가 자물쇠를 여는 키다. 하지만 그 전에 0과 1의 나열로 된 이진수로 변환하고 원래 616자리 수의 이

론 라이베스트.

진수 형태와 비교해야 한다. 컴퓨터 속도나 알고리즘 설계에 큰 도약이 생겨나 라이베스트가 예측한 35년보다 더 빨리 누군가 자물쇠를 열 수 있을지는 두고 봐야 할 일이다.

또 다른 미해결 퍼즐이 버니지아 랭리의 CIA 본부 바깥쪽에 서 있다. 바로 1990년에 미국 예술가 제임스 샌본James Sanborn이 세운 크립토스Kryptos라는 구리 조각이다. 이 조각은 네 구역에 1,735개의 암호화된 문자가 새겨져 있다. 그중 셋은 해독이 되어 전체 작품을 연결하는 좀 더 광범위한 수수께끼처럼 보이는 불가사의한 메시지를 내놓았다. 그러나 감질나게도 마지막 구역은 지금까지 모든 해독 시도를 물리쳤다.

1960년대 말에 샌프란시스코에서 한 연쇄살인범이 지역 경찰과 신문사에 보낸 불길한 암호 편지가 있다. '조디악'이라

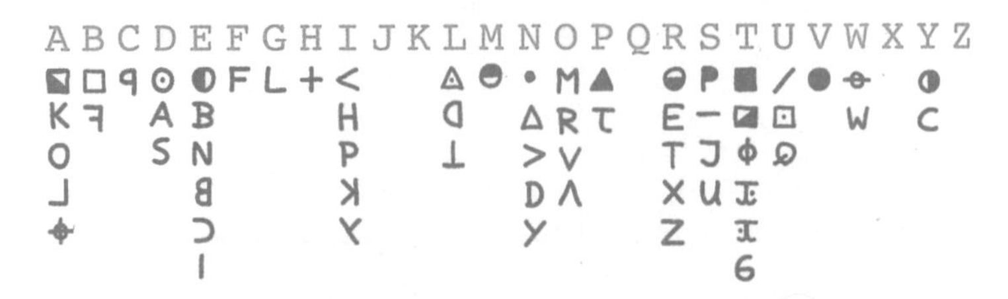

조디악 살인마가 남긴 암호의 해독 코드.

는 별명으로 자칭한 이 살인범은 자신이 적어도 일곱 명을 죽였고, 몇몇 암호 메시지에 범죄에 관한 실마리를 숨겨놓았다고 주장했다. 메시지 중 셋은 문자를 기호로 대체해 위장했지만, 변형을 가했다. e와 t, a 같은 가장 흔히 쓰이는 문자를 여러 가지 기호로 대체했기 때문에 일반적인 빈도 분석 방법으로는 알아내기 어려웠다. 이 세 메시지는 결국 kill과 killing이라는 단어를 찾는 방식으로 해독할 수 있었고, 살인범이 살인으로 얻는 변태적인 쾌감을 묘사한 내용이 담겨 있는 것으로 드러났다. 조디악이 지역 신문사에 마지막으로 보낸 암호 편지 중 하나는 다른 암호화 방식을 사용했다. 당국은 여기에 조디악의 정체에 관한 중요한 실마리가 담겨 있을지도 모른다고 추측했지만, 그 내용은 아직 수수께끼로 남아있다.

때로는 보이니치 문서처럼 암호처럼 보이는 게 실제로 풀 수 있는 것인지 아니면 단순한 속임수에 불과한지 구분하는 게 어렵다. 아니면, 암호 자체는 유효하나 내용이 엉뚱하거나 허구일 수도 있다. 어떤 이야기에 따르면, 1885년 토머스 빌Thomas Beale이라는 모험가가 버지니아주 로아노크 근처의 베드포드 컨트리에 두 수레 분량의 은화를 묻었다. 빌은 보물을 숨겨 놓은 위치가 담겨 있을 것으로 추정되는 암호 메시지 세 개를 한 친구에게 남긴 뒤 서부로 떠나 다시는 모습을 드러내지 않았다. 몇 년 뒤 두 번째 편지의 메시지가 풀렸는데, 독립선언문을 이용하고 있다는 사실이 드러났다. 편지 속의 숫자는 독립선언문의 어떤 단어를 가리켰다. 숫자 대신에 그 단어의 첫 번째 문자를 사용하는 것이다. 예를 들어, 독립선언문의 첫 네 단어가 "We hold these truths"라면, 편지 속의 숫자 3은 t를 가리켰다. 두 번째 편지는 다음과 같이 시작한다.

> 나는 버포즈에서 4마일쯤 떨어진 베드포드 지역의 지면에서 6피트 아래의 구덩이 또는 지하실에 3번에서 이름을 알 수 있는 당에 공동으로 속해 있던 물품을 묻었다. 첫 번째 물품은 금 1014파운드와 은 3812파운드로 1819년 11월에…

어떤 이론에 따르면, 남은 두 편지도 같은 문서를 다른 방식으로 이용하거나 혹은 다른 완전한 공개 문서를 이용해 암호화되어 있다. 하지만 사실 우리는 아직 모른다. 그리고 어쩌면 빌 암호는 단순히 공들여 만든 재미있는 농담일 뿐일 수도 있다.

현대 암호학에 바탕이 되는 수학은 오늘날의 수많은 금융 거래를 안전하게 지켜주는 존재다. 온라인 생활의 사생활도 보호해준다. 그건 어떤 수학 연산이 어느 한 방향으로는 쉽지만, 반대 방향으로는 환상적으로 어려워서 비밀키가 없으면

생성한 암호를 푸는 게 거의 불가능하다는 원리 덕분에 가능한 일이다. '거의' 불가능함. 수학자는 이 암호의 술래잡기 놀이에서 우리가 편히 쉬는 게 결코 가능하지 않다는 사실을 잘 알고 있다. 컴퓨터가 더욱 강력해지고 양자컴퓨터가 발전하면, 세상의 비밀을 안전하게 지킬 수 있는 창의적이고 새로운 방법이 필요할 것이다.

4장

판타지아 매서매티카

어쨌든 내가 보기에 수에는 뭔가 신성한 게 있는 것 같아.

- 아가사 크리스티, 움직이는 손가락

♣

수학은 이미 환상적이다. 크기가 서로 다른 무한이나 56차원의 도형처럼 기상천외한 것을 상상해내기는 어려울 것이다. 공 하나를 조각조각 잘랐다가 다시 조립했는데 원래 공과 크기가 같은 공이 두 개 생긴다고 하면 억지스러운 소리로 들릴 것이다. 하지만 그건 진짜 수학적인 결과다. 수학 소설에 생생함을 부여하려고 생각해 낸 캐릭터와 사건조차도 현실 세계와 비교해 더 기괴하기는 어렵다. 수학은 아주 환상적이고 좋은 플롯을 만드는 장치가 될 수 있다는 이유로 종종 소설에 모습을 드러낸다. 어떨 때는 특정 수학 내용을 설명하거나 수학이 앞으로 어떻게 발전할지 추측하기 위해서 이야기를 꾸미기도 한다.

칼 세이건Carl Sagan이나 프레드 호일Fred Hoyle처럼 과학소설을 쓰기도 한 과학자들은 확고한 사실의 경계선 한참 밖에 있는(학계에서는 발표하기 어려울 수도 있는) 아이디어를 소설 속에 집어넣었다. 마찬가지로 어떤 작가들은 상상 속의 이야기를 이용해 수학에서 가능성 있는 새로운 영역을 탐구했다. 아이작 아시모프Isaac Asimov는 심리역사학이라는 미래의 수학 분야가 대규모 인구 집단의 행동을 정확하게 예측할 수 있다는 전제하에 『파운데이션』 3부작을 썼다.

수학에 영감을 받은 예술 작품들

과학의 어떤 분야에서도 중요한 발견을 처음부터 소설을 통해 정확하고 폭넓게 전파한 사례는 없었다. 하지만 정수론의 경우에는 이런 일이 있었다. 컴퓨터과학자 도널드 크누스Donald Knuth의 중편소설 『초현실수: 학생이었던 두 사람이 순수 수학으로 눈을 돌리고 완전히 행복해진 이야기』는 새롭고 중요한 수 체계(존 호튼 콘웨이John Horton Conway가 발견)를 설명한 첫 번째 출판물이었다. 그러나 이런 식으로 과학적 아이디어를 소설 속에서 설명하는 건 예전부터 있었던 일이고, 과학소설의 하위장르라고 할 수 있는 수학소설에서는 자주 찾아볼 수 있다.

무려 기원전 414년에 수학은 아리스토파네스라는 그리스 극작가가 쓴 희극 <새>에 등장한다. 어느 시점이 되면 기하학자인 아테네의 메톤을 연기하는 배우가 몇 가지 측량 기구를 가지고 무대로 올라와 설명한다.

이 곧은 자를 가지고 이 원 안에 사각형을 새기지요. 그 한복판에 장터가 생기는데, 곧은 길은 모두 그 가운데로 몰리게 됩니다. 마치 둥글지만 사방으로 곧게 빛을 비치는 별처럼요.

시간을 빨리 돌려 1666년이 되면 수학이 초창기의, 아마 여성이 쓴 것으로는 최초일 과학소설에 다시 등장한다. 뉴캐슬 공작부인인 마거릿 캐번디시Margaret Cavendish가 쓴 『불타는 세계』의 한 부분에서 이야기의 여주인공은 다른 행성 거주민 몇 명을 소개받는다. 그곳에 사는 두 지적 종족, 머릿니인간과 거미인간은 뛰어난 수학자로 자신들이 얻어낸 성취를 설명하는 데 열심이다. 60여 년 뒤에 조나단 스위프트Jonathan Swift는 『걸리버 여행기』에서 수학과 음악이라는 두 가지에만 관심이 있는 라퓨타인과 주인공의 만남을 묘사한다. 라퓨타인의 집착은 매우 심해서 먹는 음식이 모두 수학적 도형이나 악기의 모양을 하고 있을 정도다.

빅토리아 시대에는 수학이 소설 속에 등장하는 사례가 급속이 늘어났다. 고전 어린이소설 『물속 아기』를 쓴 찰스 킹슬리Charles Kingsley는 1852년에 업적이 비교적 기록으로 잘 남아 있는 최초의 여성 수학자 히파티아의 생애를 다룬 소설을 썼다. 산업화와 과학과 공학의 혁신에 대한 대중의 관심이 성장하는 시기에 과학소설이 확고한 장르로 자리를 잡으면서 수학도 에드거 앨런 포Edgar Allan Poe와 에드워드 페이지 미첼Edward Page Mitchell, 쥘 베른Jules Verne과 같은 작가의 작품 속에 점점 더 스며들기 시작했다. 그중에서도 가장 수학적이었던 작가로는 필명인 루이스 캐럴Lewis Carroll로 더 유명한 찰스 도지슨이 있다. 캐럴은 옥스퍼드대학교에서 수학으로 1등급 학위를 받았으며, 이후 크라이스트처치 칼리지에서 수학 강사가 되었다.

가장 수학적이었던 작가

19세기 후반은 유난히 수학이 풍요로웠던 시기였다. 비유클리드 기하학이나 추상대수학, 복소수 같은 급진적인 새로운 아이디어가 빠르게 발전했다. 그렇게 지성이 넘쳐흐르던 시기에 살았다는 점을 생각하면 캐럴의 책이 다채로운 수학적 비유와 전통적인 사고방식에 대한 도전으로 가득했던 것도 놀라운 일이 아니다. 비록 그가 주변에서 일어나는 수학의 지각변동보다는 유클리드의 원론에서 더 편안함을 느끼는 수학 보수주의자로 여겨지지만, 그래도 캐럴은 자유 분방한 영혼이라는 인상이 있다.

모자장수는 앨리스에게 이렇게 묻는다. "까마귀와 책상의 닮은 점은 뭐지?" 앨리스의 반문을 받은 모자장수는 자기도 전혀 모른다는 사실을 인정한다. 약이 오른 앨리스는 이렇게 대꾸한다. "답이 없는 수수께끼를 묻는 데 시간을 낭비하느니 그보다 좀 더 나은 일을 찾아보는 게 나을 것 같아요." 퍼즐 애호가 샘 로이드Sam Loyd는 자신만의 해답을 내놓았다. "둘 다 (에드거 앨런) 포가 쓴 것(Poe wrote on both)." 진짜 정답이 뭐냐는 질문을 하도 많이 받은 캐럴 자신도 결국 답을 하나 만들었다.

존 테니얼 경이 그린 모자장수(1865).

"비록 아주 납작하긴/단조롭긴(flat) 해도
둘 다 글/음(note)을 만들어 낸다는 것이다.
그리고 절대(nevar) 앞뒤를 뒤집으면 안 된다!"

"Because it can produce a few notes, tho they are very flat;
and it is nevar put with the wrong end first!"

안타깝게도 이 설명을 인쇄하기 전에 교정자가 캐럴이 일부러 raven을 거꾸로 nevar라고 썼다는 사실을 모르고 철자를 수정하는 바람에 원문의 재치가 일부 사라져 버리고 말았다.

캐럴은 판타지 소설을 내는 사이사이에 실제 수학에 관한 책도 썼다. 이때 시작된 이런 풍조는 오늘날까지도 계속 이어지고 있다. 캐럴이 수학에만 집중한 책으로는 『평면대수기하학개요』(1860)과 『기호논리』(사후 출간) 등이 있다. 때때로 사실과 허구를 격의 없는 장난스러운 형식으로 조합하기도 했다. 가령 『논리 게임』(1887)에서 캐럴은 보드게임 형식으로 논리 명제와 추론을 설명했다. 『유클리드와 현대의 라이벌들, 뒤엉킨 이야기』(1879)에서는 2000년이나 된 『원론』이 여전히 기하학을 가르치는 데 최고의 교과서라고 주장했다. 1482년 유럽에서 처음 출간된 뒤로 여러 판본이 나온 유클리드의 이 고전이 성경 다음가는 위치를 차지하고 있었다는 사실을 생각하면, 이것은 그가 살던 빅토리아 시대 중반에 논란이 될 만한 주장이 아니었다. 하지만 캐럴의 옹호는 유클리드의 유령과 허구의 캐릭터인 미노스와 니에만드 박사가 등장하는 희곡 형태였다는 점에서 독특했다. 『실비와 브루노』(1889)와 『실비와 브루노 완결편』(1893) 두 권으로 나뉘어 나온 캐럴의 마지막 소설은 동화와 사회 논평이 뒤섞여 있었다. 두 번째 책의 등장인물들은 차를 마시며 원반의 가장자리와 뫼비우스 띠의 가장자리를 붙여서 사영평면을 만드는 방법을 논의한다. 어쩌면 이 아주 골치 아픈 잡담이 이 책에 대한 미적지근한 반응에 일조했을지도 모른다.

이(二)차원 세계 소설

같은 시기에 초창기 수학 대중화의 훌륭한 사례 하나가 영국의 교사이자 신학자인 에드윈 애벗Edwin Abbott에 의해 탄생했다. 사실 『플랫랜드: 여러 차원에 관한 이야기』(1884)를 쓴 애벗의 주목적은 빅토리아 시대의 심각한 - 특히 여성에게 -

불평등에 관해 논하는 것이었다. 그래서 플랫랜드 거주민의 기하학에는 빅토리아 시대의 사회적 위계가 반영되어 있다. 여성은 평범한 선이고, 하류 계급 남성은 예각 삼각형이다. 사회적 지위가 높은 남성은 정삼각형 형태다. 그보다 더 지위가 높은 남성은 다각형인데, 지위가 높을수록 변의 수가 점점 많아지면서 가장 높게 쳐주는 도형인 원에 매우 가까워진다. 그러나 이 책의 끊임없는 인기는 이제는 낡은 풍자와 문화적 비유보다는 다양한 차원을 다루는 수학을 친근하게 설명해준다는 데 있다.

애벗의 『플랫랜드』에 담긴 정신과 주제는 오늘날까지도 다른 작가들이 더 깊이 탐구해왔다. A. K. 두드니Dewdney의 『플래니버스』(1984)는 2차원 세계에서의 과학과 공학이 어떤 모습일지를 상상하며 『플랫랜드』의 아이디어를 수학적 차원이 아닌 새로운 차원으로 끌어올린다. 캐나다의 수학자이자 컴퓨터과학자인 두드니는 컴퓨터과학을 공부하는 학생들이 제대로 작동하는 물리 법칙과 생태계까지 완전히 갖춘 2차원 생명체의 시뮬레이션을 만들려고 시도하는 장면으로 이야기를 시작한다. 이들은 컴퓨터를 통해 스스로 YNDRD라고 부르는(학생들은 두드니Dewdney를 거꾸로 쓴 '옌드웨드Yendwed'라고 부른다) 『플래니버스』의 주민으로부터 메시지를 받고 깜짝 놀란다. 학생들은 우리가 보기에는 평면도로 보이는 생물들의 소화 기관이 움직이는 방법에서 우리가 정상으로 생각하는 차원 하나가 사라졌을 때 가능한 분자의 유형에 이르기까지 옌드웨드 세상에서 일어나는 모든 일에 관해 배운다.

대중수학서를 많이 낸 수학자 이안 스튜어트Ian Stewart는 『플래터랜드』(2001)를 썼다. 비록 한 세기 뒤에 나온 책이지만 애벗의 고전의 뒤를 잇는 후속편임을 명시했다. 스튜어트가 상상한 화자는 애벗이 원래 이야기에서 화자로 삼았던 교양 있는 신사와 전문가 계급의 일원 '사각형'의 손녀다.

한편 노턴 저스터Norton Juster의 재치 있는 소설 『점과 선: 저차원 수학의 이야기』(1963)은 밀도가 떨어지고, 훨씬 짧으며, 사실 거의 수학적이지 않다. 어린이를 위해 쓴 이 이야기는 아름다운 점과 속절없이 사랑에 빠져 버린 직선에 관한 이야기다. 그러나 점은 정신없이 구불거리는 다른 녀석들에게만 눈길을 준다. 그러자 우리의 주인공은 각에 관해 배운 뒤 자신을 훨씬 더 흥미롭고 유혹적인 형태로 바꾼다.

책이 나오고 몇 년 뒤 『점과 선』은 메트로-골드윈-메이어MGM에서 유명한 애니메이터 척 존스Chuck Jones에 의해 10분짜리 단편 영화로 만들어졌다. 영국 배우 로버트 몰리Robert Morley가 책 내용을 거의 그대로 옮긴 해설을 맡은 이 애니메이션은 1965년 아카데미 최우수 단편 애니메이션상을 받았고, <톰과 제리>를 제외하고 MGM이 발표한 단 두 편의 애니메이션 중 하나였다.

난이도로 쳤을 때 『점과 선』의 정반대 쪽에는 하워드 힌튼Howard Hinton의 『플랫랜드의 한 일화』가 있다. 힌튼은 호기심이 많고 다채로운 인물이었다. 잠시 중혼을 유지한 이력도 있고, 독창적이지만 위험하고 신뢰할 수 없는 야구공 발사 장치를 발명하기도 했으며, 평생 고차원에 집착했다. 힌튼은 4차원에 관한 책과 에세이를 여럿 썼고, 4차원을 보는 방법을 익힐 수 있다고 주장하며 색색의 나무 블록을 개발해 상업적으로 팔기도 했다. 그러나 『플랫랜드의 한 일화』에서 힌튼은 한 차원 내려가 아스트리아라는 평면 세상을 찾아간다. 전체적으로 애벗의 책에서 많은 설정을 빌려왔지만 2차원 세상의 물리학에 관해서는 더 잘 설명했다. 다만 플롯이 지루하고 등장인물이 전부 평면적이다.

19세기 말 소설에 등장하는 수학

19세기 말이 되면 수학은 어떤 형태로든 모든 장르의 소설, 특히 기술을 다룬 소설에 정기적으로 등장했다. 코난 도일Conan Doyle은 자신의 추리소설에 수학을 활용했다. 뛰어난 탐정 셜록 홈스가 기하학이나 암호에 관한 지식을 이용하는 경우가 가장 유명하다. 그러나 후대의 작가들은 셜록 홈스 이야기에서 몇 가지 수학과 과학의 오류를 찾아냈다. 『마지막 사건』에서 홈스는 숙적인 제임스 모리아티 교수에 대해 이렇게 말한다. "스물한 살의 나이에 이항정리에 관한 논문을 써서 유럽에서 명성을 얻었지." 아이작 아시모프가 자신의 책 '『방랑하는 마음』(1983)의 한 장에서 지적했듯이 모리아티가 스물한 살이 된 건 1865년쯤이다. 이때는 노르웨이 수학자 닐스 헨리크 아벨Niels Henrik Abel이 이항정리에 관해 낱낱이 연구한 지 40년 뒤로, 모리아티로서는 그 주제에 관해 새로운 발견을 해낼 수 없었을 것이다.

쥘 베른과 함께 초창기 과학소설의 대가로 꼽히는 H. G. 웰스도 몇몇 소설에서 수학적인 묘사에 깊이 빠져들었다. 『타임머신』 앞부분에서 시간여행자는 동료에게 이렇게 말한다.

> 내 말을 잘 들어야 해. 거의 모두가 받아들이는 생각 한두 개를 뒤집어야 하니까 말이야. 예를 들어 학교에서 가르치는 기하학은 오개념에 바탕을 두고 있어.

이어서 4차원 기하학이 어떻게 작동하는지를 설명하며 "사이먼 뉴컴 교수가 불과 한 달쯤 전에 뉴욕 수학회에서 설명했다"고 덧붙인다. 실제로 미국 천문학자 뉴컴이 1893년 12월에 뉴욕 수학회에서 4차원에 관해 강연했다. 웰스가 1895년에 발표한 소설에서 "다른 세 차원에 직각인 다른 차원"으로 움직이는 시간여행 장치를 상상할 수 있게 영감을 준 게 바로 이 강연이었다.

웰스는 『타임머신』보다 1년 뒤에 발표한 단편소설 『플래트너 이야기』에서 4차원 탐험이라는 주제로 다시 돌아왔다. 주인공인 고트프리드 플래트너는 서섹스의 한 예비학교에서 일하는 젊은 교사다. 어느 날 저녁 숙제를 감독하다가 지루해진 주인공은 제자 한 명이 분석하려고 가져온 정체불명의 녹색 가루를 실험해 보기로 한다. 플래트너는 화학에 관해 아는 게 거의 없었으므로(주로 현대 언어를 가르쳤다) 아무렇게나 다양한 실험을 해본다. 가루에 질산과 염산, 황산을 넣어 봐도 별다른 반응이 없자 상당한 양의 가루에 성냥불을 갖다 댄다. 다음 순간 커다란 폭발이 일어나면서 교실 창문을 날려버리고 학생들은 겁에 질려 허겁지겁 책상 아래로 들어간다. 그리고 플래트너의 모습은 어디론가 사라진 듯하다.

플래트너가 일주일이 넘도록 사라진 원인은 수수께끼였다. 그런데 갑자기 사라졌던 것과 마찬가지로 정원에서 잡초를 뽑고 있던 학교 교장과 쿵 하고 부딪치면서 다시 나타난다. 그 뒤로 며칠이 지나자 기괴한 사실이 드러난다. 플래트너의 좌우가 전부 바뀌어 있던 것이다. 플래트너는 과거 자신의 정확한 거울상이 되어 있었다. 오른손잡이가 아니라 왼손잡이가 되어 있었고, 간, 허파 같은 내부 장기도 바뀌어 있었다. 우리가 2차원의 오른손용 장갑을 집어 들고 3차원에서 뒤집은 뒤 다시 내려놓으면 왼손용 장갑이 되는 것처럼 "플래트너의 오른쪽과 왼쪽이 뒤바뀐 희한한 일은 플래트너가 우리가 사는 공간을 벗어나 4차원으로 갔었다는 증거다."

1920년대: 과학소설의 황금시대, 수학은

1920년대에 미국에서 시작된 과학소설 펄프 잡지 시대와 그 뒤를 이어 제2차 세계대전과 겹친 과학소설의 '황금시대'에는 미래를 다룬 환상적인 이야기가 쏟아져나왔다. 정말 끔찍한 것에서 가슴이 뛸 정도로 창의적인 것까지 다양한 상상력을 볼 수 있었고, 빅토리아와 에드워드 시대의 흔히 호흡이 긴 낭만주의 문학에서 이론과 기술, 과학적 정확성에 초점을 맞춘 '하드SF'도 들어섰다고 특징 지을 수 있는 시기였다. 과학에 기반한 이런 많은 소설에서는 겉핥기일지는 몰라도 수학 지식이 4차원이나 5차원에서 겪는 모험, 초광속 여행에 필요한 계산, 혹은 무한에 관한 숙고라는 형태로 모습을 보였다. 새로운 하드SF 일부는 수학을 중심 소재로 삼기도 했다.

네이선 샤츠너Nathan Schachner의 『살아있는 방정식』(1934)에서는 한 수학자가 벡터나 텐서 같은 순수한 추상적 대상을 물리적 현실로 변형하는 기계를 만든다. 하지만 이를 시험해 보기도 전에 집에 들어온 침입자 때문에 기계가 우연히 작동된다. 그 결과는 재앙이다. 건물들이 다른 곳으로 이동하거나 사라지고, 사람들은 갑자기 다른 차원에 처박힌다. 땅덩어리가 사라지고, 바다도 어디론가 증발한다. 세계 곳곳에서는 시간이 느리거나 빠르게 흐른다. 이 소설의 배경에는 수학이 우리가 속한 궁극적인 현실을 나타내고, 물리적 우주는 수학의 연주에 따라 춤추는 환영에 불과하다는 심오한 철학적 개념이 있다. 그렉 이건Greg Egan도 1995년 한 단편소설에서 비슷한 영역을 탐구했다. 『루미너스』는 정수론의 궁극적인 진리라고 생각했던 것이 사실은 예상보다 훨씬 더 지엽적이고 일시적이라는(시간의 흐름에 따라 변하며 무한히 넓은 수리적 우주 안에서 다른 곳에 적용되는 다른 '진리'와 경쟁하고 있다는)놀라운 사실을 발견한 수학과 대학원생 두 사람에 관한 이야기다.

아르헨티나 작가 호르헤 루이스 보르헤스Jorge Luis Borges의 몇몇 단편소설에서도 수학과 철학은 밀접한 관련을 맺고 있다. 1941년에 원래 스페인어로 발표한 『바벨의 도서관』은 글자 22개, 마침표, 쉼표, 공란으로 정해진 분량(410쪽)과 형식에 따라 만들 수 있는 가능한 모든 책이 있는 방대한 도서관으로 이루어진 우주를 상상했다. 몇 가지 조건에 따라 이 기호로 만들 수 있는 모든 조합은 도서관 어딘가에 있다. 당연하게도, 아무리 짧을지언정 말이 되는 문장을 담고 있는 책은 극소수에 불과하다. 이와 달리 과거에 쓰였거나 쓰일 수 있었던 모든 내용은 허구(그게 사실이라고 주장하더라도)와 사실을 떠나 머리가 어질할 정도로 크고 아무 짝에 쓸모가 없는 도서관 어딘가에 존재한다.

기호로 만들 수 있는 수많은 조합은 아서 C. 클라크Arthur C. Clarke가 쓴 『90억 가지 신의 이름』의 중심 소재이기도 하다. 한 티베트 수도원의 수도승들은 신앙에 따라 최대 9자로 이루어진 가능한 모든 신의 이름을 적는 일의 속도를 높이기 위해 컴퓨터를 들이며 프로그래머 두 사람을 고용한다. 사람 손으로 하게 되면 약 15,000년이 걸리는 일이다. 컴퓨터를 이용한 자동화는 이 기간을 극적으로 줄여 줄 터였다. 수도승들은 신이 세상에 종말을 가져오면 우리는 무엇이 다가오든 그 다음을 기꺼이 맞이할 수 있을 것이라며 그 일을 빨리 끝내고 싶어한다. 당연하게도 컴퓨터는 그 작업을 단 몇 달만에 해내고, 프로그래머 두 사람은 마지막으로 뽑은 이름 몇 개를 신성한 책에 붙이는 수도승 무리를 뒤로 하고 집으로 향한다. 이 두 서양인은 끝내기는 했지만 다행히 무의미한 일이었으리라고 확신한 채 문명 세계로 돌아갈 수 있는 공항을 향해 산길을 따라 내려오다가 무심코 하늘을 바라본다. 그러자 "머리 위에서, 아무 소리도 없이, 별들이 사라지고 있었다."

현대의 과학소설과 수학의 대중화

클라크와 아이작 아시모프, 조지 가모프George Gamow(아시모프처럼 러시아에서 이민 와서 미국 시민이 되었다)는 1940년대부터 제대로 된 과학자로서 과학소설과 실제 과학 모두에 관한 글과 책을 써서 명성을 얻었다. 때로는 두 가지를 융합했다. 톰킨스 씨가 등장하는 가모프의 책 네 권이 그런 경우다. 톰킨스 씨는 유명한 물리학자의 딸과 약혼한 은행 직원으로, 상대성과 원자의 세계, 현대 우주론을 더욱 잘 이해할 수 있도록 물리적 상수가 바뀐 영역으로 자신을 전송하고 싶다는 꿈을 지닌 사람이다. 같은 시기, 특히 제2차 세계대전 이후 수학에 강한 작가들이 때때로 사실과 허구를 넘나드는 대중 서적을 발표하기 시작했다.

현대의 수학 대중화 물결에서 가장 두드러진 인물은 시카고대학교에서 철학 학사 학위를 받은 미국 작가 마틴 가드너Martin Gardner였다. 가드너는 수학 퍼즐과 마술 트릭, 유사과학의 허구를 파헤치는 데 관심이 많았다. 1956년 12월에 플렉사곤에 관한 글을 시작으로 약 사반세기 동안 「사이언티픽 아메리칸」의 “수학 게임” 컬럼에 매달 실린 유희수학에 관한 가드너의 글은 젊은 세대가 이 분야에 발을 내딛도록 장려했고, 전문 수학자에서 관심이 있는 보통 사람에 이르는 많은 사람의 마음을 사로잡았다. 존 콘웨이John Conway, 리처드 가이Richard Guy, 도널드 크누스, 로저 펜로즈Roger Penrose와 같은 세계적인 전문가와 정기적으로 서신을 주고받으며 이들의 연구를 쉽고 흥미롭게 수백만 명의 독자에게 설명했던 건 가

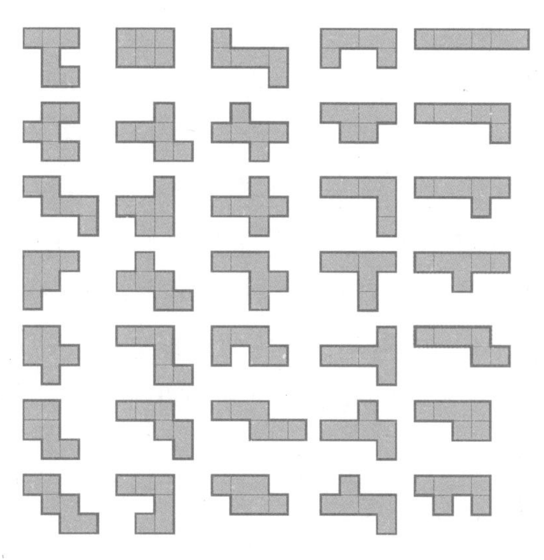

솔로몬 골롬의 폴리오미노도 마틴 가드너가 「사이언티픽 아메리칸」 칼럼에서 다룬 많은 유희수학 소재 중 하나였다. 여기 보이는 게 35가지의 모든 헥소미노다.

드너의 능력이었다. 그렇지 않았다면 수많은 사람이 콘웨이의 생명 게임(그리고 다른 세포자동자)이나 폴리오미노, 소마큐브, 펜로즈 타일링, 초타원에 관해 들어보지 못했을 것이다. 앞서 가모프가 그랬듯이 가드너도 매트릭스 박사라는 허구의 인물을 만들어 수학에 관한 일부 설명에 양념과 유머, 풍자를 가미했다. 어빙 조슈아 매트릭스 박사는 1960년 1월 가드너의 사이언티픽 아메리칸 컬럼에서 처음 등장했고, 1980년 9월 '매트릭스 박사, 홈스처럼 뜻하지 않은 수수께끼의 마지막을 맞이하다'라는 제목의 글에서 마지막 인사를 할 때까지 모두 18번 출연했다.

가드너와 같은 사람들이 활약하기도 전에 허구와 사실을

막론하고 대중을 위한 수학 관련 자료가 워낙 많이 쌓여 있어서 미국의 편집자, 작가이자 초창기 방송인이었던 클리프턴 파디만Clifton Fadiman은 그런 글을 모아서 자신의 책 『판타지아 매서매티카』(1958)에 실었다. 40년 뒤 데이비드(저자)와 함께 일해 본 적이 있는 편집자인 윌리엄 프루치트William Frucht가 수학에 관한 글과 단편소설, 시, 다른 엉뚱한 자료를 모아 비슷한 책으로 엮었다. 가드너에게 일을 맡아 달라고 여러 차례 설득하다가 실패한 뒤에 자신이 직접 쓰고 『허수』라는 제목을 붙였다.

『괴델, 에셔, 바흐』, 그리고 수학교양서

대부분 유머와 판타지 요소를 함께 담고 있는 대중 수학 교양서는 1970년대 말과 1980년대 초에 우후죽순처럼 나오기 시작했다. 미국의 인지과학 교수인 더글러스 호프스태터Douglas Hofstadter는 논리학자 쿠르트 괴델과 예술가 마우리츠 에스허르Maurits Escher, 작곡가 요한 세바스찬 바흐Johann Sebastian Bach의 작업에서 공통적인 주제를 탐구한 책 『괴델, 에셔, 바흐: 영원한 황금 노끈』(1979)으로 퓰리처상을 받았다. 1979년 7월 "수학 게임" 컬럼에서 마틴 가드너는 이 책에 관해 이렇게 썼다. "몇십 년에 한 번씩 그 동안 알지 못했던 작가가 깊이 있고, 명확하고, 광범위하고, 재치 있고, 아름답고, 독창적인 책을 들고 나타난다. 중요한 작품이 나왔다는 사실을 단번에 알 수 있을 정도다."

호프스태터는 2,500년 전에 대중에게 까다로운 개념을 설명하기 위해 처음 불려왔던 특이한 2인조를 데려온다. 아킬레우스와 거북은 무한의 성질과 관련이 있는 역설로 유명한 철학자 엘레아의 제논의 글에 쌍으로 데뷔했다. 가장 유명한 일화는 고대 그리스에서 달리기가 가장 빠른 사람과 가장 느린 파충류가 벌이는 불리한 경주다. 여기서 거북은 자신이 이긴다고(설득력 있게 들리지만 틀렸다!) 주장한다. 루이스 캐럴은 1895년 철학 학술지 「정신」에 기고한 글 "거북이 아킬레우스에게 한 말"에서 이 둘을 다시 불러왔다. 이번에도 거북은 논리에 관한 토론에서 아킬레우스의 허를 찔러 무한 회귀에 빠져들게 함으로써 적어도 정신적인 민첩성에 있어서는 상대방인 이 영웅보다 한 수 위라는 사실을 증명한다. 호프스태터는 『괴델, 에셔, 바흐』 전체에 걸쳐 다시 이 둘이 긴 대화를 수없이 많이 나누게 한다. 아킬레우스와 거북은 자기관계성, 논리의 형식 규칙, 지식을 표현하고 저장하는 법, 무의식적인 물질에서 출현하는 의식에 대해 이야기를 나누고 그 사이로 게와 개미핥기, 나무늘보 같은 다른 캐릭터도 합류한다. 『괴델, 에셔, 바흐』는 일반 독자를 대상으로 쓴 수학과 논리학 책 중에서 가장 지식의 밀도가 높은 책으로 꼽힐지도 모른다. 대부분은 다시 읽고 마치 교과서를 읽듯이 공부해야 내용을 제대로 이해할 수 있을 것이다. 하지만 호프스태터는 흥미로운 아이디어와 평이한 언어로 말하는 기발한 캐릭터를 영리하게 사용함으로써 성공적인(괴델의 불완전성 정리 같은 난해한 개념을 설명할 때도) 결과를 끌어낸다.

가드너와 호프스태터 같은 작가의 성공과 인기를 본 다른 수학자들도 직접 자신의 연구 내용을 기발한 방식으로 써보려 했다. 수학이 딱딱하고 어렵다는, 흔히 학교에서 받게 되는 흔한 인식을 상쇄하는 방법이었기에 효과가 있었다. 루디 러커Rudy Rucker는 1970년대에 제네시오 뉴욕주립대학교에서 몇 년 동안 수학을 가르쳤고, 이후 하이델베르크와 버지니아에서 강의했으며, 남은 경력은 새너제이주립대학교에서 컴퓨터과학과 교수로 보내다가 은퇴했다. 러커는 초창기 사이버펑크 운동에 관여했고, 일반인을 대상으로 소설과 논픽션 양쪽에서 수학에 관해 많은 글을 썼다. 1981년에는 『하늘의 파이(π)』라는 책을 썼는데, 이 책에서는 신혼여행지에서 스킨다이빙을 하던 한 부부가 바나드성에서 온 인공 물체를 우연히 발견한다. 외계 우주선이 추락할 때 해저에 떨어졌던 것이다. 원뿔 모양으로 수없이 많은 검은 고리 표시가 있는 그 물체는 복잡한 패턴의 소리를 낸다. 그 장치는 일종의 이동식 하드디스크로, 바나드인의 모든 지식이 파이의 소수 부분에 부호화된 환상적인 형태로 담겨 있다는 사실이 드러난다. 똑같은 아이디어를 몇 년 뒤에 나온, 훨씬 더 유명한 소설에서도 찾을 수 있다. 루디 러커는 "파이가 일종의 보편적인 도서관이라는 내 생각은 칼 세이건의 1985년작 소설 『컨택트』에서도 다시 나타난다"라고 언급했다.

러커는 『4차원과 무한, 그리고 정신』과 같은 논픽션에도 공상적인 요소를 삽입했다. 이와 비슷하게 클리포드 픽오버Clifford Pickover, 이안 스튜어트, 알렉스 벨로스Alex Bellos와 같은 다른 인기 수학 작가들도 흔히 재미있는 사례나 창작 캐릭터, 판타지 같은 설정을 이용해 동떨어져 보이고 이해하기 어려울 수 있는 주제에 더 쉽게 다가올 수 있게 한다.

수학자들의 이야기, 영화와 연극까지

최근 대중을 위한 전기를 통해 몇몇 유명한 수학자의 생애를 더 잘 알 수 있게 되었다. 그 중 몇몇은 영화로 만들어지기도 했다. 실비아 네이사의 <뷰티풀 마인드>(1998)는 노벨상 수상 경제학자이자 수학자로, 조현병과 싸웠던 존 포브스 내시John Forbes Nash의 험난한 생애를 상세하게 들려준다. 이 책을 바탕으로 만든 론 하워드 감독, 러셀 크로 주연의 동명의 영화는 2001년 오스카에서 상을 받았다. 라마누잔도 2015년에 로버트 카니겔이 1991년에 발표한 동명의 책을 바탕으로 만든 영화 <무한대를 본 남자>로 극장에 모습을 나타냈다.

마찬가지로 실화를 기반으로 만든 <레인맨>(1988)에는 더스틴 호프만Dustin Hoffman이 사진과 같은 기억력과 천재적인 암산 능력을 지닌 서번트 증후군 환자로 출연한다. 맷 데이먼과 벤 애플렉이 각본을 쓰고 로빈 윌리엄스가 출연한 <굿 윌 헌팅>(1997)은 힘들게 살지만 수학에 놀라운 재능이 있는 젊은이에 관한 이야기다. 맷 데이먼이 연기한 숀이 법에 저촉되는 사고를 쳐서 곤란한 와중에 한 교수가 숀의 수학적 재능을 발견한다. 이후 숀은 자신의 수학적 천재성을 최대한 활용하는 데 집중할지 아니면 과거의 생활 방식으로 돌아갈지 결정해야 한다. 대런 아로노프스키Darren Aronofsky의 충격적인 독립영화 <파이>(1998)의 주인공은 무한한 파이의 소수 부분에서 패턴을 찾는 데 집착하는 수학자다. 이 수학자는 그 패턴을 이용해 주식 시장처럼 혼돈스러운 행동을 예측할 수 있다고 생각한다. 영화 속에서 주인공은 무자비한 재계 인물과 신과 소통하는 수학적인 방법을 찾고자 하는 광신도에게 쫓겨다닌다.

수학은 무대 위에도 올라간다. 뉴욕에서 요크 시어터 컴퍼티가 공연한 뮤지컬 <페르마의 마지막 탱고>(2000)는 페르마의 마지막 정리를 증명하려는 앤드루 와일스의 노력을(마지막에 성공한다) 각색해서 보여준다. 그 뒤를 잇는 데이비드 오번David Auburn의 연극 <증명>은 퓰리처상 수상작으로, 뛰어난 수학자의 죽음과 그 죽음이 딸과 제자에게 끼치는 영향을 다루는 이야기다.

때로는 어떤 분야를 개척한 사람의 이야기를 들려주거나 가상의 배경에서 설명하는 게 수학을 풍미 있고 인간적으로 만들 수 있다. 그러나 사실 수학의 본질은 인간의 심원한 노력으로, 꾸며낸 이야기 속에서 못지않게 현실에서도 환상적이고 흥미롭다.

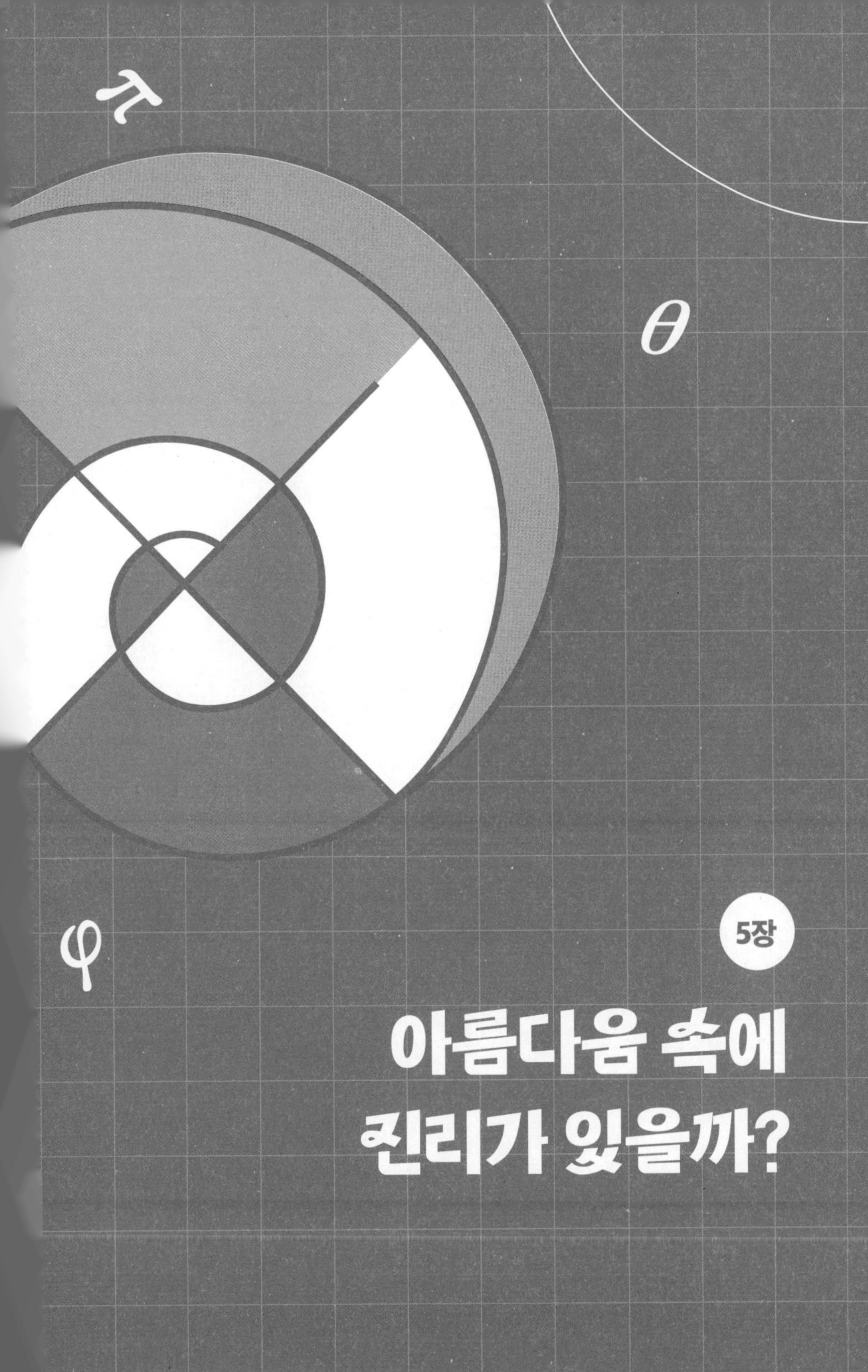

5장

아름다움 속에 진리가 있을까?

모든 수학자는 이루 말할 수 없을 정도로 심원하고 불가사의한 수학의 아름다움과 유용성에 대한 경이감을 갖고 있다.

- 마틴 가드너

예술과 음악, 시, 자연의 아름다움은 누구나 음미할 수 있다. 서로 취향과 의견은 다르다 해도 우리 모두는 아름다움을 느낄 수 있다. 그런데 수학의 아름다움은 어떨까? 많은 사람은 방정식을 흘깃 보기만 해도 부정적인 생각과 감정을 떠올린다. 한 번도 좋아해 본 적도 아마 제대로 이해해 본 적도 없는 주제라는 것이리라. 그런 사람은 버트런드 러셀의 다음과 같은 말에 공감하기 어려울지도 모른다. "제대로 바라보면 수학에는 진리뿐만이 아니라 극상의 아름다움도 있다. 조각상의 아름다움처럼 냉철하고 엄격한 아름다움이."

수학의 아름다움에 매료된 사람들

시간이 흐르며 여러 수학자가 이에 가세하면서 러셀의 감성은 계속해서 반향을 일으켰다. 무한을 이해할 수 있도록 문을 열어준 게오르크 칸토어Georg Cantor는 이렇게 말했다. "수학자는 유용하기 때문에 순수 수학을 연구하는 게 아니다. 즐겁기에 수학을 연구하는 것이고, 수학이 아름답기에 즐거운 것이다." 함수해석학이라는 분야를 창시한 폴란드 수학자 스테판 바나흐Stefan Banach는 한 발짝 더 나아갔다. "수학은 인간의 정신이 만들어 낸 가장 아름답고 강력한 창조물이다."

유니버시티 칼리지 런던UCL의 신경과학자팀은 여러 가지 방정식에 관해 생각하는 전문 수학자 15명의 뇌에서 어떤 현상이 일어나는지를 조사했다. 연구진은 수학자들에게 유명한 방정식 60개에 '가장 추하다(-5점)'에서 '가장 아름답다(+5점)'까지 범위에서 점수를 매겨 달라고 요청한 뒤 MRI 스캐너로 뇌를 조사했다. 그 결과는 흥미로웠다. 아름답다고 생각하는 방정식을 보는 수학자의 뇌는 아름다운 예술 작품이나 음악을 감상하는 다른 사람들과 똑같은 부분(내측안와전두엽)이 활성화되었다.

내측안와전두엽은 사람들이 매력적이라고 여기는 얼굴, 특히 그 얼굴이 웃고 있을 때를 생각할 때 활성화되는 영역이다. 이성애자 여성과 동성애자 남성의 경우 매력적인 남성의 얼굴을 볼 때 가장 활발했고, 성적 지향이 반대인 사람의 경우는 그와 반대였다. 다른 연구들은 아름답다고 여기는 그림을 보거나 전율을 느끼게 하는 음악을 들을 때(비발디든 반 헤일런이든) 내측안와전두엽이 바쁘게 움직인다는 결론을 내렸다. 수학적인 아름다움을 떠올릴 때 활발해지는 뇌 영역도 안구 공간 바로 뒤쪽 위에 놓여 있는 이 똑같은 부분이다.

어떤 생각을 하느냐에 따라 뇌의 서로 다른 부분이 관여한다. 그러나 내측안와전두엽이라는 똑같은 영역이 방정식과 사람 얼굴의 매력 양쪽에 반응해 집중적으로 활발해진다는 사실은 흥미롭다. 많은 사람은 수학이 순수하게 지적이고 딱딱하다는 인상을 받는 반면 예술과 자연의 아름다움은 열정적이고 온화하다는 인상을 받는다. 그러나 객관적으로 뇌를 측정해 보면 똑같은 신경 구조가 활발해진다. 수학자가 방정식의 아름다움을 경험하는 건 다른 모든 사람이 특정 모습이나 소리에 반응해 강력한 감정, 심지어는 성적인 감정을 느끼는 일과 똑같은 신경 반응을 일으킨다. 이끌림이라는 관점에서 볼 때 수학자는 일반인이 매력적인 얼굴과 미소에 반응하는 것과 똑같은 방식으로 매력적이라고 생각하는 방정식에 반응하는 게 분명하다.

가장 강렬하게 아름다운 방정식

뇌를 놓고 보면 아름다움을 경험하는 데는 감각 기관의 자극이 꼭 필요하지는 않아 보인다. 어떤 경우에는 순수하게 추상적일 수도 있다. 중요한 건 느껴지는 감정의 세기다. 하지만 방정식이나 다른 수학적 대상 또는 개념이 어떻게 그런 열정을 불러일으킬 정도로 아름다울 수 있냐는 의문이 생긴다. 종이 위에 아무렇게나 끼적인 것처럼 보여도 그 안에는 단순한 수학적인 내용 이상의 무엇이 있는 게 분명하다. 사실 감성적인 반응은 그 공식(혹은 다른 무엇이든)의 심원한 의미와 다른 수학 분야와의 연관성을 이해하는 사고 과정에서 나오는 게 분명하다.

UCL의 연구에서 꾸준히 가장 아름다운 공식으로 꼽힌 것은 오일러 항등식이었다. 이 간단해 보이는 관계는 오랫동안 수학자들의 마음을 사로잡았다. 이 공식은 수학에서 가장 중요한 상수 몇 개를 세 가지 기본 연산으로 다음과 같이 연결한다. $e^{i\pi}+1=0$. 1990년 학술지 「매서매티컬 인텔리전서The Mathematical Intelligencer」가 독자를 대상으로 가장 아름다운 공식을 뽑는 조사를 했을 때도 오일러 항등식이 1위를 차지했다. 이론물리학자 리처드 파인만은 이 공식을 "수학에서 가장 놀라운 공식"이라고 불렀다. 뉴햄프셔대학교의 명예교수 폴 나힌Paul Nahin은 "극도로 아름답다"고 표현했다. 스탠퍼드대학교의 키스 데블린Keith Devlin 교수는 다음과 같이 썼다.

> 사랑의 본질을 포착하고 있는 셰익스피어의 소네트나 피부 아래에 숨겨져 있는 인간 형태의 아름다움을 끄집어내는 그림과 마찬가지로 오일러의 방정식은 존재의 아주 깊은 심연까지 파고들어간다.

오일러 항등식이 아름다움 대결에서 승리할 수 있는 건 심원함과 극도의 간결함이 조합되어 있기 때문으로 보인다. 게다가 매력적인 것이 반드시 가지고 있는 다른 한 가지 특성도 있다. 바로 '참'이라는 점이다. 수학만의 독특한 강점은 완벽하게 증명(혹은 반증)할 수 있다는 것이다. 수학자는 자신이 발견한 진리가 한 치도 의심할 수 없는 참이라는 사실을 알 수 있다. 엄밀하게 증명해 내기만 하면 그 증명은 영원히 유효하며 불변이다.

아름다움은 진리의 첫 번째 징후

아름다움은 수학에서 우리를 진리로 인도하는 안내자일까? 우리가 사람의 얼굴에서 아름답거나 매력적이라고 여기는 요소는 단지 겉모습일 뿐이며 그건 그 사람의 내면을 알려주지 못한다. 수학에서도 어떤 경우에는 피상적인 아름다움 때문에 언뜻 보면 너무나 매력적이어서 옳을 수밖에 없어 보이는 결과가 결국에는 오류가 있었던 것으로 드러날 수 있다. 수학자는 결론을 내리는 데 신중하며, 확정적이고 논쟁의 여지가 없어 보이는 증명이 나올 때까지 결코 행복해하지 못한다. 아름다움이 진리임을 보장해주지는 못하지만 적어도 첫 번째 징후가 될 수는 있다는 믿음은 널리 퍼져 있다. 『어느 수학자의 변명』에서 G. H. 하디는 이렇게 썼다.

> 수학자의 패턴은 화가나 시인의 것처럼 아름다워야 한다. 수학자의 아이디어는 색채나 단어처럼 조화롭게 맞아떨어져야 한다. 아름다움은 첫 번째 시험이다. 추한 수학이 영원히 남아 있을 수 있는 공간은 어디에도 없다.

수학에서조차 아름다움은 주관적이다. 사람에 따라 판단

이 달라진다는 소리다. 앞서 언급한 UCL의 연구에서 오일러 항등식, 피타고라스 항등식*, 코시-리만 방정식을 비롯한 몇몇 공식은 아주 아름답다는 평가를 받았다. 반대로 라마누잔의 무한급수와 리만의 함수 방정식은 가장 못생긴 축에 속했다. 아마도 상당히 복잡하고 해석하기 어렵기 때문이었을 것이다. 그러나 아름다움과 추함은 상대적이며, 어떤 수학자에게는 수학의 모든 것이 매력적이다. 버트런드 러셀은 다음과 같이 썼다.

> 수학에는 진리뿐만이 아니라 극상의 아름다움도 있다. 조각상의 아름다움처럼 냉철하고 엄격한 아름다움이. 우리 본성의 어느 약한 부분에 호소하는 바도 없고, 회화나 음악의 화려한 치장도 없지만 그럼에도 대단히 순수하며 가장 뛰어난 예술만이 보여줄 수 있는 엄격한 완벽함이 가능하다.

몇몇 수학자에게 수학의 보편적인 아름다움에 대한 믿음은 현실 세계를 묘사하는 방정식에까지 범위를 넓힌다. 미국 건축가 리처드 벅민스터 풀러Richard Buckminster Fuller는 아름다움을 자신의 디자인에 대한 진정한 척도로 보았다.

> 어떤 문제를 풀고 있을 때 나는 아름다움에 관해 생각하지 않는다. 그 문제를 어떻게 풀 것인지에 관해서만 생각한다. 하지

* 어떤 각에 대해서도 사인의 제곱과 코사인의 제곱의 합은 1이다 - 역자

만 다 마쳤는데 그 해답이 아름답지 않다면 난 그게 틀렸음을 알 수 있다.

수학적 아름다움의 집요한 지지자

방정식의 본질에 있어 아름다움이 중요하다는 이런 관점의 지지자 중에서 가장 두드러지고 집요한 사람은 20세기 최고의 이론물리학자로 손꼽히는 영국의 폴 디랙Paul Dirac이다. 디랙은 별난 환경에서 자랐다. 아버지인 찰스는 스위스 이민자로 프랑스어를 가르쳤으며, 엄격한 규율을 강요했다. 어머니는 콘월 출신으로 가족이 살았던 브리스톨에서 사서로 일했고, 여동생 베티와 형 펠릭스가 있었다. 디랙의 어린 시절이 독특했음을 보여주는 한 사례로 그는 식사 때마다 식당에서 아버지와 먹으며 불어만 써야 했고 나머지 가족은 부엌에서 영어로 이야기했다. 만약 조금이라도 틀리게 말하면 다음에 하고 싶은 것 하나를 못 하게 되는 방식으로 벌을 받았다. 심지어 그게 화장실에 가는 것일 때도 마찬가지였다.

디랙이 어렸을 때 받은 교육은 최상급이었다. 초등학교 때 제도를 배우기 시작했고, 그 뒤로 9년 동안 쭉 그 분야를 공부했다. 고등학교 때는 사용기하학을 가르치는 뛰어난 선생님을 만났다. 그 결과 디랙은 이 두 가지 전문 분야를 통해 문제를 해결하는 뛰어난 시각화 감각을 얻었다. 이후 디랙은 대수학보다는 기하학적인 사고가 자신의 물리학 연구를 주도했음을 인정했다.

1933년의 폴 디랙.

> 내 연구는 그림에 바탕을 두고 있다. 특정 양이 로렌츠 변환 하에서 어떻게 변하는지를 알아내는 데는 흔히 사영기하학이 가장 유용했다. 결과를 발표할 때는 해석학적 형태로 좀 더 간결하게 표현해야 해서 사영기하학을 자제한다.

어느 정도는 양육 방식 때문인 게 분명하지만 디랙은 별난 인물이었다. 대단히 은밀하고, 과묵하고, 다른 사람에게 사실상 공감을 하지 못했다. 디랙은 말을 거의 하지 않았으며, 반철학적이면서 반종교적이었다. 죽을 때까지 과학이나 수학에 예술적인 감수성을 섞으려는 사람을 꾸짖었다. 1920년대 말, 괴팅겐대학교에서 미국 물리학자 로버트 오펜하이머 Robert Oppenheimer(훗날 맨해튼 프로젝트를 이끌었다)를 만난 디랙은 오펜하이머가 시를 쓴다는 이야기를 듣고 이렇게 말했다.

> 물리학의 한계에서 연구하는 사람이 동시에 시를 쓸 수 있다는

게 이해가 되지 않네. 그 둘은 정반대야. 과학은 이전까지 누구도 알지 못했던 것을 누구나 이해할 수 있는 말로 표현해야 해. 시는 누구나 이미 알고 있는 것을 누구도 이해하지 못하는 말로 표현해야 하지.

처음에는 공학을 먼저 공부했는데, 영리하긴 했지만 실용적인 능력이 부족했던 디랙은 수학으로 학위를 받아보라는 권유를 받았다. 뒤이어 장학금을 받고 케임브리지대학교에서 박사 과정을 밟았다. 그러나 디랙이 상대성이론을 선호했던 것과 달리 지도교수인 레이 파울러Ray Fowler는 마찬가지로 새로운 분야였지만 디랙에게는 훨씬 덜 매력적으로 느껴졌던 양자역학 전문가였다. 자신이 빠져들게 된 분야에 심미적인 불안감을 느끼기는 했지만, 디랙은 자신의 진정한 천재성을 드러내기 시작했다. 아직 박사 과정 학생일 때 그 분야에서 서로 양립할 수 없을 것 같아 보이는 두 가지(베르너 하이젠베르크Werner Heisenberg의 행렬역학과 에르빈 슈뢰딩거Erwin Schrodinger의 파동역학) 기법을 결합해 사실상 양자역학의 공동창시자가 되었다. 디랙은 그 둘이 완전히 똑같다는 사실을 증명했다. 어느 하나를 수학적으로 다른 하나로 바꿀 수 있었다.

쑤실 정도로 아름다운 방정식

박사학위를 받고 1년 뒤 디랙은 양자역학과 특수상대성이론의 화합에 일조했다. 현대 물리학의 커다란 두 기둥을 융합

웨스트민스터 사원에 있는 디랙의 기념 명판. 디랙 방정식이 담겨 있다.

함으로써 디랙은 최초로 전자를 상대론적으로 기술했다. 그 내용은 곧 디랙의 방정식으로 불리게 된 한 공식으로 요약할 수 있었다. 그건 웨스트민스터 성당의 기념석에 새겨진 유일한 - 그런 방정식이 많으리라 생각하지도 않겠지만! - 방정식이다. 뉴턴의 무덤에서 가깝지만 디랙이 아내와 함께 묻혀 있는 플로리다주 탤러해시에서 한참 멀리 떨어진 기념석에는 믿기 어려울 정도로 간결한 방정식이 적혀 있다. $i\gamma \cdot \partial\psi = m\psi$. 미국 물리학자 프랭크 윌첵Frank Wilczek은 그 방정식을 가리켜 "쑤실 정도로 아름답다"고 표현했다. 디랙도 그와 같은 감정을 느껴 그 방정식이 당시에 아무도 믿지 않았던 예측을 내놓아도 신뢰할 정도였다. 디랙은 자신의 방정식이 전자의 스핀과 자성을 설명할 뿐만 아니라 반전자*가 존재해야 한다는 사

* 전하의 크기는 같고 부호가 반대인 입자로, 사실상 전자의 거울상이다

실을 나타내고 있다는 사실을 깨달았다. 당시에는 반입자라는 개념이 진지하게 받아들여지지 않았지만, 불과 몇 년 뒤인 1932년 캘리포니아공과대학의 칼 앤더슨Carl Anderson이 우주선 실험에서 반전자 또는 양전자를 발견했다. 대체로 심미적인 매력에 바탕을 두고 있던 디랙의 방정식에 대한 확신이 반물질이 존재한다는 실험을 통한 검증으로 보상받은 것이다.

디랙의 방정식은 양자장이론Quantum Field Theory, QFT을 개발하는 첫 단계였다. QFT는 오늘날 입자 물리학의 표준모형이자 힉스 보손의 존재를 예측한 이론의 근간이다. 삶이 끝날 때까지 디랙은 QFT를 싫어했다. 좀 더 정확히 말하면, 현실세계와 일치하도록 덕지덕지 붙여야 했던 여러 수학식을 싫어했다. 그런 수정 중 하나가 재규격화라는 것으로, 1950년경 줄리언 슈윙거, 리처드 파인만, 프리먼 다이슨, 도모나가 신이치로가 도입했다. 그건 QFT 방정식이 입자들이 상호작용할 때 생기는 다양한 상황에서 무한으로 터져나가지 않도록 성공적으로 방지했다. 디랙은 재규격화를 "추하고 불완전한 것"으로 취급했고, 궁극적으로 그것을 대체할 무언가가 나타날 게 분명하다고 주장했다.

방정식은 아름다운 게 더 중요하다?

자신의 많은 과학 논문 어디에서도 디랙은 수학적 아름다움에 대한 열정을 언급하지 않았다. 어쩌면 세월과 결혼 생활, 두 자녀로 인해 원숙해진 말년에 이르러서야 드물게 한 강연과 인터뷰에서 자신을 좀 더 자유롭게 표현하기 시작했다. 아인슈타인과 마찬가지로 디랙이 '신'이라는 단어를 쓴 건 통상적인 의미에서가 아닌 전체 자연 혹은 우주를 움직이는 모종의 종합적인 원리의 유의어로서였다. 그럼에도 깊은 인상을 받아 이렇게 말했다. "신은 세상을 창조하며 아름다운 수학을 사용했다."

가장 논란이 되는 발언으로는 다음도 있다.

> "방정식은 실험과 일치하는 것보다 아름다운 게 더 중요하다… 누군가 방정식에서 아름다움을 찾겠다는 관점에서 연구하고 있다면, 그리고 그 사람에게 정말 훌륭한 통찰력이 있다면, 전진하는 길에 올라 있는 게 분명해 보인다."

디랙의 조언은 관찰이나 측정과 부합하지 않는다는 이유로 이론을 포기하지 말라는 것이었다.

> "불일치는 적절히 고려하지 않는 사소한 요인 때문일 수 있으니 그건 이론이 더 발전하면서 정리가 될 것이다."

대부분의 현직 과학자는 방정식이 측정 결과와 얼마나 일치하느냐보다 방정식의 아름다움이 우선이라는 디랙의 주장이 불편할 것이다. 수리물리학자들이 자연에 대한 가장 매력적인 설명의 하나로 꼽는 아인슈타인의 일반상대성이론 같은 이론의 연이은 성공에 심미적이고 감정적인 즐거움을 느낀 건 사실이다. 많은 이는 어떤 형태의 끈이론이 궁극적으로 가장 작은 규모에서 입자와 힘의 행동을 설명해줄 수 있기를 바라는데, 거기에는 그 이론이 수학적으로 너무나 매력적이라는 이유도 있다. 수학적 아름다움이라는 유혹에 너무 빠져들어 물리 이론이 관측 장비가 내놓는 결과와 서로 맞아야 한다는 필요성을 잊고 있다는 경고의 말을 하는 사람들도 있다. 순수 수학과 달리 과학은 진리를 향한 여정이라기보다는 관측과 이론이 더욱 부합할 수 있도록 노력하는 과정이다. 영국 수학자 마이클 아티야Michael Atiyah는 이렇게 표현했다.

> 진리와 아름다움은 밀접한 관련이 있지만 똑같지는 않다. 당신은 진리를 찾아냈다고 절대 확신할 수 없다. 당신이 하는 일은 점점 더 나은 진리를 향해 힘겹게 나아가는 것이며, 당신을 안내하는 빛이 아름다움이다.

감정과 이성, 열정과 증거 사이의 역동적인 상호작용은 수학과 과학 양쪽 모두에 존재한다. 당연한 일이다. 수학자와 과학자가 인간이기 때문이다. 현대 해석학의 아버지로 불리는 카를 바이어슈트라스Karl Weierstrass는 이렇게 말했다. "시인이 아닌 수학자는 완전한 수학자가 될 수 없다." 한 세기 뒤에 아인슈타인도 똑같은 감수성을 보였다. "순수 수학은 그 나름대로 논리적인 아이디어로 이루어진 시다."

아름다운 수학 정리

수학에 단순한 논리적 일관성 이상의 것이 있다는 이런 감정은 다른 측면에서도 나타난다. 어떤 증명이 특별히 우아하다고 여겨질 때 거기에는 방법의 묘(妙)라고 할 수 있을 만한 게 있다. 그런 우아함은 이례적으로 간결하거나 과거의 결과에 새로운 가정을 덧붙일 필요가 거의 없는 증명일 때 느껴질 수 있다. 혹은 그 증명이 독창적이거나 만족스러운 방식으로 결론에 도달한다는 사실 또는 쉽게 일반화할 수 있어 마치 우연처럼 비슷하고 관련된 문제를 해결할 수 있게 된다는 사실에서 느껴질 수도 있다.

흔히 멋진 형식에 깊이까지 갖춘 이론을 특별히 아름답게 생각한다. 심오한 결과는 서로 관련이 없어 보였던 수학 분야를 잇는 다리가 되거나 수학적 구조를 새롭고 더욱 예리한 방식으로 보여주는 것일지도 모른다. 후자에 해당하는 한 사례는 카를 가우스가 1828년에 저서 『곡면에 관한 일반 연구』에서 발표한 정리다. 가우스는 곡면의 전반적인, 혹은 전체 곡면을 측정하는 양을 정의했다. 그리고 이 가우스 곡률이 곡면의 본질적인 특성이라는 사실을 깨닫고 놀라워하면서 즐거워했다. 가우스 곡률을 생각하는 한 가지 방법은 이렇다. 곡면 위에 지성체가 살고 있다면, 그 지성체는 곡면 안에서 측정한 거리나 넓이 같은 정보만으로 곡률을 알아낼 수 있다. 그 곡면이 매장되어 있는 고차원 공간에 관해 전혀 생각할 필요가 없다. 평소 겸손했던 가우스도 이 결과에 매우 놀라 이 정리를 "빼어난 정리"라고 불렀다.

모듈러성 정리로 불리는, 그보다 훨씬 더 최근의 한 정리도 언뜻 매우 달라 보이는 두 수학 분야를 이어준다는 이유로 많은 수학자에게 아름답다는 평가를 받는다. 타원곡선은 $y^2=x^3+ax+b$ 형태의 방정식에서 생기는 매끄러운 평면 곡선이다. 모듈러 형식은 제곱수의 합을 비롯해 정수론의 많은 놀랍고 흥미로운 항등식을 설명할 수 있는 특별한 종류의 함수를 말한다. 2차원 모델링에도 쓰이며, 예를 들어, 분자 구조를 설명하는 데 유용하다. 모듈러성 정리는 원래 1950년대 이것을 개발한 일본 수학자 타니야마 유타가Taniyama Yutaka와 시무라 고로Shimura Goro의 이름을 따 타니야마-시무라 추측으로 불렸다. 10여 년 뒤 이 추측에 관한 프랑스 수학자 앙드레 베유André Weil의 연구는 처음으로 그게 사실일 수 있다는 강력한 증거를 제공했다. 1986년 독일 수학자 게르하르트 프레이Gerhard Frey가 이 추측이 페르마의 마지막 정리를 내포하고 있다고 주장하면서 증명에 관한 관심이 점점 커졌다. 하지만 증명을 찾아내기가 믿을 수 없을 정도로 어렵거나 어쩌면 현재 수학의 한계 너머에 있을지도 모른다는 분위기가 압도적이었다. 1995년 앤드루 와일스가 특정 타원곡선(준안정 다양체)에 대해 그 추측을 증명하자 커다란 충격이 일었다. 2001년이 되자 증명은 모든 타원곡선을 포함하도록 확장되었고, 그 추측은 모듈러성 정리로 이름이 바뀌었다.

예상치 못했던 연결고리를 만든다는 점에서 아름답다는 칭송을 받았던 다른 이론으로는 1979년 영국 수학자 존 콘웨이와 사이먼 노턴Simon Norton이 발견해 이름 붙인 '가공할 헛소리'(너무나 말이 안 되어 보여서 이런 이름이 붙었다)가 있다. 가공할 헛소리의 특이한, 그리고 특히나 매혹적인 점은 수학의 두 가지 측면과 이론물리학의 중요한 연구 분야(끈 이론)을 하나로 묶어준다는 것이다. 이 이론이 다루는 것 중 하나는 그 자체로도 가장 아름답고, 기괴하고, 신비로운 수학적 대상이다. 바로 괴물군이다. 이름에서 알 수 있듯이 이 괴물은 크다. 산재적 단순군 중에서 가장 큰 군으로 원소가 지구 전체에 있는 기본 입자보다 많다(약 8×10^{53}개). 그리고 상상이 잘 안 되겠지만, 196,883차원에 존재한다.

가공할 헛소리는 괴물군이 본질적으로 어떻게 모듈러 함수, 특히 j-불변량 또는 j-함수라고 하는 모듈러 함수와 연결되어 있는지를 보여준다. 콘웨이는 1978년 매주 날짜를 나누어서 괴물군과 모듈러 함수를 따로따로 연구하던 중에 이 관계를 처음으로 알아챘다. 1992년 케임브리지대에서 콘웨이 밑에서 공부했던 영국계 미국 수학자 리처드 보처즈Richard Borcherds는 이 관계가 자신이 꼭짓점 대수라 불리는 주제에 관해 수행했던 연구에서 자연스럽게 나타난다는 사실을 보았다. 그리고 그건 끈 이론과 중요한 관련이 있었다.

수학의 심미적인 즐거움

어떤 사람은 아름다움이라는 개념과 수학을 관련짓는 데 어려움을 느낄지도 모른다. 놀랍지는 않다. 상당수는 보통 고등학교 수준에서 수학이 정말 재미있어지기 전에 공부를 그만두기 때문이다. 수학자로 케임브리지대학교에서 '대중의 과학 이해를 위한 석좌교수'를 맡고 있는 마커스 드 사토이 Marcus du Sautoy는 우리가 학교에서 배우는 수학을 음악의 음계에 비유했다. 썩 재미있지는 않아도 제대로 더 깊이 파고들어 가기 위해서는 알고 있어야 한다는 것이다. 둘의 큰 차이는 음악의 경우 음악에 관한 추상적인 지식이 전혀 없어도 감각을 통해 즐거운 경험을 할 수 있고 감정을 느낄 수 있다는 점이다. 물론 음악적 훈련을 받는다면, 예를 들어, 교향곡이나 거장의 연주를 더 세심하게 감상할 수 있겠지만, 음악에 관해 자세하게 모른다 해도 우리 모두는 어떤 장르의 음악이든 즐길 수 있다. 언뜻 보기에 수학의 경우는 이와 달라 보인다. 물론 방정식이나 이론, 증명의 아름다움을 볼 수 있으려면 수학에 관한 배경 지식을 충분히 갖추고 있어야 한다. 맥락과 다른 수학 분야와의 관계가 모두 중요하기 때문이다. 반면 수학에는 누구에게라도 만족감을 주며 더 폭넓고 깊은 수준에서 수학적 아름다움을 경험한다는 게 어떤 것인지 느낄 수 있게 해주는 간단한 원리가 있다.

드 사토이는 심미적인 즐거움을 느끼기 쉬운 대상으로 페르마의 한 발견을 꼽았다. 페르마는 어떤 소수를 4로 나누었을 때 나머지가 1이 된다면, 그 수는 두 제곱수의 합이라는 사실을 알아냈다. 예를 들어, 13 나누기 4는 3과 나머지 1이다. 그리고 $13=2^2+3^2$다. 혹은 41 나누기 4는 10에 나머지가 1이다. 그리고 $41=4^2+5^2$다. 처음에는 이게 왜 이렇게 되는지 알기 어렵다. 소수와 제곱수에 왜 이렇게 밀접한 관계가 있을까? 아지만 별로 어렵지 않은 페르마의 증명을 찬찬히 들여다보면, 두 개념이 서로 엮여 그런 결과가 나올 수밖에 없다는 재미있는 사실을 깨달을 수 있다. 그러려면 심미적인 즐거움이라는 감각을 조금씩 알게 해주는 여정(증명을 하나씩 따라가는 일)을 거쳐야 한다. 드 사토이의 표현을 빌자면, "음악과 마찬가지로 마지막 코드를 연주하는 것으로는 충분하지 않다."

수학을 복합적으로 느끼는 법

교과 과정의 진도를 나가야 하는 교사에게는 수학의 아름다움을 전달하려고 노력할 수 있는 시간이나 기회가 거의 없다. 하지만 불가능한 일은 아니며, 심지어는 초등학생 나이 때부터 이런 인식을 키워주는 노력을 해야 한다고 강력히 주장하는 이들도 있다. 실용적인 경험이나 열정적인 수업을 통해 감정적인 수준에서 어떤 분야에 감동을 받으면 그 경험은 평생 우리에게 남는다. 이런 경험을 할 수 있는 한 가지 방법으로 운동 감각 학습이 있다. 학생들이 패턴 찾기, 대칭과 비대칭 알아보기, 스스로 수학적 발견해 보기와 같은 게임이나 활동을 통해 배우는 것이다. 이런 방식으로 수학과 예술이 하나로 섞일 수 있다는 사실을 깨닫게 되고, 통합적인 전체의 일부임을 알 수 있게 된다. 우리에게 익숙한 폭넓은 일상 세계의 일부로 수학을 보여주면, 수학이 지루하고 어렵고 현실 세계와 동떨어져 있다는 편견을 무너뜨릴 수 있다. 학교 수학 수업 시간에 촉각, 시각, 청각과 같은 다양한 능력을 끌어들어야 할 충분한 이유가 있다. 사람들은 서로 다른 방식으로 정보를 처리하고 제각기 강점이 다르기 때문이다. 시각적으로 생각하거나 촉각 자극을 통해 잘 배우는 사람에게는 패턴 블록이나 퀴즈네르 막대*, 대수 타일, 종이접기 같은 온갖 예술 기법을 사용하면 좋다. 그러면 학생들은 숫자나 기호, 공식으로 나타냈다면 이해하기 어려웠을지도 모를 개념을 이해할 수 있다.

『더 기묘한 수학책』의 한 장에서 우리는 수학과 예술이 특히 상호작용하며 아이디어를 발전시켰던 사영기하학과 원근법과 같은 분야에서 나란히 발전하는 모습을 살펴보았다. 알브레히트 뒤러Albrecht Dürer와 레오나르도 다 빈치, 에스허르, 살바도르 달리와 같은 수많은 위대한 예술가는 수학과 과학에 강하게 이끌렸다. 예술은 수학에 영감을 주어 새로운 분야의 발전을 이끌 수 있다. 수학도 프랙털이나 복잡한 기하학적 도형처럼 시각적으로 표현하면 훌륭한 예술적 가치가 있는 대상을 만들 수 있다. 이들의 아름다움은 지적으로나 감정적으로나 모두 느낄 수 있다.

음악도 마찬가지다. 모든 음악에는 수학적인 기반이 있다. 이 사실을 처음 알아낸 건 '모든 것은 수'라는 원리를 고수하던 피타고라스주의자들이었다. 음악을 듣거나 연주하거나 만들 때 우리는 자기도 모르게 수학을 한다. 어떤 면에서 우리는 음악을 통해 그 바탕에 깔린 아름다움이나 다른 심미적인

* 분수를 이해하기 위해 사용하는, 길이와 색깔이 다양한 막대

특성을 간접적으로 그리고 무의식적으로 접할 수 있는 셈이다. 바닷가에 부서지는 파도에서 나선 모양의 은하에 이르기까지, 자연에서 아름다운 패턴이나 현상을 볼 때도 마찬가지다. 사실 우리가 어떤 감각을 경험하는 건 그 감각의 궁극적인 원인을 일으키는 수학을 어떤 형태로든 음미하기 때문이기도 하다. 오랫동안 수학에 몰입해 온 수학자는 방정식을 보고 직접적으로 감정적인 반응을 경험할 수 있다. 수학자는 이렇게 기본적인 내용에서 수학적 아름다움을 느끼지만, 나머지 우리와 같은 사람은 좀 더 고차원에서, 수학이 좌우하는 어떤 현상과 물리적으로 상호작용하면서 경험하게 된다.

일부 수학자는 다층적인 수준에서 수학의 내적 세계를 접하고 즐길 수 있는 듯하다. 그런 사람 중 하나가 캐나다 출신의 미국 정수론 연구자로 2014년에 수학계에서 가장 권위있는 상인 필즈메달을 받은 만줄 바르가바Manjul Bhargava다. 바르가바는 그가 수를 세는 방법을 묘사하기를 통상적으로 순수하게 추상적인 의미로 생각하거나 시각화하는 것이 아니라 수직선 위에 놓여 있는 것 같다고 했다. 예를 들어 오렌지 더미나 줄줄이 쓰여 있는 산스크리트어 알파벳을 보면 그냥 머리에 떠오르는 것이다. 바르가바가 보기에 수는 공간 속에서 스스로 정리정돈이 되고 종종 현실 세계 위에 겹쳐서 떠오른다. 또, 수가 시간을 통과해, 산스크리트어 시나 타블라*의 리듬에 맞춰 움직인다고 인지하기도 한다. 바르가바는 자키르

---

* 크기와 모양이 살짝 다른 통 모양의 작은 북 두 개로 이루어진 인도 악기

후사인Zakir Hussain과 같은 대가에게 배운 실력 있는 타블라 연주자이며, 저명한 산스크리트어 학자였던 할아버지에게서 그 언어를 배웠다. 바르가바가 수학과 수학이 다루는 대상을 인지하는 방식이 음악과 시와 겹친다는 건 놀라운 일이 아니다. 바르가바는 세 가지 모두의 목표가 똑같다고 말했다. "우리 자신과 우리를 둘러싼 세상의 진리를 표현하는 것."

어쩌면 우리 중 한 사람(아그니조) 역시 타블라 연주자라는 사실이 우연의 일치는 아닐지도 모른다. 20세기 최고의 과학자 중 한 명으로 꼽히는 이론물리학자 리처드 파인만도 아마추어 드러머(사실 봉고를 연주했다)였다. 칼텍에서 연구하는 동안 파인만은 선셋 스트립 거리의 나이트클럽에서 타악기 연주를 하곤 했다. 실제로 오래전부터 많은 수학자와 과학자가 음악에 이끌렸는데, 어쩌면 일견 완전히 달라 보이는 것들 속에 깔린 똑같은 현실을 경험하는 데서 - 똑같은 패턴과 대칭을 느끼는 - 즐거움을 찾는 걸지도 모르겠다. 오거스터스 드모르간Augustus De Morgan은 플루트에 뛰어났다. 아인슈타인은 피아노와 바이올린을 연주했다. 그리고 헝가리 수학자 보여이 야노시Bolyai János는 대결에서 라이벌 수학자를 물리친 뒤에는 꼭 바이올린 독주를 했다. 음악만이 아니다. 보여이와 함께 비유클리드 기하학을 창시한 러시아 수학자 니콜라이 로바쳅스키Nikolai Lobachevsky는 수준 있는 시인이었다. 예술가와 수학자가 관심사를 공유하며 협력한 역사도 길다. 예를 들어 피카소를 비롯한 입체파 화가들은 1902년에 나온 앙리 푸앵카레의 대중서 『과학과 가설』에 큰 영향을 받았다.

음악가, 시인, 예술가와 마찬가지로 수학자는 흔히 자신의 연구가 발명보다는 발견에 더 가깝다고 이야기한다. 그래서 그들은 수학의 아름다움이 지적인 발명의 산물이라기보다 세상에 본래 존재하는 균형과 심미적인 필연성에서 나온다고 느끼는 것이다. 수학에 굉장한 재능이 있어 전문 수학자가 될 수 있는 사람은 드물다. 하지만 우리 모두는 자연의 아름다움을 느낄 수 있고, 이를 통해서 그 바탕이 되는 수학의 우아함과 매력을 간접적으로 음미할 수 있다.

6장 공간의 모양

시공간은 물질에게 어떻게 움직여야 할지 알려준다. 물질은 시공간에게 어떻게 휘어야 할지 알려준다.

-존 휠러

♣

앞으로 우주의 운명이 어떻게 될지는 알 수 없다. 우주가 어떻게 종말을 맞이할지, 애초에 종말을 맞이하긴 할 것인지는 단 한 가지 문제에 달려 있다. 모양이다. 자연히 우주의 모양을 알아내는 건 우주론의 성배이며, 물리학이나 천문학만이 아니라 수학에도 많이 의지해야 하는 주제다.

우주에 관한 고대의 생각

고대에는 우주의 본질에 관한 생각이 단지 추측에 불과했다. 어쩌다 선호하게 된 철학이나 종교를 표현하는 것과 다르지 않았다. 기원전 300~400년의 그리스인들은 으레 그렇듯이 잡다한 아이디어를 내놓았다. 아리스토텔레스는 스승인 플라톤의 우주관을 이어받아 지구가 만물의 중심에 있으며 태양과 행성은 중심이 같은 천구 위에서 그 주위를 움직인다고 주장했다. 지구 바깥의 모든 공간은 에테르라고 하는, 훗날 중세 학자들이 퀸테센스(제5원소)라고 불렀던, 기이한 성질을 지닌 다섯 번째 원소로 차 있다고 생각했다. 이와 반대로 피타고라스주의자들은 우주의 중심에 보이지 않는 불이 있고, 지구와 달, 태양, 행성은 그 주위를 돌며, 그 너머에는 항성이 있다고 생각했다. 지구 중심설이 아닌 최초의 천상계 모형이었던 셈이다.

지금도 마찬가지지만, 우주가 언젠가 끝날지 아니면 시공간이 영원히 뻗어나갈지에 관해서는 의견이 갈렸다. 고대 인도의 가장 신성한 경전인 베다는 탄생과 삶, 멸망, 재탄생의 과정을 무한히 반복하는 우주를 그리고 있다. 각각의 과정은 놀라울 정도로 길다. 칼 세이건은 힌두교에 관해 다음과 같이 말했다.

> 현대의 과학적 우주론과 시간적 규모가 같은 유일한 종교다. 우주는 우리의 평범한 낮과 밤에서 시작해 86.4억 년이나 되는 브라흐나의 낮과 밤까지 순환한다. 그건 지구나 태양의 나이보다 긴 시간이고, 빅뱅 이후로 지난 시간의 약 절반 정도다.

경전을 쓴 현자들에게는 이를 관측으로 알아낼 방법이 없었다. 단지 레우키포스와 데모크리토스 같은 고대 그리스인이 원자를 믿었던 것처럼 자신의 철학 때문에 막대한 시간 범위를 믿게 된 것이다. 과거에 활동했던 수많은 학파 중 적어도 하나는 순전히 운이 좋아서 정답 근처에 다가갔던 것이다!

우주론의 발전 도구, 기하학

우주론이 진정으로 발전하기 위해서는 고작 몇백 년 전에 시작된 수학과 물리학의 발전, 그와 함께 점점 더 멀리 있는 천체를 볼 수 있게 해줄 장비의 혁신적인 진보를 기다려야 했다. 우주 자체가 굽어 있다는 생각은 기괴해 보인다. 어차피 우주 공간은 진공이라고 해서 그냥 비어있는 게 아닌가? 텅 빈 공간이 어떻게 구부러질 수 있을까?

우리가 학교에서 배우는 기하학은 유클리드에게 친숙할 것이다. 자신이 기원전 300년경에 규칙을 전부 쓰다시피 했으니까 말이다. 유클리드 기하학은 19세기 초까지만 해도 유일한 기하학이었다. 그러다 몇몇 창의적인 수학자, 대표적으로 카를 가우스와 직업이 변호사였던 또 다른 독일인 페르디난트 슈바이카르트Ferdinand Schweikart가 도형에 유클리드가 보지 못했던 다른 특성이 더 있을지도 모른다고 생각하기 시작했다. 그러나 이 주제에 관해 아무런 논문도 나오지 않다가 1830년 헝가리의 보여이 야노시와 러시아의 니콜라이 로바쳅스키가 각각 독립적으로 쌍곡기하학이라는 분야에 관한 설명을 세상에 내놓았다. 가장 익숙한 쌍곡평면은 몇몇 현대 구조물의 모양에서 찾아볼 수 있다. 발전소의 냉각탑이나 브라질리아 대성당과 세인트루이스과학관의 맥도널드 플라네타리움과 같은 몇몇 인상적인 건물이 그런 모양이다. 각 변이 두 꼭짓점을 잇는 최단거리가 되도록(평면 위에 그린 삼각형처럼) 쌍곡평면 위에 삼각형을 그리면 기이한 사실이 드러난다. 내각의 합이 180도보다 작다. 쌍곡평면 위에 직선 두 개를 나란히 그리면, 아무리 평행하게 그리려고 노력해도 시작점에서 멀어질수록 두 직선은 점점 멀어진다.

그러나 이런 기이하고 새로운 결과 때문에 유클리드가 쓸모없어진 건 아니었다. 단지 유클리드가 만들어 낸 규칙이 가능한 모든 기하학 중에서 특별한 경우만을 설명하고 있다는 사실을 알게 되었을 뿐이다. 특히 유클리드의 공리, 즉 기본적인 가정 중에서 하나인 평행성 공준이 유효하지 않은 상황이 있다는 사실이 드러났다. 쌍곡기하학은 처음으로 연구가 이루어진 비유클리드 기하학이었다. 하지만 얼마 지나지 않아 1850년대에 독일 수학자 베른하르트 리만Bernhard Riemann이 또 다른 종류를 찾아냈다. 당시 리만은 괴팅겐대학교의 대학원생이었고, 지도교수는 카를 가우스였다. 교수가 되기 위해서 치러야 하는 시험을 앞두고 가우스는 리

브라질리아 대성당은 각각 90톤이 나가는 16개의 콘크리트 기둥으로 이루어진 쌍곡면 모양이다.

만에게 기하학의 기초에 관한 논문을 써보라고 권했다. 리만은 스승의 말에 따라 걸작이 된 논문을 썼고, 1854년 6월 10일 "기하학의 기저에 깔린 가설에 관하여"라는 강연을 통해 이를 보강했다. 그 연구는 12년 뒤, 그리고 리만이 고작 39세의 나이로 죽은 지 2년 만에 리하르트 데데킨트Richard Dedekind에 의해 출간이 되었다. 하지만 리만이 얼마나 큰 성과를 이루었는지가 인정받는 데는 오랜 시간이 걸렸다.

리만의 타원기하학에서는 삼각형의 내각의 합이 180도가 넘는다. 그리고 아무리 평행하게 두 직선을 그려도 결국에는 만나게 된다. 타원기하학의 특별한 경우 중 하나는 구면기하학이다. 지구 위에 그려 놓은 경도를 생각해 보자. 적도 부근의 좁은 영역에서는 경도를 그은 선이 사실상 평행하다. 하지만 그 선을 북쪽과 남쪽으로 늘리면 점점 가까워지다가 결국 두 점, 북극점과 남극점에서 만난다.

우리가 학교에서 배울 때는 유클리드 기하학을 항상 우리가 주위에서 일상적으로 보는 공간인 2차원(평면)이나 3차원에만 적용한다. 하지만 유클리드 기하학은 4나 5, 혹은 83 같은 다른 어떤 차원에도 적용할 수 있다. 수학의 강점 중 하나는 인간의 상상력에 제한을 받지 않는다는 것이다. 비유클리드 기하학도 마찬가지다. 쌍곡평면이나 구처럼 시각화하기 쉬운 곡면에 적용할 수도 있으며, 3차원보다 차원이 더 높은 상황에서도 사용할 수 있다. 고차원의 비유클리드 기하학은 20세기 초 세계를 강타했던 새롭고 급진적인 몇몇 물리학 이론을 뒷받침하는 데 필요한 수학이었다는 사실이 드러났다.

공간의 힘이 물리적 현상에 관여하다

공간이 구부러질 가능성에 관해 이야기한 초창기 인물 중에는 가우스 자신도 있었지만, 강하게 주장했던 건 아니었다. 1824년 페르디난트 슈바이카르트에게 보낸 편지에서 가우스는 이렇게 썼다. "난 가끔 장난삼아 유클리드 기하학이 옳지 않으면 좋겠다고 이야기하곤 했네." 가우스는 2차원 공간의 한 점 근처에서 곡면이 얼마나 구부러져 있는지를 나타내는 데 한 가지 값만 있으면 족하다는 사실을 보였다. 바로 가우스 곡률이라고 불리는 값이다. 리만은 이 개념을 받아들여 어떤 차원의 공간에서도 적용할 수 있도록 확장했다. 3차원에서는 어느 한 점의 곡률을 나타내는 데 6가지 값이 필요했다. 4차원에서는 20가지였다.

수십 년 뒤 새로운 중력 이론인 일반 상대성이론으로 성공을 거둔 알베르트 아인슈타인은 리만의 창의적인 통찰이 중요하다는 사실을 인식했다.

> 물리학자들은 아직 그런 사고방식에서 한참 떨어져 있었다. 19세기 중반까지는 누구도 그 진가를 몰랐으며, 리만같은 고독한 천재만이 공간이 경직되어 있지 않으며 공간이 가진 힘이 물리적 현상에 관여하는 게 가능하다는 새로운 공간 개념에 도달할 수 있었다.

1854년에 있었던 위대한 강연 중후반부에서 리만은 다음과 같은 질문을 제기했다. 우리는 어떤 종류의 공간 속에서 살고 있는 걸까? 이제 평범한 유클리드 공간 말고도 다른 기하학이 고를 수 있는 메뉴에 올라 있었다. 우리 주위의 공간이 일상생활 규모에서는 유클리드의 법칙을 따르는 것 같지만, 훨씬 더 큰 규모에서는 쌍곡평면이나 구와 같은 방식으로 구부러지지 않는다고 누가 말할 수 있을까?

영국 수리철학자 윌리엄 킹던 클리퍼드William Kingdon Clifford는 고차원 기하학에서 리만의 연구의 중요성을 가장 먼저 제대로 이해한 사람 중의 한 명이었다. 1876년 케임브리지 철학회보에 발표한 논문에서 클리퍼드는 다음과 같이 썼다.

> 리만은 선과 곡면에 여러 종류가 있듯이 3차원 공간에도 여러 종류가 있다는 사실을 보였다. 그리고 우리가 살고 있는 공간이 어떤 종류에 속하는지는 경험으로 알아낼 수밖에 없다는 사실을 보였다. 특히 평면 기하학의 공리는 종이 한 장의 표면 위에서 하는 실험의 한계 안에서 참이다. 하지만 우리는 그 종이가 실제로는 수많은 굴곡으로 덮여 있으며, 그 위에서는(총 곡률이 0이 아닌) 이런 공리가 참이 아니라는 사실을 알고 있다.

클리퍼드는 물질과 에너지가 공간의 곡률이 국지적으로 요동치면서 생겨날지도 모른다고 주장했다. 또, 공간이 거대 규모에서 구부러져 있어 우주 전체가 구와 같은 모양이지만 3차원이 아닌 4차원에서 닫혀 있다고 추측했다. 어쩌면 클리퍼드는 아인슈타인의 혁신을 선점할 수 있었을지도 모른다. 하지만 1879년 고작 33살의 나이에 결핵으로 세상을 떠났다.

아인슈타인이 십 년 동안 익혔던 것은

특수 상대성이론을 담은 아인슈타인의 1905년 논문과 일반 상대성이론을 담은 1915년 논문 사이에는 10년의 세월이 있다. 이 기간에 아인슈타인은 리만과 클리퍼드, 그리고 다른 이들의 선구적인 비유클리드 기하학 연구에 관해 알게 되었다. 아인슈타인의 결정적인 통찰은 이른바 '등가 원리'다. 등가 원리는, 예를 들어 만약 여러분이 창문이 없는 방 안에 '무중량' 상태로 떠 있다면, (방 안에서 겪는 어떤 일로 판단하든) 여러분이 우주에 떠 있는지 중력의 영향을 받아 자유낙하를 하고 있는지 분간할 방법이 없다는 사실을 뜻한다. 마찬가지로, 여러분은 그 방이 아직 지구 표면에 놓여 있는지 아니면 중력을 받아 초당 9.8m/s씩 가속하며 우주 공간을 움직이고 있는지도 분간할 수 없다. 1912년경 아인슈타인은 등가 원리를 모든 상황에 적용할 수 있는 유일한 방법이 비유클리드 기하학을 사용하는 것이라는 점을 깨달았다.

그렇지만 매우 영리했던 아인슈타인도 뛰어난 수학자는 아니었다. 아인슈타인은 학생 시절에 배웠던 가우스의 곡면 이론에 관해 알고 있었고, 친구이자 동창인 마르셀 그로스만Marcel Grossman에게 도움을 받았다. 그렇게 알아낸 사실은 아인슈타인과 새로운 중력 이론의 발전에 깊은 영향을 끼쳤다.

> 내 평생 그렇게 열심히 일해본 적은 없다. 그리고 나는 수학, 지금까지 단순한 생각으로 내가 순전한 향락으로 치부했던 난해한 수학을 대단히 존중하게 되었다.

그로스만은 아인슈타인에게 리만의 연구와 이탈리아 수학자 그레고리오 리치쿠르바스트로Gregorio Ricci-Curbastro(흔히 줄여서 '리치'라고 부른다)와 영리한 제자인 툴리오 레비치비타Tullio Levi-Civita가 이룬 좀 더 최신의 발견에 관해 알려주었다. 이 두 이탈리아인은 '텐서' 미적분학이라는 새로운 분야를 개발했다. 텐서는 크기와 방향이 있는 양인 벡터를 임의의 차원으로 일반화한 것이다. 텐서를 다루는 수학은 일반 상대성이론의 핵심인 아인슈타인의 장 방정식을 형식화하는 데 매우 결정적이었다.

그로부터 40년 전 윌리엄 클리퍼드는 질량, 그리고 더 나아가 중력이 공간의 국지적인 구부러짐에서 비롯한 결과일지도 모른다고 추측했다. 그러나 아인슈타인 물리학이라는 새로운 세계에서는 구부러지는 게 공간만이 아니라 시공간이었다. 공간의 3차원과 시간의 1차원을 분리할 수 없다는 아이디어는 1905년 프랑스 수학자 앙리 푸앵카레가 처음 제기했다. 그건 본래 특수 상대성이론에도 담겨 있었지만, 1908년이 되어서야 한때 아인슈타인을 가르쳤던(그리고 '게으른 개'라고 불렀던) 독일 수학자 헤르만 민코프스키가 공간과 시간의 융합에 대한 완전한 기하학 모형을 제시했다.

시공간을 머릿속에서 정확히 떠올리려는 시도는 그만두시길. 우리는 전적으로 유클리드의 3차원 공간을 바탕으로 생각한다. 주변에 보이는 모든 것이 그렇고, 우리의 뇌는 거기에 맞추어져 있기 때문이다. 시간은 완전히 다른 것, 물체가 과거에서 미래로 움직이는 일종의 '다른' 방향으로 보인다. 2차원 공간의 구부러짐을 이해하는 건 쉽다. 평평한 세계지도를 구부러진 조각으로 잘라서 지구본 위에 붙이는 것과 근본적으로 같다. 2차원 공간은 곡면이라고 부른다. 우리는 곡면을 평평하거나(평면의 경우) 구부러진 모습으로 시각화할 수 있다. 임의의 차원에 있는 곡면은 좀 더 일반적인 용어인 '다양체'라고 부른다. 보통 우리는 3차원 공간 주위에 곡면이 있다고 생각하지 않는다. 하지만 있다. 단지 우리는 이 곡면이 유클리드(2차원의 평평함과 같은 상태)일 때만 상상할 수 있다. 눈을 감고 3차원 곡면, 혹은 다양체를 떠올리는 건 불가능하다. 어떤 식으로 구부러져 있든 마찬가지다. 시공간 연속체처럼 구부러져 있는 4차원 다양체를 상상하는 건 더더욱 불가능하다.

우주의 곡률과 측지선

하지만 수학은 인간의 시각화 능력을 초월하기 때문에 우리가 무엇을 상상할 수 있는지는 상관이 없다. 리만과 리치, 레비치비타와 같은 이들이 개발한 수학을 적용해 아인슈타인은 우리가 매장되어 있는 4차원 곡면, 혹은 다양체의 곡률이 물질의 분포에 의해 정해진다는 사실을 보였다. 진짜 상황을 어렴풋이나마 이해하기 위해 상상을 조금 돕자면 시공간이라는 곡면을 종종 트램폴린과 같은 늘어나는 고무막에 비유하곤 한다. 막 위에 무거운 물체를 올려놓으면 그 부분이 가라앉는다. 그와 비슷하게, 예를 들자면, 태양은 국지적으로 시공간이 움푹 들어가게 만든다. 먼 별에서 날아온 빛

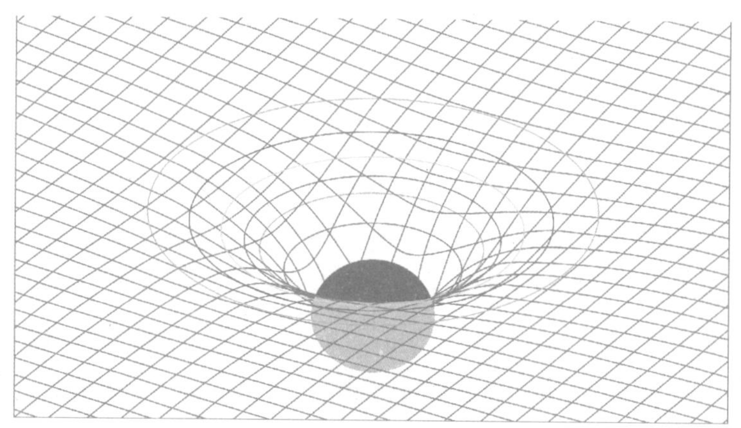

질량이 있는 물체는 시공간의 평평한 곡면이 움푹 들어가게 만든다.

이 태양 근처를 지나가게 되면 방향이 휘어진다. 경로가 태양을 향해 살짝 구부러지는 것이다. 마찬가지로 지구와 태양계의 다른 행성도 경로가 타원이나 원에 가까운 모양으로 구부러진다. 경사가 급한 그릇 안에서 가장자리를 빙빙 도는 구슬이 그리는 경로와 같다. 시공간에서 자유롭게 움직이는 모든 물체가 따르는 이 경로를 측지선이라고 하며, 두 점 사이를 잇는 가장 짧은 길이다. 만약 시공간이 구부러져 있다면, 측지선도 구부러지게 된다. 지구 표면에서 측지선은 커다란 원의 호다. 장거리를 움직이는 비행기가 그런 경로를 따르는 이유다. 서로 다른 두 대륙에 있는 두 도시를 잇는 원호를 평평한 지도 위에 나타내면 최단거리와는 완전히 거리가 멀어 보인다. 그러나 구 위에 나타내면 그보다 더 가까운 경로가 없다는 사실이 분명해진다.

빛이나 행성을 비롯한 선제 같은 자유롭게 움직이는 물체는 언제나 측지선을 따라 시공간을 움직인다. 이런 최단 경로는 중력을 발휘하는 질량 근처에서 구부러진다. 질량이 클수록 더 많이 휜다. 아인슈타인 이전의 물리학자는 중력의 효과 모든 물질이 발휘하는 중력이라는 관점으로만 생각했다. 오늘날에도 아직 그렇게 생각할 수는 있다. 중력에 관한 뉴턴식 관점은 웬만한 용도에 충분히 쓸 만하다. 하지만 이제 우리는 '중력'이 실제로는 시공간 어느 지역의 기하학적 변동이 표현된 결과일 뿐이라는 사실을 안다. 질량이 있는 물체 주위로 모든 게 끌려 들어가는 보이지 않는 상호 작용을 일으키는 게 무엇인지 궁금해하며 머리를 긁적일 필요는 없다. 일반 상대성이론 덕분에 중력의 모든 발현은 물체가 시공간 연속체라는 구부러진 곡면 안에서 최단 거리로 움직이는 자연스러운 현상이라는 사실을 알 수 있다.

질량이 있는 모든 물질은 주변의 시공간을 구부린다. 마찬가지로, 우주 전체의 모든 질량은 모든 시공간을 구부린다. 그렇다면 커다란 의문이 생긴다. 이 전체적인 우주의 곡률에는 어떤 성질이 있을까? 세 가지 가능성이 있다. 우주는 구처럼 구부러져 닫혀 있을 수 있다. 쌍곡면의 경우처럼 모든 방향으로 영원히 뻗어나가는 열린 구조일 수도 있다. 아니면, 완전히 평평할 수도 있다.

아인슈타인의 인생 최대의 실수

원래 형태의 일반 상대성이론 장 방정식에 따르면 우주는 정적일 수 없다. 팽창하거나 수축하고 있어야 한다. 아인슈타인이 장 방정식을 처음 발표했을 당시에는 우주의 크기가 일정하다는 견해가 지배적이었다. 천문학자들은 은하 대부분이 우리에게서 멀어지고 있다는 사실은 고사하고 우리은하 외부에 다른 은하가 있다는 사실조차 아직 알아내지 못했다. 아인슈타인은 자신의 이론을 천문학계의 주류 견해와 일치시키기 위해 1917년 Λ(람다)로 나타내는 상수를 도입했다. 이는 훗날 우주 상수로 불리게 되었다. 이 상수를 장 방정식에 삽입하자 우주의 크기가 변하려고 하는 경향은 정확히 상쇄가 되었다. 아인슈타인은 훗날 이를 가리켜 "내 인생 최대의 실수"라고 말했다. 말도 안 되는 요소를 집어넣는 바람에 20세기 최대의 발견 중 하나를 예측할 기회를 놓쳤기 때문이다. 1930년대 초 에드윈 허블Edwin Hubble과 같은 관측 천문학자들이 찾은 증거는 은하들이 서로 점점 멀어지고 있다는 사실을 보였다. 지금처럼 당시에도 그렇게 은하가 멀어지는 현상은 시공간 구조가 늘어난 결과로 보였다.

오늘날 우리는 우주가 팽창하고 있으며 그런 팽창이 약 138억 년 전 빅뱅이라는 사건으로 시작되었다는 사실을 확신하고 있다. 상당히 최근까지도 우주의 궁극적인 운명은 공간 속의 평균 물질 밀도에만 달려 있다고 생각했다. 특정 임계 밀도를 넘는다면 물질의 총량이 시공간 곡면을 닫을 수 있을 정도로 충분할 것이고, 궁극적으로 우주는 어떤 최대 크기까지 팽창했다가 다시 줄어들어 빅크런치Big Crunch로 종말을 맞이할 것이다. 임계 밀도를 넘지 않는다면 우주는 열린 상태로 그 안의 물질은 영원한 시간 동안 서서히 줄어드는 속도로 계속해서 점점 더 멀어질 운명이다. 임계 밀도에 대한 실제 밀도의 비율은 Ω(오메가)라고 부른다.

점점 더 많은 사람이 팽창하는 우주를 받아들이자 아인슈타인은 우주 상수를 폐기했다. 이제 Ω를 측정하는 일만이 중요해 보였고, 천문학자들은 이 일을 위해 망원경과 다른 관측 장비를 동원했다. 하지만 임의의 공간에 질량이 평균적으로 얼마나 있는지 정확하게 측정하는 건 쉬운 일이 아니었다. 물질이 은하로 뭉쳐 있고, 은하는 은하단을 이루고 있으며, 은하단은 초은하단을 이루고, 그 사이에 거대한 거시공동이 있다는 사실을 고려해야 한다. 근처에라도 가까이 가려면 우주의 정확한 거대 구조 모형을 바탕으로 추정해야 하며, 그건 수십억 광년 떨어진 곳에 있는 은하의 분포까지 파악해야 한다는 뜻이다. 별과 행성, 성간 가스와 먼지 속의 평범한 질량뿐만 아니라 광자(빛 입자)와 중성미자(거의 광속으로 움직이는 유령 같은 입자)의 유효 질량도 고려해야 한다. 이런 연구를 종합한 결과, 측정 기술이 발전하면서 천문학자들은 Ω 값이 닫힌 우주를 만드는 데 필요한 것보다 많이 작다는 사실을 깨달았다. 하지만 곧 두 가지 놀라운 사실이 드러났다.

암흑 물질의 등장

첫 번째 발견을 암시하는 데이터는 1933년 스위스 출신의 미국 천문학자 프리츠 츠비키Fritz Zwicky가 얻어냈다. 머리털

지금까지 알려진 가장 큰 은하단 중 하나인 MACS J0717.5+3745. 약 54억 광년 거리에 있다.

자리 은하단*에 속한 은하의 속도를 관측한 결과였다. 츠비키는 은하단의 총질량으로 설명하기에는 은하의 속도가 너무 빠르다는 사실을 알아냈다. 그 정도 속도로 움직이려면 은하들이 은하단 사이의 공동void으로 산산이 흩어져야 했다. 그런데도 머리털자리 은하단이 계속해서 뭉쳐 있는 이유로 츠비키는 자신이 '둔클레 마테리에**'라고 명명한 물질을 들었다. 이 물질은 은하단 안에서 빛을 내는 모든 물질을 다 합한 것보다도 훨씬 더 큰 질량을 가져야 했다.

츠비키의 주장은 40여 년이 지난 뒤에야 다시 생명을 얻었다. 1970년대 말, 나선 은하의 회전에 관한 여러 연구는 암흑 물질이 정말로, 게다가 대량으로 존재한다는 결론을 피하기

---

* 3억 4,000만 광년 떨어진 곳에 있으며, 약 1,000개의 은하로 이루어져 있다

** '암흑 물질'을 뜻하는 독일어

어렵게 만들었다. 관측한 은하의 외곽에 있는 별들은 눈에 보이는 밝은 물질의 총량으로 설명할 수 있는 것보다 훨씬 빠른 속도로 중심을 돌고 있었다. 마치 보이지 않는 물질로 이루어진 거대한 구형의 헤일로가 각 은하의 보이는 부분을 감싸고 있는 것 같았다. 그 결론은 오늘날에도 참이다. 우주에 있는 물질의 약 17%만이 우리가 검출할 수 있는 빛이나 다른 형태의 전자기 복사(전파, 적외선, 자외선 등)를 방출한다. 나머지는 우리가 지닌 검출 장비로는 보이지 않는 존재로, 평범한 물질을 이루는 입자와는 성질이 완전히 다른 게 분명하다. 정체가 무엇이든 암흑 물질은 우주의 전체적인 평균 밀도를 올려놓는다. 하지만 이 수수께끼 같은 우주의 구성원이 질량의 막대한 도움이 있어도 계산한 Ω 값은 여전히 1보다 한참 아래다. 1은 우주가 무한히 크며 영원히 팽창할 운명에서 닫힌 우주로 결국에는 수축할 운명으로 바뀌는 수치다.

암흑 에너지의 발견

암흑 물질이 천문학자들에게는 충격으로 다가왔을지 몰라도 우리가 살고 있는 우주의 또 다른 예상외의 구성원을 전혀 뜻하지 않게 발견했던 일과 비교하면 아무것도 아니다. 과거에는 시공간의 곡률이 어떻든 간에 우주의 팽창 속도는 줄어들고 있을 게 틀림없다고 추측하고 있었다. 뉴턴식으로 보자면, 모든 은하가 서로 잡아당기는 중력이 빅뱅 이후 물질이 계속해서 멀어지고 있는 현상에 제동을 걸게 된다. 팽창이 궁극적으로 역전되든 그렇지 않든 시간이 지나면 이런 상호 간에 잡아당기는 힘이 물질이 움직이는 속도를 줄일 것 같았다. 하지만 그때 놀라운 사실이 드러났다.

1997년 천문학자 두 팀이 허블 우주망원경과 지상의 망원경을 이용해 이른바 Ia형 초신성을 관측했다. Ia형 초신성은 백색왜성이 이웃 항성으로부터 새로 물질을 얻어내다가 임계질량에 이르러 폭발을 일으키는 것이다. 그 폭발은 순간적으로 은하 전체의 밝기를 능가할 정도로 대단히 밝으며, 밝아지는 속도로 진짜 밝기를 알아낼 수 있다는 사실 때문에 Ia형 초신성은 멀리 떨어진 은하까지의 거리를 측정할 수 있는 매우 효율적인 척도가 된다. 여기에다가 이 초신성에서 나오는 빛이 얼마나 더 긴 파장으로 편이되었는지를, 즉 적색편이를 알면 그 별이 속한 은하가 우리에게서 얼마나 빨리 멀어지고 있는지 알 수 있다. 이런 사실을 종합하면 Ia형 초신성의 거리와 후퇴 속도로 서로 다른 지역에서 우주가 팽창하는 속도를 정확하게 측정할 수 있다.

두 연구진은 우주가 열려 있는지 닫혀 있는지에 관한 의문을 좀 더 파헤치는 것을 목표로 했다. 둘 다 오늘날의 우주 팽창 속도가 먼 과거보다 줄어들었을 것이라고 예상했다. 그런데 관측 결과는 놀라웠다. 팽창 속도가 시간이 지나며 증가했던 것이다. 오늘날 은하는 수십억 년 전보다 더 빠른 속도로 멀어지고 있다. 우주적인 규모로 작용하는 건 중력만이 아닌 것이 분명하다. 그에 반하는 무언가(일종의 반중력 효과)가 점점 더 빠르게 우주를 팽창시키고 있다. 전혀 예상하지 못했던 이 현상이 무엇인지 아는 사람은 아무도 없었다. 하지만 이름은 금세 정해졌다. '암흑 에너지'였다.

곧 계산한 결과, 우주에 있는 질량과 에너지의 총합인 '존재'를 우리가 얼마나 과소평가하고 있었는지가 드러났다. 유럽우주국ESA의 플랑크 우주망원경이 관측한 최신 결과에 따르면 우주의 질량과 에너지 중에서 불과 4.9%만이 평범한 물질이다. 26.8%는 암흑 물질 형태이며, 나머지(68.3%)는 암흑 에너지다. 당황스럽게도, 과학자들은 자신이 우주의 95%가 무엇으로 이루어져 있는지를 모르는 상태에 놓여 있다는 사실을 알게 되었다.

그러나 과학자들이 야금야금 알아낸 사실에 따르면 암흑 에너지는 '저기 어딘가' 있는 게 아니다. 우리 주위 어디에나 있다. 우리가 사는 공간에 고르게(균일) 퍼져 있는 성질이다. 우리 몸과 우리가 보거나 만지는 모든 물체에도 스며들어 있는 셈이다. 암흑 에너지는 에너지의 형태를 띠고 있기 때문에 질량-에너지 등가성(아인슈타인의 유명한 공식 $E=mc^2$에 따라)을 갖는다. 이에 따르면, 암흑 에너지의 밀도는 1입방미터당 약 6.9×10^{-29}kg으로, 굉장히 낮다. 우리은하에 있는 평범한 물질의 평균 밀도보다 훨씬 낮다. 하지만 기억하시길. 암흑 에너지는 우주 어디에서나 같은 밀도로 존재한다. 반면 평범한 물질은 보통 비교적 작은 덩어리(은하)에 몰려 있다. 따라서 우주 전체로 보면 암흑 에너지는 우리가 볼 수 있는 질량이나 에너지보다 훨씬 더 농밀하다.

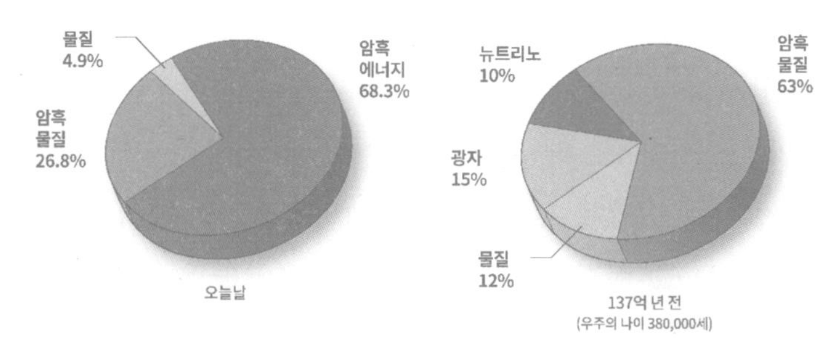

오늘날과 137억 년 전의 우주의 구성 성분..

암흑 에너지를 설명하는 법

비록 암흑 에너지가 무엇인지는 몰라도 과학자들은 그게 우리가 아는 어떤 물리 법칙도 위반하지 않는다고 확신한다. 예를 들어, 아인슈타인의 일반 상대성이론에 의해서도 암흑 에너지는 존재할 수 있다. 사실 암흑 에너지를 설명하는 이론 중 하나는 아인슈타인이 제안했던 우주 상수를 개선한 것이다. 그러나 일반 상대성이론의 장 방정식에 정적인 해를 제공하기 위해 인공적으로 도입했던 아인슈타인의 그 유명한 '말도 안 되는 요소'와 달리 암흑 에너지는 중력의 효과를 상쇄하지 않는다. 반대로 갈수록 강해지는 음압을 발휘해 우주가 점점 빠른 속도로 팽창하게 만든다.

암흑 에너지에 대한 다른 설명으로는 암흑 에너지가 우주가 태어난 직후에 일어난 대단히 중요한 사건과 동시에 존재하게 된 저에너지장의 형태를 하고 있다는 것이 있다. 오늘날의 우주론 연구자 대부분은 탄생 직후의 우주가 짧지만 대단히 빠른 속도로 팽창하는 시기를 겪었다는 사실을 인정한다. 이를 인플레이션이라고 한다. 약 1조의 1조 배의 1조 배 분의 1초(10^{-36})에서 10억의 1조 배의 1조 배 분의 1초(10^{-33})와 1억의 1조 배의 1조 배 분의 1초(10^{-32}) 사이의 어느 시점에 이르는 찰나의 순간에 우주의 크기는 100조의 1조 배의 1조 배의 1조 배(10^{50}) 커졌다. 0 몇 개 정도의 오차는 있을 수 있다. 공간과 그 안에 있는 모든 것의 이런 급작스럽고 터무니없는 팽창이 가져오는 중요한 효과는 양성자보다 훨씬 작은 미세한 태초의 요동을 대규모 차원으로 확대하는 것이다. 이론에 따르면, 인플레이션이 끝났을 때 장소에 따른 물질 밀도의 차이는 향후에 은하를 자라게 하는 씨앗이 되기에 충분할 정도로 커졌다.

언뜻 보기에 인플레이션과 암흑 에너지는 매우 달라 보인다. 우주의 나이가 마이크로초가 되었을 때 인플레이션은 이미 먼 과거의 역사가 된 반면, 암흑 에너지는 수십억 년이 넘는 세월 동안 작용하고 있다. 인플레이션 시기에 우주의 팽창 속도는 오늘날의 10^{50}배였다. 하지만 지금은 현재 팽창 속도의 70%만이 암흑 에너지에 기인하고 있다고 추정한다. 인플레이션이 일으킨 초기의 우주 팽창과 주로 암흑 에너지가 일으키는 후기의 우주 팽창은 세부적인 면에서 많이 다르지만, 비슷한 면도 있다. 벌어지는 시간의 규모에는 엄청난 차이가 있어도 둘 다 지수적으로 팽창한다는 점이다. 일반 상대성이론으로 보면 둘 다 에너지와 에너지가 일으키는 압력 사이에는 똑같은 관계가 있다. 그리고 둘 다 시간과 우주의 규모 사이의 관계가 똑같다. 이런 유사점 때문에 몇몇 물리

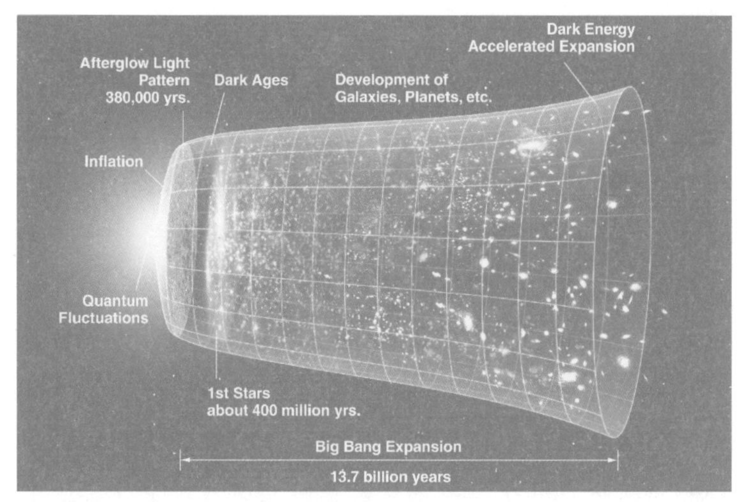

오늘날에 이르기까지 우주의 주요 진화 단계.

학자는 인플레이션과 암흑 에너지의 바탕이 퀸테센스(고대의 제5원소를 가리키는 옛 명칭에서 따왔다)라는 모종의 존재로 서로 묶여 있을지도 모른다고 주장했다. 암흑 에너지에 관한 우주 상수 아이디어와 퀸테센스를 비롯한 다양한 모형 사이의 큰 차이점은 시간에 따른 그 행동이다. 전자는 정적이고, 후자는 동적이다.

암흑 에너지에 따른 우주의 운명

21세기 물리학의 커다란 과제 중 하나는 암흑 에너지의 성질과 그에 따른 우주의 궁극적인 운명을 알아내는 것이다. 어떤 암흑 에너지 모형이 옳다고 드러나는지에 따라 우주는 영원히 지수적으로 팽창할 수도 있고, 결국 수축해 빅크런치를 맞을 수도 있다. 아니면 팬텀 에너지로 불리는 퀸테센스 모형처럼 지수적 팽창보다 더 빠른 속도로 팽창해 먼 미래에 빅립Big Rip이라고 하는 불길한 재앙으로 끝이 날 수도 있다. 현재 관측 결과는 우주가 영원히 팽창한다는 주장을 강력하게 뒷받침한다. 가장 중요한 건 속도가 불확실하다는 점이다. 과학자들이 알아낼 수 있었던 대로라면, 우주의 팽창은 약 60억 년 전에 암흑 에너지의 영향을 받아 점점 빨라지기 시작했다. 그러나 지금은 아직 우주의 비교적 초기 단계라서 암흑 에너지가 일으킨 팽창이 너무 커져서 다른 은하나 수명이 다한 은하의 잔해가 보이지 않을 정도로 멀리 날아가고 공간 속의 물질이 점점 더 빨리 퍼져나가 극도로 희박해지면서 아원자 입자 하나하나가 가장 가까운 이웃으로부터 정신이 아득할 정도로 멀리 떨어지는 상황은 아니다.

우주의 전체적인 모양에 관해서 우주론 연구자들은 관측 가능한 우주와 전체 우주 사이에 명확한 선을 긋는다. 관측 가능한 우주는, 이론상으로, 우리가 볼 수 있는 부분이다. 그 부분에서 나온 빛은 빅뱅 이후 언젠가 우리에게 도달했다. 지구를 중심으로 한 거품 모양의 공간이며, 반지름은 약 465억 광년으로 추정하고 있다. 이것은 우리가 찾아낸 가장 멀리 떨어진 천체(빅뱅 직후에 존재했던)까지의 거리보다 훨씬 더 큰 수치다. 우주가 생겨난 뒤로 138억 년 동안 공간 자체가 팽창했기 때문이다. 바리온 음향 진동 관측BOSS와 같은 계획으로 얻은 최신 측정치는 관측 가능한 우주가 정확히, 혹은 거의 정확히 평평하다는 사실을 암시한다. 평행선이 절대 만나지 않는 3차원의 유클리드 평면인 것이다.

관측 가능한 우주의 가장자리 너머에는 전체 우주가 있다. 우리가 있는 부분과 이어진 시공간을 확장한 전체를 말한다. 전체적으로 본 우주는 우리가 본 국지적인 부분과 다를 수도 있다. 반대로 그 역시 평평할 수도 있다. 하지만 기하학적으로 평평하다고 해도 여러 가지 방식으로 접히고 이어지고 뒤틀려서 독특한 위상을 다양하게 만들어 낼 수도 있다. 종이 한 장을 생각해 보자. 종이는 평평하지만, 구부려서 양쪽 가장자리를 붙이면 원통이 된다. 뒤틀어서 붙이면 뫼비우스 띠가 되고, 원통을 구부려 원환(도넛 모양)을 만들 수도 있다. 3차원에서 평평한 - 유클리드 3-다양체라고 한다 - 우주라면 더 많은 위상이 가능하다.

1934년 스위스 광물학자이자 결정학자인 베르너 노바키Werner Nowacki는 유클리드 3-다양체가 정확히 18종류 있다는 사실을 증명했다. 만약 우리 우주가 지금 가능성이 높아 보이는 것처럼 전체적으로 평평하다면, 그 위상은 이 중 하나에 대응해야 한다. 비록 전부 수학적으로는 가능하지만, 8개는 물리적으로 가능하지 않다고 여겨지고 있다. 그 이유는 방향이 거꾸로 바뀌는 고리가 포함된 비가향성이기 때문이다. 만약 우주가 이런 별스러운 모양이라면, 이론적으로 여러분이 우주를 한 바퀴 돌아 제자리로 왔을 때 몸의 모든 부분이 좌우가 바뀌게(4장에서 이야기한 소설 속의 플래트너 씨처럼) 된다. 더구나 비가향성 위상은 지금까지 본 적이 없는 관측 결과를 야기할 것이다. 나머지 10종류 중 일부, 1/3 뒤틀림 육각 공간이나 이중 입방체 공간, 한체-벤트 다양체도 색다르게 보이지만, 이 단계에서는 어떤 것도 배제할 수 없다. 사실 관측 가능한 우주가 정확히 평평해 보이고 우리가 볼 수 있는 영역 너머에서도 계속 평평할 가능성이 크지만, 전체 우주의 곡률은 쌍곡면의 곡률이거나 구면의 곡률일 수도 있다. 그러면 가능한 위상의 범위는 엄청나게 넓어진다.

어른이나 어린이를 막론하고 흔히 하는 질문이 있다. 우주 바깥에는 무엇이 있을까? 간단하지만 그다지 만족스럽지 않은 답은 바깥이 꼭 있을 필요는 없다는 것이다. 우리가 무엇에도 둘러싸여 있지 않고, 더 확장해 나갈 곳이 없는 공간을 상상할 수 없다는 이유만으로 그게 불가능하다고 할 수는 없다. 존재하는 모든 공간이 우주 안에 담겨 있다는 건 수학적으로나 물리학적으로나 완벽하게 가능하다. 다중우주를 비롯한 몇몇 이론에 따르면, 우리의 시공간과 별개인 다른 시공간이 있을 수도 있다. 하지만 이런 '다른 우주'가 있다고 해도 그건 우리 우주와 독립적으로 존재하는 것이지 우리 우주가 담겨 있는 어떤 더 큰 공간인 것은 아니다.

7장 생명과 수

모든 것은 그렇게 되었기 때문에 그런 것이다.

- 다아시 웬트워스 톰슨

♣

수학은 생명체 안에 스며들어 있다. 우리 심장의 전기 활동에서 조개껍데기의 모양과 새의 비행에 이르기까지. 수학은 생명 현상 곳곳에 있다. 분자 수준(생체 분자의 형태와 구조) 에서 찌르레기 떼와 같은 동물 집단의 행동을 좌우하는 힘, 혹은 종족 전체에 영향을 끼치는 멸종과 번성의 물결에 이르기까지.

기이하게도, 생물학에서 찾아볼 수 있는 수학 중에서 가장 복잡하고 의외인 것은 종종 가장 단순한 생명체, 아주 작고 기초적이어서 생물과 무생물의 경계에 있는 유기체와 관련이 있다. 바이러스의 모양은 고차원 기하학으로 이해하는 게 가장 좋다. 유클리드의 고전 기하학이 2차원(평면) 또는 3차원(평범한 공간)으로 나타나는 반면, 바이러스 표면에 있는 유전 물질의 격자 모양 배열은 우리를 훨씬 더 낯선 것으로 이끈다. 바로 6차원 기하학이다. 바이러스가 실제로 6차원이라는 뜻이 아니다. 단지 6차원의 수학이 3차원에서 바이러스의 모양을 이해하는 좋은 방법이라는 것이다. 복잡하게 얽힌 바이러스의 3차원 형태는 좀 더 단순한 6차원 물체의 그림자 혹은 단면과 같다는 사실이 드러났다.

생명의 수학적 패턴

생명의 수학적 패턴은 어떤 특정한 유기체 하나 혹은 유기체 집단에서만 보일 수도 있고, 광범위하고 포괄적으로 나타날 수도 있다. 1930년대에 스위스 농생물학자 막스 클라이버Max Kleiber는 생물의 기초대사율BMR*이 몸무게와 어떻게 관련되어 있는지에 관한 놀라운 사실을 밝혔다. 과거의 다양한 연구에서 나온 데이터를 분석하기 전 클라이버는 BMR이 몸무게의 3분의 2제곱에 비례한다고 추측했다. 다른 과학자와 마찬가지로 동물의 대사율이 여분의 열을 방출할 필요성에 비례하며, 따라서 이른바 제곱-세제곱의 법칙을 따른다고 생각했던 것이다. 이 법칙에 따르면, 몸의 크기가 선형으로 늘어나면 표면적은 그 제곱에 비례하고, 부피는 세제곱에 비례해 커진다. 그러나 클라이버가 알아낸 사실은 흥미로울 정도로 달랐다. 동물의 BMR은 몸무게의 3분의 2제곱이 아니라 4분의 3제곱에 비례했다. 이 '클라이버의 법칙'은 심박수와 수명에도 적용할 수 있다. 일반적으로, 유기체가 클수록 심장

---

* 쉬고 있을 때 사용하는 에너지의 양

은 평균적으로 더 느리게 뛰고 수명은 더 길다. 몸무게의 4분의 3제곱에 비례해 심박수는 줄어들고 수명은 늘어난다. 여러 가지 면에서 그렇듯이 인간은 예외다. 우리는 몸무게가 아프리카코끼리의 50분의 1밖에 안 되지만, 수명은 좀 더 길다. 하지만 넓게 보면 클라이버의 법칙은 몸무게가 1조 분의 1g(10^{-12}g)밖에 안 되는 세균에서 10^{23}배나 차이가 나는 100톤(10^{11}g)인 대왕고래에 이르기까지 다양한 동물군의 경우에 참이다. 놀랍게도, 이는 식물에게도 적용된다.

4분의 3제곱 법칙은 오랜 세월에 걸쳐 수많은 연구로 확인이 되었다. 그러나 1997년이 되어서야 물리학자와 생물학자로 이루어진 한 연구진이 믿을 만한 설명을 들고나왔다. 이들의 이론은 계속해서 작은 규모로 가도 비슷한 패턴이 반복해서 나타내는 구조인 프랙털과 관련이 있다. 더 큰 유기체일수록 조직에 공급하는 데 큰 문제가 있다는 사실을 고려하는 것이다. 산소와 여러 물질을 몸 안의 모든 세포에 전달하기 위해 우리는 정교한 분배 네트워크에 의존한다. 예를 들어, 우리는 복잡한 순환계와 폐 안에서 이리저리 엉킨 연결망이 필요하다. 작은 유기체는 이와 같은 어려움을 겪지 않는다. 단세포 생물과 단순한 다세포 생물은 부피 대 표면적의 비가 아주 커서 필요한 산소를 전부 외피를 통해 직접 몸 안으로 받아들일 수 있다. 이와 달리 우리는 수많은 갈래와 위계가 있어 당황스러울 정도로 복잡한 통로 시스템으로 생명의 필수물질을 보내야만 한다. 그건 다른 대형 동물과 식물(흙에서 흡수한 물과 영양분을 나르는 내부 통로가 있다)도 마찬가지다. 이런 프랙털과 비슷한 구조는 표면적을 최대화하는 데 매우 효과적이어서 총면적이 점유하는 공간은 마치 여분의 차원이 있을 때만큼이나 된다. 그 수학적인 결과가 대사에 끼치는 영향을 나타내는 제곱 법칙에서 보이는 여분의 차원성(3분의 2가 아닌 4분의 3)이다.

효율성을 위한 무리수

생명체에게는 효율성이 무엇보다 중요하다. 야생에서 다음 세대에 유전자를 전달할 수 있을 정도로 오래 살 수 있으려면 에너지를 낭비하거나 가용한 자원을 이용하려는 경쟁자보다 덜 효율적이어서는 안 된다. 생명체가 중요한 것이라면 무엇이든 최대한 활용하는 데 대가라는 사실은 놀랍지 않다. 식물은 잎을 이용해 최대한 많은 빛 에너지를 받아들여야 한다. 잎이 가운데 줄기 주위에 나 있을 경우 앞에 있는 잎이 뒤의 잎에 그림자를 드리운다면 별로 효과가 없다. 그래서 줄기에 나는 각각의 잎은 앞에 있는 잎과 다른 각도로 나야 한다. 360도의 유리분수(1/3, 1/4, 2/5 등)만큼 회전하면서 잎이 나오는 주기적인 배열은 나쁘다. 아래쪽의 잎은 위쪽 어딘가에 있는 잎에 완전히 가려지기 때문이다. 잎이 겹치지 않게 하는 유일한 방법은 다음번 잎이 앞선 잎으로부터 한 바퀴에 대해 소위 잎차례 비율이라고 하는 무리수 비율이 되는 각도만큼 돌아서 나오는 것이다. 무리수는 정수를 다른 정수로 나누는 형식으로 나타낼 수 없는 수를 말한다.

알로에에서 볼 수 있는 잎차례 비율.

만약 빛을 효율적으로 받아들이는 데 무리수인 잎차례 비율이 더 낫다면 가장 무리수irrational인 게 최고라고 예상할 수 있다. 당연하게도, 자연 속에서 그 모습을 찾아볼 수 있다. 무리수는 자연수의 수열로 근사할 수 있다. 예를 들어, 3, 22/7, 333/106, …이라는 수열은 꾸준히 파이(π)에 점점 가까워진다. 만약 n번째 자릿수까지 파이를 근사하고 싶다면, 이 수열의 그 부분까지 정확하게 나타내줄 분수가 있다. 수열에 따라 수렴하는 속도가 다르다. 만약 파이의 50번째 자릿값을 알고 싶을 때 수열 3, 3.1, 3.14, 3.141, …로는 51번째 항까지 가야 원하는 만큼 정확하게 알 수 있다. 그러나 수열 3, 22/7,

333/106, …는 그보다 훨씬 더 빨리 도달한다. 임의의 무리수에 대해 그 무리수를 근사하는 가장 최적의 유리수 수열이 수렴하는 속도를 측정하는 건 가능하다.

무한히 많은 모든 무리수 가운데 가장 천천히 수렴하는 최적의 수열은 황금비율인 파이(ϕ)다. 황금비율은 1.61803…이며, 식물 세계에서 가장 흔히 볼 수 있는 잎차례 비율은 1-1/ϕ=0.382이다. 좀 더 직접적으로 비교하자면, 그런 식물이 있을 때 새로운 잎은 앞선 잎에서 1.618…바퀴 - 즉, 한 바퀴를 완전히 돌고 0.618…바퀴를 더(360도 더하기 222.5도) - 회전해서 나온다고 할 수 있다. 좀 더 단순하게, 반대 방향으로 0.382바퀴, 혹은 137.5도를 돈다고 생각해도 된다.

황금비율은 이탈리아 수학자 피보나치(피사의 레오나르도)가 1202년 저서 『계산에 관한 책』에서 서양에 소개한 수열과 긴밀한 관련이 있다. 피보나치 수열은 1, 1, 2, 3, 5, 8, 13, 21, …로, 각 항은 앞선 두 항의 합이다. 연이어 있는 두 피보나치 수의 비율은 꾸준히 황금비율에 가까워진다. 1/1=1, 2/1=2, 3/2=1.5, 5/3=1.66…, 8/5=1.6, 13/8=1.625, 21/13=1.615…

이 수열이 어떻게 커지는지를 설명하기 위해 피보나치는 점점 수가 늘어나는 토끼를 예로 들었다. 그렇게 하는 과정에서 그는 사실상 생명과학에 수학을 적용한 이론생물학이라고 하는 분야를 만들었다. 『계산에 관한 책』에서 피보나치는 이상적인 환경에서 한 쌍으로 시작한 토끼가 몇 쌍으로 불어날지 질문을 던졌다. 피보나치의 가정은 이렇다. 죽거나 포식자에게 잡아먹히는 토끼는 없다. 모든 암컷은 태어난 지 두 달

째부터 매달 새끼를 낳으며, 항상 수컷 한 마리와 암컷 한 마리를 낳는다. 매달 말의 토끼 쌍의 수는 피보나치 수열의 수와 같다.

자연에서 볼 수 있는 나선

피보나치 수는 흔히 꽃의 씨앗 배열에서 잘 보인다. 해바라기를 자세히 들여다보면 여러분은 씨앗이 중심에서 시작해 서로 반대 방향으로 휘어지는 두 개의 나선을 따라 놓여 있는 모습을 볼 수 있다. 각각의 씨앗은 가장 가까운 이웃으로부터 잎에서 가장 흔히 볼 수 있는 바로 그 각도(137.5도) 만큼 돌아가 있다. 이런 방식으로 배열하면, 각 나선의 씨앗

해바라기 꽃의 씨 모습.

수는 피보나치 수열 1, 2, 3, 5, 8, 13, 21, 34, 55, 89…을 따른다. 잎의 경우에 황금각인 137.5도가 받아들일 수 있는 빛의 양을 최대화하는 반면 씨앗의 경우에는 최적으로 밀집되어 있을 수 있게 해준다. 황금각에 10분의 1도처럼 별것 아니어 보이는 수준의 조금의 변동만 생겨도 씨앗의 조밀한 배열이 금세 망가진다.

식물은 자라면서 잎이나 씨앗을 놓을 위치를 계산할 필요가 없다. 마찬가지로, 달팽이나 앵무조개 같은 연체동물도 껍데기를 키울 때 어떻게 다음 층을 놓는 게 최선인지 머릿속으로 궁리하지 않는다. 생물, 그리고 마찬가지로 무생물(파도나 사구 같은)은 본래 수학적이다. 그건 수학과 수학에 기반한 과학의 모든 면이 우주와 함께하고 있기 때문이다. 스스로 수학을 '잘한다'고 생각하든 아니든 우리 모두는 본래 수학적인 존재다.

여러 식물에서 잎과 씨앗의 배열을 좌우하는 피보나치 나선은 한 번 완전히 돌 때마다 황금비율만큼 넓어지는 황금 나선과 비슷하다. 앞서 살펴보았듯이 황금 나선은 생존에 유리한 특성이 있기 때문에 수백만 년 동안의 진화 과정에서 선택을 받았다. 생명체의 구조로 명백하게 드러난 수학적, 물리적 사실이다. 그리고 황금 나선은 로그 나선이라 불리는 나선의 한 특정한 형태다.

로그 나선은 두 가지 중요한 특징이 있기 때문에 자연 세계에서 흔히 보인다. 바로 자기유사성과 등각성이다. 자기유사성은 어느 규모로 보아도 비슷하게 보인다는 뜻이다. 등각성

로그 나선으로 나뉘어져 있는 앵무조개 껍데기의 내부 공간.

은 로그 나선에서 곡선의 접선이 반지름이 같은 원의 접선과 이루는 각인 피치 각이 일정하다는 사실을 일컫는다. 황금 나선의 경우 피치 각은 약 17.03도다. 로그 나선의 종류에 따라 피치 각은 다를 수 있지만, 어느 한 나선에 관해서는 항상 일정하다. 일정한 가속도로 움직이면서 일정한 속도로 회전하거나 꼬이는 과정은 로그 나선을 만들어낸다. 가장 명확하고 정교한 사례는 앵무조개 껍데기를 반으로 잘랐을 때 드러나는 내부 구조다. 앵무조개는 자라면서 단 하나의 변하지 않는 청사진(태어나는 순간부터 유전자에 새겨진 수학적 계획)에 의거해 칸을 만들며 다음 칸으로 위치를 옮긴다.

예를 들어, 카멜레온이 꼬리를 마는 방식처럼 로그 나선은 유기체의 모양에만 있는 게 아니다. 몇몇 동물이 행동하는 방식에서도 찾아볼 수 있다. 매의 비행 패턴에도 있는데, 아마도 등각성이라는 특성 때문일 가능성이 가장 크다. 아주 멀리서(최대 1,500m 밖) 작은 먹이를 향해 고속으로 달려드는 매에게는 딜레마가 하나 있다. 머리를 한쪽으로 40도 돌린 채 똑바로 날아가면 먹이의 상이 망막의 가장 민감한 부분(중심와 깊은 곳)에 떨어지면서 시각적으로 가장 예리해질 수 있다. 하지만 머리를 그렇게 놓으면 저항을 많이 받아 속도가 느려지고, 목표로 삼은 희생자가 도망갈 시간을 주게 된다. 매는 로그 나선을 따라 접근함으로써 머리를 똑바로 둔 채 먹이를 예리하게 노려보며 최고 속도로 다가갈 수 있다.

수학의 적용, 질병 예방과 인구 제한에서 형태학까지

피보나치 이후 18세기까지는 생물학에 수학을 적용하는 데 있어 새로운 발전이 거의 없었다. 1760년 스위스의 수학자이자 물리학자인 다니엘 베르누이Daniel Bernoulli는 파리 과학아카데미에 논문 한 편을 제출했다. 당시 예방접종은 아직 비교적 새롭고 논란의 중심에 있던 질병 예방 방법이었다. 베르누이의 논문은 천연두 예방접종으로 사망 사례가 조금 더 나오겠지만 장기적으로 보면 당장의 위험보다 이익이 훨씬 더 크다는 주장을 담고 있었다. 30여 년 뒤 영국의 학자이자 성직자였던 토머스 맬서스Thomas Malthus는 인구 증가에 관한 유명한 책을 썼다. 『인구론』은 출생률에 제한을 두지 않으면 인구가 사반세기마다 두 배로 늘어나고 식량 생산이 그에 따르지 못하면서 광범위한 기근과 기아가 일어나게 된다는 냉혹한 미래를 예측했다.

독일의 식물학자 겸 철학자 요하네스 라잉케Johannes Reinke는 20세기 초에 처음으로 '이론생물학'이라는 용어를 사용했다. 그건 스코틀랜드의 생물학자 겸 수학자 다아시 톰슨이 1917년 자신의 책 『성장과 형태에 관하여』에서 깊이 있게 다룬 주제였다. 톰슨은 32년 동안 던디(두 사람이 살았던 도시)의 유니버시티칼리지에서 자연사 교수로 일한 뒤 인근의 세인트앤드루스로 옮겨 비슷한 시간을 보냈다. 톰슨의 가장 유명한 업적은 생명체의 구조와 패턴이 나타내는 형태 발생에 관한 연구다. 생물학적 형태의 수학적 기반과 자연의 수학적 아름다움에 관한 글은 훗날 진화생물학자 줄리언 헉슬리Julian Huxley와 인류학자 클로드 레비스트로스Claude Lévi-Strauss, 건축가 르 코르뷔지에Le Corbusier, 수학자 앨런 튜링을 비롯한 중요한 사상가들에게 영향을 끼쳤다.

1952년 튜링은 「형태 발생의 화학적 기초」라는 논문을 썼다. 이건 튜링이 발표한 연구 중에서 유일하게 생물학을 다루고 있다. 논문에서 튜링은 이렇게 물었다. 똑같이 생긴 조그만 세포(가장 원시적인 상태의 배아) 하나가 어떻게 거미나 해마, 혹은 인간처럼 뚜렷하게 형태가 다르고 점점 더 복잡해지는 구조로 발달할 수 있을까? 초기의 완벽한 대칭이 어떻게 아무렇게나 움직이며 서로 반응하는 분자의 활동만으로 깨질 수 있을까? 튜링은 극초기 배아의 구성 물질 중에 어떤 분자가 있다는 이론을 세우고, 그것을 모르포겐

morphogen('형태 발생자')이라고 불렀다. 모르포겐이 독특한 구조와 조직의 출현을 비롯해 적절한 비대칭을 유발한다는 주장이었다. 불과 1년 뒤에 프랜시스 크릭Francis Crick과 제임스 왓슨James Watson이 DNA의 이중나선 구조를 발견한 사실에 묻히지만 않았다면 튜링의 논문은 생전에 더 많은 관심을 끌었을지도 모른다. 그리하여 생물학자들이 초기의 똑같은 상태에서 자연의 여러 패턴이 나타나는 원리에 대한 튜링의 아이디어를 좀 더 면밀히 살펴보기 시작하기까지는 수십 년이 걸렸다.

튜링의 모형은 본질적으로 아주 간단하다. 작용하는 건 활성제와 억제제, 단 두 가지 요인이다. 이들은 물 속에 떨어진 잉크 한 방울처럼 원시 배아 속으로 퍼진다. 활성제는 모종의 과정, 가령 줄무늬 형성을 시작하며 동시에 자기 자신도 더 증식한다. 가만히 두면 활성제는 폭주하여 새로 생겨나는 유기체를 거대한 줄무늬 하나로 뒤덮는다. 그러나 이름에서 알 수 있듯이 억제제가 더 빠른 속도로 퍼지며 앞길을 가로막아 활성제의 활동에 제동을 건다. 사실상 창조자와 파괴자라고 할 수 있는 이 두 화학물질이 나란히 작용하며 부분적으로만 활성화가 일어나고 여러 개의 줄무늬, 어떤 경우에는 점이나 다른 패턴이 나타난다는 것이다.

최근 플로리다대학교 연구진은 상어 피부의 방패비늘(이빨 같은 작은 돌기)이 튜링의 형태 발생 메커니즘에 따라 놓여 있다는 사실을 알아냈다. 실제로 상어 피부의 방패비늘은 새의 깃털 형성 패턴을 좌우하는 것과 똑같은 유전자와 방법으로 생긴다. 이 새로운 연구는 튜링의 패턴 형성 과정이 척추동물의 진화 초기부터 다양한 척추동물의 배아가 발달할 때 생기는 여러 특징을 좌우해왔을지도 모른다는 사실을 암시한다.

군대개미 군집에서 발견할 수 있는 수학

뇌의 상당 부분, 혹은 아예 뇌가 없어도 수학을 할 수 있다는 건 분명하다. 진화와 생존을 위한 싸움은 에너지를 게걸스럽게 먹어 치우는 거대한 뉴런 뭉치가 시시각각 수를 가지고 씨름할 필요 없도록 필요한 분별력을 제공한다. 군대개미는 뇌가 미미하고 사실상 장님이지만, 뛰어난 건축가다. 영구적인 집이 없이 수십만 마리가 100m에 이르는 긴 대열을 이루어 정글을 행군하며 습격이라고 부르는 약탈 원정을 떠난다. 군대개미에게는 장애물을 만났을 때 어떻게 해야 할지 알려주는 지도자나 수석 건축가가 없다. 그래도 종종 벌어진 틈을 만나면 어떻게든 양쪽을 잇거나 돌아가는 방법을 찾는다.

여러분이 약탈군 동료들의 대열 맨 앞에 있는 개미인데 벌어진 틈을 만났다고 생각해 보자. 본능적으로 일단 걸음을 멈출 것이다. 하지만 그렇게 하자마자 동료 개미들이 여러분을 밟고 넘어가기 시작할 것이다(이제 여러분은 길의 일부가 되었으니까). 인간 사회와 달리 여러분은 발에 밟혔다고 해서 기분이 나쁘거나 당황하지 않는다. 유전자에 새겨진 프로그램에 따라 그 자리에 꼼짝 않고 서 있게 된다. 여러분을 밟고 지나간 첫 번째 개미도 틈을 만나면 똑같이 행동한다. 다만 여러분의 몸 길이만큼 간격은 조금 좁아진 상태다. 이렇게 개미 한 마리 한 마리가 똑같은 과정을 거치면 살아있는 다리가 생겨서 나머지 개미들이 틈을 건너 반대쪽으로 행군할 수 있다.

하지만 이 문제가 간단하지만은 않다. 가령 여러분의 약탈군이 가장 넓은 위치에서 V자 모양의 틈과 마주쳤다고 하자. 이것은 밀물과 썰물이 있는 강 어귀를 건너는 도로를 짓는 최선의 방법을 찾는 인간의 문제와도 같다. 가장 적게 돌아가면서 양쪽을 잇는 길은 강 하구에 있다. 여러분은 이동 경로를 최소화하기 위해 그곳에 아주 긴 다리를 짓는 쪽을 선택할 수 있다. 하지만 그건 비용이 매우 많이 드는 공사가 될 것이다. 대안으로, 상류 쪽에 짧은 다리를 지어서 비용은 낮아지지만 한참 멀리 돌아가야 하는 방법을 선택할 수도 있다. 개미의 경우 문제는 거기서 그치지 않는다. 개미는 한 번 행군할 때 대열의 모두가 움직일 수 있도록 수십 개의 틈을 메워야 할 수도 있다. 하지만 그렇게 임시 다리가 되는 개미는 약탈에 참여할 수 없다. 그래서 개미가 많이 필요하지만 거리를 최소화할 수 있는 다리 만들기와 자유롭게 움직이며 먹이를 찾아서 나르는 개미를 충분히 남기는 것을 놓고 어느 정도 타협을 해야 한다. 과학자들은 군대개미가 사실상 알고리즘을 이용해 그에 필요한 비용효율 분석을 수행한다는 사실을 알아냈다.

행군하는 개미의 상당 부분(약 5분의 1)이 다리를 만드는 데 묶여 있게 되면 개미들은 행동을 바꾼다. 더 이상 가능한 가장 긴 다리를 만들지(즉, 최단경로를 택하지) 않는다. 기존의 다리를 일부 허물기도 한다. 물론 일시적으로 다리의 일부가 되어 있는 개미 한 마리는 대열의 나머지 부분에서 무슨 일이 벌어지고 있는지 알 수 없다. 하지만 알 필요가 없다. 과학자들은 개미가 자신의 등 위로 지나가는 다른 개미의 수에 민감하다는 사실을 알아냈다. 교통량이 많으면 개미는 그 자리에 가만히 있는다. 하지만 머리 위로 지나가는 개미의 수가 줄어들다가, 아마도 다른 개미들도 다리의 일부가 되는 바람에, 특정 수치 아래로 내려가면 개미는 그 자리를 벗어나 대열에 재합류한다.

생물학 연구에 이끌린 수학자들

수백만 년에 걸쳐 자연선택은 군대개미에게 언뜻 보기에 복잡한 자원 배분 문제로 보이는 문제를 즉석에서 풀 수 있는 능력을 제공했다. 다른 여러 동물 행동의 비밀을 밝히는 과정에서 생물학자는 종종 수학을 발견한다. 그리고 수학자도 나날이 생물학 연구에 끌리고 있다.

십대 시절 코리나 타니타Corina Tarnita는 (아그니조처럼) 수학 경시대회에서 연이어 좋은 성적을 거두었다. 1999~2001년에는 3년 연속으로 루마니아 전국 수학올림피아드에서 1등을 차지했고, 하버드대학교에서 입학 제안도 받았다. 학사 학위를 받은 타니타는 하버드대학교 대학원에 진학해 순수 수학을 공부했다. 하지만 그때 무슨 일이 생겼다. 수학에 대한 흥미가 줄어들고 있었다. 이제는 예전처럼 추상적인 수학 문제가 재미있게 느껴지지 않았고, 타니타는 좀 더 현실 세계와 관련이 있는 일을 고려하기 시작했다. 이 시기에 대학교 도서관에서 발견한 수리생물학자 마틴 노와크Martin Nowak의 책 『진화동역학: 생명의 방정식 탐구』가 타니타의 마음을 사로잡았다. 운이 좋게도, 노와크는 하버드대학교의 교수였다. 타니타는 노와크에게 이메일을 보냈고, 두 사람은 만날 날짜를 잡았다. 얼마 뒤 타니타는 박사학위 지도교수를 노와크로 바꾸었다. 두 사람은 저명한 생물학자 에드워드 O. 윌슨Edward O. Wilson과 공동으로 개미와 흰개미처럼 협동하는 곤충의 진화에 관한 연구를 시작했고, 이 연구는 2010년 학술지 「네이처」에 실린 논문으로 빛을 발했다. 그 뒤로 타니타는 생명체가 각 개체에서 집단에 이르기까지, 다양한 규모에서 스스로 패턴을 만들어내는 과정을 계속 연구하고 있다.

생명의 앙상블을 연구하는 또 다른 융합과학자인 제시카 플랙Jessica Flack은 뉴멕시코에 위치한 산타페 연구소에서 집단계산연구단을 공동으로 운영한다. 타니타가 시간과 공간 속에서 동물의 집단적인 행동을 연구하는 반면, 플랙은 동물의 사회적인 면을 본다. 플랙의 초기 연구 중 하나는 마카크 원숭이 집단에 관한 것이었는데, 이 집단의 안정성은 보잘것없는 원숭이들 사이에 싸움이 일어날 때 뜯어말리는 몇 마리의 사납게 생긴 수컷에 의해 유지되었다. 이런 마카크 원숭이 '경찰'의 개입은 개별적인 차원에서 일어났지만, 마치 새 떼의 집단적인 움직임처럼 전체 무리에 물결 효과를 일으켰다. 플랙은 마카크 원숭이 사회에 관해 이렇게 이야기했다. "이들의 거리 공간은 사회적 좌표 공간이다. 그건 유클리드 공간이 아니다." 오늘날 플랙이 이끄는 산타페의 연구단은 점균류나 뉴런, 심지어는 인터넷처럼 다양한 집단적 존재를 연구하며 그 모든 것을 조율하는 일반 규칙을 이해하려고 노력하고 있다.

발달생물학자 앤 램스델Ann Ramsdell은 좀 더 개인적인 이유로 생명과학에 수학을 적용하고 있다. 2009년 램스델은 유방암 3기 진단을 받았다. 암이 가까운 림프절까지 퍼졌지만, 아직 전이는 되지 않은 상태였을 때다. 암을 이겨낼 가능성에 관해 알아보려고 논문을 찾던 램스델은 놀라운 사실을 발견했다. 오른쪽 유방에 암이 있는 여성과 왼쪽 유방에 암이 있는 여성의 회복 확률이 달랐던 것이다. 게다가 애초에 유방 조직이 비대칭적인 여성이 암에 걸릴 가능성이 더 컸다.

몇 년 전 박사학위 논문 심사를 받던 램스델은 심장 고리화를 보여주는 닭의 배아 슬라이드를 하나 빌려서 사용했다. 처음에는 일직선이던 심장 관이 성체의 심장을 떠올리게 하는 좀 더 복잡한 구조를 형성하기 시작하는 단계다. 그런데 램스델이 슬라이드를 거꾸로 집어넣었고, 나중에 동료가 그 사실을 지적하는 일이 있었다. 램스델은 발달 중인 닭의 심장이 우리 심장처럼 오른쪽과 왼쪽을 '구분'할 수 있으리라는 생각은 한 번도 해본 적이 없었다. 그때부터 이 주제는 램스델의 주요 관심사가 되었고, 램스델은 박사후 연구 주제로 심장 고리가 한쏙을 선호하는 이유를 선택했다.

다행히 램스델은 암에서 완전히 회복했지만, 그 경험으로 인해 심장에서 포유류 유선의 비대칭성으로 관심을 돌렸다. 램스델의 연구는 유방에 있는 여러 종류의 세포와 그 안에서 활성화되는 유전자와 단백질에 초점을 맞추기 시작했다. 왼쪽 유방은 오른쪽보다 암에 걸릴 확률이 5~10% 높았는데, 미분화 세포도 더 많았다. 이런 세포는 더 빨리 분열하기 때문에 손상된 조직을 수리하는 능력이 더 뛰어나지만, 종양의 발생과 관련이 있을 가능성 역시 더 크다. 미분화 세포가 왼쪽 유방을 선호하는 이유를 이해하기 위해 램스델과 동료들은 그 세포들이 처음 나타내는 배아 환경의 비대칭성을 살펴보고 있다.

수학은 생존에 유리한 능력

과학자들은 생명체의 온갖 측면에 작용하고 있는 수학을 찾아내고 있고, 점점 더 많은 생물학적 문제에 수학을 적용하고 있다. 하지만 다양한 포유류와 조류, 심지어는 일부 곤충에게도 나름대로 수리 능력이 있다는 사실 역시 알아내고 있다. 기초적인 산수 능력은 동물이 몸을 지키는 데 먹이를 모으거나 사냥하는 데, 혹은 번식하는 데 도움이 될 수 있다. 예를 들어 세렝게티의 사자는 경쟁하는 사자 무리의 규모를 파악하는 데 능하다. 다른 무리가 으르렁거리는 소리를 듣고 자신들이 숫적으로 우위인지 아닌지를 파악하고 유리하다는 생각이 들 때만 공격이나 방어에 나선다. 침팬지를 비롯한 여러 원숭이 역시 소리를 바탕으로 상대의 힘을 가늠하는 능력이 있고, 하이에나는 그 일에 능숙하다.

많은 동물은 여러 먹이 중에서 어떤 것이 좀 더 먹을 것이 풍성한지 힐긋 보고도 알 수 있다. 이게 생존에 유리한 능력이라는 건 분명하다. 따라서 상대적인 양을 정확하게 평가할 수 있는 능력을 키우는 쪽으로 진화 압력이 있다. 하지만 어느 한 쪽이 다른 쪽보다 더 많다는 사실을 알아채는 것과 수를 세는 건 똑같지 않다. 진정으로 수를 셀 수 있다는 건 직관적으로 서수 개념을 이해한다는 뜻이다. 즉, 하나 다음에 둘이 나오고, 둘 다음에 셋이 나오는 식으로 순서가 있음을 안다는 소리다. 개구리에게는 이런 재주가 있다. 암컷 개구리는 우는 소리의 박절 수를 가지고 같은 종의 수컷 개구리를 구분한다. 과학자들은 우는 소리의 길이가 음표 10개 분량에 이르러도 개구리가 그렇게 할 수 있다는 사실을 알아냈다.

개구리가 짝을 찾기 위해 수를 센다면, 꿀벌은 방향을 찾기 위해 그렇게 한다. 일벌은 먹이를 찾아 집을 떠난다. 먹이를 찾는 데 성공하면, 일부를 모아서 집으로 돌아온다. 과학자들은 지표 몇 개를 놓고 특정 개수만큼 지표를 지나서 올 때 보상으로 음식을 주면서 훈련시킨 결과 꿀벌이 지표의 수를 셀 수 있다는 사실을 알아냈다. 게다가 꿀벌은 물체가 바뀌어도 표지를 셀 수 있다. 즉, 꿀벌도 우리처럼 대상과 무관하게 수를 셀 수 있다.

까마귀과 조류는 이런 수리 능력이 훨씬 더 뛰어나다. 물체가 몇 개 있는 화면을 본 까마귀는 똑같은 양의 다른 물체가 있는 화면을 찾아낼 수 있다. 뉴질랜드 울새는 실험 도중 약속한 수만큼 밀웜을 얻지 못하면 눈에 띄게 화를 낸다. 한편 유명한 아프리카 회색앵무인 알렉스는 셋으로 나뉘어 있는 물체와 수를 합이 최대 8이 될 때까지 더할 수 있었다. 이것은 침팬지와 다섯 살짜리 아이의 평균 수학 능력과 맞먹는다. 그러나 인간이 아닌 종 중에서 가장 뛰어난 수학자는 아마 돌고래일 것이다. 먹이를 혼란에 빠뜨려 잡기 위해 반향정위용 음파와 거품 고리를 이용하는 돌고래는 다른 동물, 심지어는 웬만한 인간의 능력으로도 할 수 없는 복잡한 비선형 수학을 이용하는 것으로 보인다.

8장

기묘한 통계

사실은 고집스럽다. 하지만 통계는 나긋나긋하다.

- 마크 트웨인

♣

여러분은 상어의 공격을 받아 죽기보다는 떨어지는 코코넛에 맞아 죽을 가능성이 더 크다. 그리고 다른 어떤 날보다도 생일에 죽을 가능성이 더 크다. 평균적으로 사람은 7분만에 잠이 들며, 사는 동안 25년 정도를 잠으로 보낸다. 인구의 약 11%는 왼손잡이다. 지구에서 가장 전형적인 인간의 얼굴은 28세의 중국 남성 얼굴이다.

방금 말한 건 통계다. 어느 특정인에게 적용할 수 있는 말이 아니다. 예를 들어 우리 중 한 사람(데이비드)를 보자. 영국에 사는 나는 바다에서 수영을 한 적이 거의 없다. 떨어지는 코코넛에 맞거나 상어에게 물려 죽을까 봐 밤에 잠을 설치지 않는다. 나를 잠못들게 하는 건 다음날 써야 하는 글의 아이디어다. 7분 안에 잠드는 건 꿈에서나 할 수 있는 일이다. 그리고 나는 중국인도 아니고, 아쉽지만 28살도 아니다.

거짓말, 새빨간 거짓말, 그리고 통계

'통계'와 '자료', '사실'이라는 용어는 헷갈리기 쉬워서 혼용하기 십상이다. 예를 들어 물이 얼면 부피가 9% 팽창한다는 건 통계가 아니다. 그건 자연의 법칙이 보장하는 사실이다. 반면, '당신의 발은 당신의 팔뚝과 길이가 같다'라는 말은 통계에 기반을 두고 있으며, 모두에게 적용되지는 않는다. 에펠탑에 계단이 1,792개 있다는 건 사실이고, 암탉이 평균적으로 1년에 알을 228개 낳는다는 건 통계다. 통계학자는 모은 자료를 이용해 어떤 한 가지가 아니라 수많은 관측과 측정을 통해 결론을 끌어낸다. 이런 결론은 아주 유용할 수도 있고, 큰 오해를 불러일으킬 수도 있다. 그건 자료를 모으고 분석한 방법에 달려 있다.

"세 가지 종류의 거짓말이 있다. 거짓말, 새빨간 거짓말, 그리고 통계"라는 표현은 마크 트웨인이 널리 일린 말로, 트웨인은 자서전에서 그게 19세기 영국의 수상 벤자민 디즈레일리Benjamin Disraeli가 한 말이라고 썼다. 하지만 트웨인의 주장은 사실이 아니다. 디즈레일리는 이 말과 아무 관련이 없다. 사실 1880년대와 1890년대 내내 조금씩 다른 모습으로 여러 책에 실렸지만, 이 경구의 기원은 불확실하다. 물론 요지는 사실이다. 실수로든 의도적으로든 통계의 오용은 온갖 거짓 결론과 말도 안 되는 믿음으로 이어진다. 때로는 오류가 너무 자주 반복되는 나머지 아무도 확인하지 않은 상태에서 완전히 틀린 자료가 사실로 받아들여지기도 한다.

통계는 혼란이 생기기 아주 좋은 분야다. 실수나 의도 때문

해리 트루먼이 1948년 대통령 선거에서 듀이의 승리를 알리는 잘못된 헤드라인이 실린 신문을 들어보이고 있다.

에 예측이 빗나가고, 최악의 경우에는 실제 상황을 완전히 잘못 보여줄 수 있다. 자료를 입맛에 맞게 고르는 건 정치가나 자신의 의견 혹은 좋아하는 이론을 강화하려는 사람들이 쓰는 고전적인 수법이며, 선거에서는 여론조사기관이 흔히 여러 가지 오류의 조합에 희생당하곤 한다. 1948년 미국 대통령 선거에서 세 곳의 주요 여론조사기관은 뉴욕 주지사인 토머스 듀이Thomas Dewey가 재임 중인 해리 트루먼Harry Truman을 이긴다고 예측했다가 틀렸다. 여러 실수 중 하나는 여론조사를 너무 일찍 끝내 막판에 트루먼이 유권자의 열의를 북돋았던 효과를 고려하지 못했다는 것이다. 전화 조사도 듀이에게 유리했는데, 당시에는 유복한 사람들만이 전화기를 갖고 있었다. 잘 사는 사람은 듀이의 지지자일 가능성이 컸다.

표본은 통계의 생명이다. 표본은 통계학자가 가지고 작업할 원본 자료를 제공한다. 만약 한쪽으로 치우쳐 있고 전체 인구를 정확하게 대변하지 못하는 형편없는 표본을 선택하게 되면 통계 분석 결과에 하자가 생기고 잘못된 결론으로 이끌게 된다.

우리의 직관을 배신하는 통계

밀접하게 관련이 있는 분야인 확률처럼 통계도 우리의 직관을 배신할 수 있다. 여러분이 두 병원 A와 B 중 한 곳을 선택해야 하는 상황이라고 생각해 보자. 안타깝게도, 여러분은 치명적일 수 있는 병인 블로그 증후군BS에 걸려서 어디로 가야 생존 가능성이 클지를 결정해야 하는 상황이다. 지금까지 BS에 걸려서 A병원에서 치료를 받은 1,000명 중에서 550명은 살아남았다. 생존율은 55%다. B병원에도 똑같은 수가 입원했고, 고작 300명 만이 살아서 나갔다. 즉, 생존율은 30%다. 어디를 선택해야 할지는 명백해 보인다. 여러분이 A병원으로 향하려는 순간 어쩌다 통계에 관해 조금 알게 된 친구 한 명이 복잡한 사정을 지적한다. BS에는 두 가지 형태가 있다. 경증과 중증이고, 여러분은 아직 둘 중 어느 쪽인지 알지 못한다. 친구는 최근 BS학술지에 실린 각 병원의 세부적인 생존율을 보여준다.

	A병원의 생존률	B병원의 생존률
경증 BS	860명 중 534명(62%)	213명 중 163명(77%)
중증 BS	140명 중 16명(11%)	787명 중 137명(17%)

이렇게 보니, 여러분의 BS가 경증이든 중증이든 B병원에 가는 편이 낫다! 나뉘어 있는 수치를 합쳐서 볼 때는 A병원이 나아 보였기 때문에 여러분은 잘못 생각했던 것이다. 그 이유는 이렇다. B병원은 A병원보다 중증 BS 환자를 훨씬 더 많이 받았다. 이 환자들이 생존할 가능성은 B병원이 더 크지만, 여전히 경증인 환자보다는 생존률이 훨씬 낮다.

이렇게 집단을 개별적으로 생각했을 때는 명백한 어떤 경향이 자료를 합쳐 놓고 보면 사라지거나 심지어는 거꾸로 뒤집히는 효과를 '심슨의 역설'이라고 한다. 영국의 통계학자이자 공무원, 전쟁 당시 블레츨리 파크의 암호해독가였으며, 1951년이 이를 처음으로 설명한 에드워드 H. 심슨Edward H. Simpson의 이름을 딴 것이다. 이 역설은 여러 가지 다른 모습으로 등장하지만, 모두 한 가지 공통점이 있다. 개별적인 집단으로 볼 때는 분명하게 보이는 자료 사이의 관계가 합쳐 놓고 보면 사라지거나 뒤집힌 듯이 보인다는 점이다.

1973년 UC버클리의 직원들에게는 걱정거리가 생겼다. 대학원에서 남성 지원자의 44%에게 입학 허가를 냈는데, 여성 지원자에게는 35%만 허가를 낸 것이다. 성차별로 학교가 소송을 당하지 않을까 걱정스러웠던 부학장은 UC버클리의 통계학자 피터 비켈Peter Bickel에게 이 문제를 조사해 보고 어떻게 된 일인지 알아봐 달라고 부탁했다. 지원자를 모두 합쳐 놓고 보면 정말로 여성보다 남성이 더 많은 비율로 합격했다. 하지만 비켈이 이끄는 연구진이 각 과를 개별적으로 살펴보니 이야기는 완전히 달라졌다. 여성은 지원자가 어느 성별이든 입학하기 더 어려운 사회과학 같은 과에 지원하는 경향이 있었다. 이 사실을 고려하자 사실상 여성에게 유리한 쪽으로 작지만 통계적으로 유의미한 편향성이 있었다. 흥미롭게도, 비켈의 분석은 좀 더 초기 교육 단계에서지만 여성에 대한 차별을 지적하고 있긴 했다. UC버클리 대학원에서 입학하기 더 쉬운, 하지만 여성은 회피하는 경향을 보였던 과는 학부 수준의 수학을 더 많이 공부한 학생을 요구하는 곳이었다. 비켈의 연구진은 다음과 같은 결론을 내렸다.

> 종합적인 데이터에 담겨 있는 편향성은 입학위원회 일부의 어떤 차별에 의한 것이 아니다. …다만 교육 체계의 좀 더 앞 단계에서 사전에 걸러지는 현상에서 나오는 게 분명하다. 여성은 사회화와 교육의 영향으로 일반적으로 사람이 더 몰리고, 학위의 생산력이 더 떨어지고, 연구비 지원이 더 부족하고, 흔히 전공 분야 취업 전망이 더 좋지 않은 학과에 쏠리게 된다.

이는 통계학에서 자료를 다루거나 집단으로 나누는 방법에 따라 어떤 것들의 연결관계가 다르게 보일 수 있다는 사실을 알려준다. 이건 우리 모두, 특히 연구자들에게 인과관계에 관해 성급하게 결론을 내려서는 안 된다는 좋은 교훈을 남긴다.

그래프를 그려보면 알 수 있을까

당혹스러운 어록을 많이 남긴 것으로 유명한 전설적인 야구 선수 요기 베라Yogi Berra는 이렇게 말한 적이 있다. "보면 많은 것을 볼 수 있다." 통계학만큼 이 말이 진리인 분야는 없다. 1973년 영국 통계학자 프랜시스 앤스콤Francis Anscombe은 평균과 분산(자료가 평균으로부터 얼마나 퍼져 있는지를 알아내는 값)과 같은 통계적 특성이 같음에도 불구하고 그래프로 그리면 완전히 다르게 보이는 놀라운 사례를 제시했다. 앤스콤은 계산통계에 관심을 갖게 되었고, "컴퓨터가 계산과 그래프를 둘 다 맡아야 한다"라고 열렬히 강조했다.

앤스콤은 한 논문에서 앤스콤의 4중주로 불리게 된 네 가

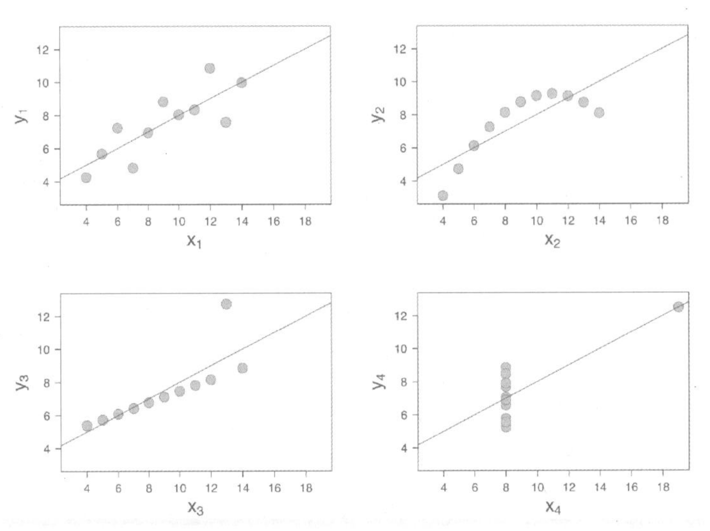

프랜시스 앤스콤이 만든 네 가지 통계 그래프. 자료가 모두 자르지만, 흔히 사용하는 통계적 특성(평균, 분산, 상관관계, 회귀선 등) 중 몇 가지는 똑같다.

지 그래프를 선보였다. 각각의 그래프에 찍혀 있는 점 11개는 평균, 분산, 상관관계를 비롯한 기본적인 개요로 볼 때는 거의 똑같았다. 이런 수치만 본 사람이라면 누구라도 평범한 x축, y축 좌표에 점을 찍으면, 점이 찍혀 있는 모습이 상당히 비슷할 것이라는 결론을 내게 마련이었다. 실제로 통계학자 사이에서는 수치만 잘 처리하면 그래프는 별 의미가 없다는 생각이 널리 퍼져 있었다. 앤스콤은 그게 얼마나 틀린 생각인지를 보여주었다. 앤스콤이 만든 네 가지 데이터는 기본적인 통계 수치가 똑같았지만, 그래프로 그리면 모습이 완전히 달랐다. 첫 번째는 가장 근사하게 그린 직선으로부터 다양한 거리만큼 떨어진 채 점이 흩어져 있었다. 두 번째는 매끄럽게 구부러지는 곡선을 그렸는데, 비선형적인 게 아주 명확하게 보였다. 세 번째와 네 번째에서도 점이 뚜렷한 패턴을 이루며 자리를 차지하지만, 각각 점 하나가 예외적으로 배신자처럼 외딴 곳에 뚝 떨어져 있다.

부정확하게 사용하면, 혹은 우리가 상황의 전체 그림을 제대로 보지 못하면 통계는 쉽게 우리를 속일 수 있다. 고의적으로 오해를 불러일으키도록 자료를 제시할 경우 상황은 훨씬 더 나빠진다. 광고와 정치 분야에서 흔히 일어나는 일이다. 새빨간 거짓말에 의존하지 않고도 자료를 왜곡해 잘못된 인상을 심어주는 방법은 많다. 흔히 쓰는 수법이 그럴듯해 보이는 그래프를 이용하는 것이다.

막대 그래프는 자료를 나타내는, 그리고 잘못 나타내는 방법으로 널리 쓰인다. 두 가지 치약이 있다고 해보자. A라는 제

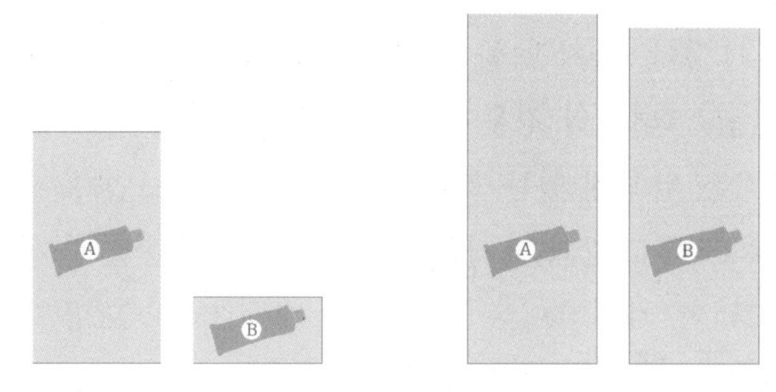

똑같은 정보를 담고 있지만 느낌이 다른 두 가지 막대 그래프. 왼쪽 그래프는 두 치약 제품의 판매량을 보여주고 있지만, 수직 눈금이 1,000만에서 시작한다. 오른쪽 그래프는 0에서 시작하며, 두 제품의 판매량 차이는 대단히 작아 보인다.

품은 지난 6개월 동안 1,070만 개 팔렸고, B 제품은 1,020만 개 팔렸다. 수치를 비교하면 딱히 둘 사이에 큰 차이가 없는 게 명백하다. 하지만 A 제품의 광고부서가 차이가 커 보이는 그래프를 그렸다.

수많은 잠재적 고객이 그럴 것처럼 짧게 훑어본다면, 특히 TV광고에서 몇 초 동안 반짝하고 나왔다가 사라진다면, A 제품이 B 제품보다 3배나 인기 있는 것으로 보인다. 하지만 자세히 들여다보면 우리는 판매량을 나타내는 수직축이 0이 아니라 1,000만에서 시작한다는 사실을 알 수 있다. 실제로는 차이가 미미하지만, 이 그래프는 A 제품이 경쟁자보다 훨씬 많이 팔린 것처럼 보여준다.

원 그래프도 비슷한 조작의 대상이 된다. 사람들은 보통 길이보다 각을 비교하는 일을 더 어려워한다. 평범한 원 그래프라고 해도 보는 사람의 머릿속에서 어느 정도 왜곡을 일으킬 수 있다. 각 조각에 실제 값이 적혀 있지 않을 때 특히 더 그렇다. 하지만 둥근 치즈처럼 원통 모양으로 보이는 3차원 원 그래프의 경우에 왜곡은 훨씬 더 커진다. 앞에 있는 조각은 뒤쪽에 있는 조각보다 훨씬 더 커 보인다. 픽토그램으로도 각 그림의 크기를 다르게 해 가장 큰 그림이 달린 카테고리가 지배적으로 보이게 할 때나 3차원 도형을 이용해 두 값을 비교할 때 비슷한 속임수를 쓸 수 있다. 후자의 경우 값을 나타내는 게 도형의 폭인지 부피인지 분명하지 않을 수도 있다. 이것 역시 사람의 인지에 큰 영향을 끼치는 요인이다.

통계를 제대로 해석하는 일이 중요한 이유

신중하지 않으면 우리는 근간에 깔린 통계를 제대로 해석하지 못하는 바람에 온갖 잘못된 결론에 도달할 수 있다. 경우에 따라서 이건 말 그대로 생과 사가 걸린 문제가 되기도 한다. 소위 '검사의 오류'가 그런 경우다. 이게 무엇인지 이해하기 위해 무장 테러리스트를 찾아낼 수 있는 보안 스캐너를 설치한 공항이 있다고 생각해 보자. 스캐너의 성공률은 99%다. 즉, 만약 테러리스트가 통과하면 99%의 확률로 찾아내며, 무고한 승객을 나쁜 사람으로 잘못 알려줄 확률은 1%에 불과하다. 이제 누군가 스캐너를 통과하자 경보가 울렸다고 하자. 그 사람이 실제 테러리스트일 확률은 얼마일까? 답이 99%라고 생각하기 쉽다. 하지만 이 결론은 무작위로 고른 한 사람이 테러리스트일 가능성이 극단적으로 낮다는 사실을 간과하고 있다. 이해를 돕기 위해 공항에 오는 사람 10만 명 중 한 명이 테러리스트라고 가정하자. 그러면 평균적으로 1,000만 명 중 100명이 테러리스트다. 그리고 평균적으로 그 100명 중 99명을 스캐너가 올바르게 잡아낸다. 스캐너를 통과하는 나머지 9,999,900명은 무고하지만, 그럼에도 스캐너는 99,999명을 테러리스트라고 잡아낸다. 이 시스템이 찾아내는 누군가가 실제 테러리스트일 확률은 0.1%에 불과하다.

최근 역사에서 검사의 오류를 보여준 사례는 샐리 클라크Sally Clark라는 한 영국 여성과 관련한 사건이다. 샐리의 두 자녀는 모두 요람사라고도 불리는 영아돌연사증후군SIDS으로 보이는 원인으로 세상을 떠났다. 이 우연한 사건은 매우 수상해 보인 나머지 1999년, 클라크는 살인 혐의로 재판을 받았다. 검사는 소아과의사 로이 메도우Roy Meadow가 제시한 통계 증거를 이용해 한 아이가 요람사할 가능성은 약 8,500분의 1이므로 두 자녀가 이 방법으로 죽을 방법은 8,500분의 1의 제곱, 즉 7,300만 분의 1이라고 주장했다. 확률이 매우 낮으므로 아이들은 엄마에게 살해당했을 가능성이 훨씬 크다는 게 검사의 결론이었다.

샐리 클라크는 살인으로 이중 종신형을 선고받았다. 하지만 오래지 않아 통계 분석의 오류가 모습을 드러내기 시작했다. 2001년 왕립 통계학회는 다음과 같은 내용이 담긴 보도자료를 배포했다.

샐리 클라크 사건은 의료 전문가인 증인이 사건의 결과에 중대한 영향을 끼칠 수 있는 심각한 통계적 오류를 범한 사례다.

다음 해에 샐퍼드대학교의 수학과 교수 레이 힐Ray Hill은 검사의 주장에 담긴 문제를 그대로 드러냈다. SIDS의 통계 자료를 제대로 조사하면 만약 한 가족의 한 아이가 요람사로 죽었다면 다른 아이가 똑같은 운명을 맞을 확률은 유전적 요인 때문에 8,500분의 1보다 훨씬 크다. 그러나 클라크 사건의 핵심은 클라크가 무고하다고 할 때 두 아이가 요람사로 죽을 확률이 아니라 두 아이가 죽었다고 할 때 클라크가 무고할 확률이다. 두 번의 요람사는 아주 드물지만, 한 엄마에 의한 두 번의 영아살해는 그보다 더 드물다. 힐의 추정으로는 4.5에서 9배 차이가 난다. 그러므로 연역적으로 생각하면, 다른 증거를 고려하기 전에 클라크는 유죄가 아니라 무죄일 가능성이 훨씬 크다. 실제로 생후 두 달 만에 죽은 두 번째 아들 해리를 부검한 결과 포도상구균에 감염되어 있었고 그게 죽음의 원인일지도 모른다는 사실이 이후에 드러났다. 내무부 소속 병리학자 앨런 윌리엄스Alan Williams가 재판 때 공개하지 않았던 증거였다.

2003년 클라크에 대한 판결이 뒤집혔다. 메도우가 제공한 유사한 잘못된 통계적 증거를 근거로 영아 살해범으로 몰려 감옥에 갇혔던 다른 두 여성도 함께였다. 이후 메도우는 의료협회에 의해 제명당했지만, 나중에 항소해서 복귀했다. 윌리엄스는 내무부 병리학자 자리에서 물러났지만, 역시 나중에

복귀했다. 사무변호사로 일하고 있었던 샐리 클라크는 당연하게도 감옥에서 정신적으로 고통스러워했고, 풀려난 뒤에도 겪은 일에 대한 트라우마에서 완전히 회복하지 못했다. 클라크는 2007년 급성 알콜중독으로 사망했다.

우리의 능력은 결점투성이

영리한 마술이나 착시와 마찬가지로 통계와 확률 문제는 상식을 인지하는 우리의 능력에 결점이 있음을 보여준다. 예를 들어 수줍고 내성적이며 질서를 좋아하는 스티브라는 사람을 예로 들어 보자. 이 사람은 도서관 사서가 될 가능성이 클까, 농부가 될 가능성이 클까? 본능적으로 '사서'를 떠올릴 것이다. 하지만 농부와 비교해 사서의 수가 얼마나 적은지를 생각하면 성격이 어떻든 스티브가 아마 책보다는 땅과 관련된 일을 하리라는 게 분명해진다. 마찬가지로, 만약 누가 여러분에게 문신이 많고 길고 검은 머리에 데스메탈을 좋아하는 젊은이가 기독교인일 가능성이 클지, 악마숭배자일 가능성이 클지 묻는다면, 대답하기 전에 다양한 종파의 기독교인이 악마숭배자보다 훨씬 더 많다는 사실을 염두에 두기 바란다. 추가 정보를 바탕으로 판단할 때 이렇게 기본 구성비율(무작위 표본 중에서 어떤 사건이 일어날 가능성)을 무시하려는 경향을 '기본 구성비율의 오류'라고 한다.

그와 비슷한 것으로 결합 오류가 있다. 1983년에 이루어진 한 연구에서 실험 대상자들은 린다라는 이름의 31세 독신 여성에 대해 여러 가지 이야기를 들었다. 철학을 전공했다거나 사회 정의에 관심이 많다거나 반핵 시위에 참여했다는 등의 이야기였다. 그리고 어느 쪽이 더 가능성이 큰지 물어보는 질문을 받았다. 1)린다는 은행원이다. 2)린다는 은행원이고, 페미니스트다. 여기서 질문을 받은 사람의 5분의 4 이상이 2번을 골랐다. 린다가 은행원이면서 페미니스트가 되려면 당연히 은행원이어야 한다는 사실을 알면서 말이다! 어떤 사람은 린다에 관해 알고 있는 다른 사실과 더 잘 들어맞는다고 생각해서 2번을 골랐을 수도 있다. 1번을 '은행원이지만 페미니스트는 아니다'라고 해석해서 고른 사람도 있을 수 있다. 1918년 비요른 보리Bjorn Borg와 존 매켄로John McEnroe의 윔블던 결승 경기가 열리기 전 사람들에게 다음 중 어느 쪽이 가능성이 커 보이는지 물었다. '보리가 첫 세트에서 질 것이다' 또는 '보리가 첫 세트에서 지지만 경기는 이길 것이다.' 은행원 린다의 경우처럼 첫 번째 의견이 두 번째의 부분집합임에도 불구하고 두 번째를 선택하는 사람이 더 많았다. 아무래도 대다수는 보리 같은 최고의 선수가 경기에서 보여줄 모습을 더 잘 나타낸다고 생각하는 내용에 근거해 선택한 것으로 보인다.

연구자의 통계가 신중해야 하는 이유

지금까지 이야기한 온갖 함정을 생각하면, 연구에 항상 통계를 사용하는 과학자는 특별히 신중해야 한다. 대규모 데이터나 수치 측정 결과를 다루는 연구에는 어떤 형태든 통계 분석을 해야만 한다. 입자물리학은 통계가 필수적인 역할을 하는 대표적인 분야로, 가속기에서 이루어지는 수많은 충돌 결과를 꼼꼼하게 살펴 새로운 현상이나 자연을 구성하는 물질의 증거를 찾는다.

실험으로 모은 자료의 중요한 척도 하나는 그리스 문자 시그마의 소문자인 σ로 나타내는 표준편차다. 표준편차는 자료가 평균을 중심으로 얼마나 넓게 퍼져 있는지를 나타내는 척도다. 표준편차가 작을수록 자료가 평균 주변에 빽빽이 몰려 있다. 입자물리학에서 쓰이는 시그마는 종 모양의 곡선을 그리는 이른바 '정규' 분포의 표준편차다. 그런 곡선에서 자료의 3분의 2는 평균에서 1 표준편차 1(1시그마) 범위 안에 들어있고, 2시그마 안에는 95%가 들어 있는 식이다. 오랫동안 찾아왔던 힉스 보손을 발견했을 때 발표 문구는 다음과 같았다. "우리는 자료에서 새로운 입자의 분명한 흔적을 관측했다. 질량 126Gev 구간이며, 신뢰도는 5시그마 수준이다." 5 표준편차의 범위는 3×10^{-7}, 즉 350만 분의 1이라는 확률에 상응한다. 이건 힉스 보손이 존재하거나 존재하지 않을 확률이라기보다는, 만약 힉스 입자가 존재하지 않는다면 수집한 자료가 적어도 관측한 사실만큼 극단적일 것이라는 걸 보여준다는 뜻이다.

과학자들은 실험자나 실험 대상에게 있을 그 어떤 편향성에 대해서도 경계해야 한다. 가령 여러분이 신약을 시험하며 인간 환자에게 실제로 효과가 있는지를 결정해야 한다고 하

자. 첫 번째 단계는 자원자를 실험군과 대조군, 두 집단으로 나누는 것이다. 실험군은 실제 약을 투여받는 반면, 대조군은 플라시보*를 받는다. 어느 누구도 자신이 어느 집단에 속해 있는지 모른다. 이상적으로 이런 실험은 이중맹검이 되어야 한다. 따라서 약을 투여하는 의사조차 자신이 진짜 약을 주는지 플라시보를 주는지 모른다. 이렇게 하는 주된 이유는 플라시보 효과 때문이다. 진짜 치료를 받고(혹은 해주고) 있다고 생각하는 것만으로도 긍정적인 효과를 일으킬 수 있다는 것이다.

일단 자료를 전부 모으면 분석해야 한다. 목표는 시험용 약이 실제로 효과가 있었는지, 그저 운으로 나올 수 있는 결과였는지를 결정하는 것이다. 약이 효과가 있을 가능성(대립가설이라고 부른다)보다 만약 약이 효과가 없고 플라시보보다 나을 게 없어서 똑같은 결과가 나올 가능성을 생각하는 게 더 쉽다. 이쪽을 귀무가설이라고 부른다. 만약 예정된 시험으로 평가했던 것처럼 귀무가설 하에서 결과가 불충분하다면, 귀무가설을 기각하고 약이 정말로 광고하는 바대로 효과가 있다고 주장한다. 이 주장이 갖는 힘은 신뢰 수준이라는 것으로 측정한 통계적 유의미성에 달려 있다. 가장 흔히 쓰이는 신뢰 수준은 95%로, 귀무가설에 따른 결과를 얻을 가능성이 고작 5%, 혹은 20분의 1이라는 뜻이다. 꽤 괜찮은 확률로 들릴지 모르겠지만, 그래도 효과가 없는 약이 20개 있다고 할 때 그

---

* 설탕으로 만든 알약처럼 효과가 없는 물질

중 하나는 효과가 있다는 연구가 나올 수 있다는 뜻이다.

중요한 연구 결과가 나오거나 논문으로 발표되면 다른 과학자가 똑같은 방법으로 실험을 재현해 그게 실은 우연이었는지 아닌지 알아보려 할 수 있다. 수많은 확인 과정과 더 규모가 크고 더 정교한 실험을 거치고 나서야 약이 일반적으로 쓰일 수 있을 정도로 안전하다고 여긴다.

통계의 오용 문제

안타깝게도, 논문을 발표해야 한다는 압박은 통계를 오용하게 만든다. 학계에서 일자리를 구하거나 승진을 하거나 새로운 계획에 필요한 연구비를 딸 때는 발표한 논문의 양(저자나 공동저자로 이름이 올라간 논문의 수)이 성과를 나타내는 지표로 쓰인다. 개인만이 아니라 전체 연구단에 대해서도 마찬가지다. 인지도와 연구비는 학술지, 특히 세계적으로 평판이 좋은 저명한 학술지에 실린 연구 결과와 나란히 간다. 이런 상황은 게재 가능성을 가능한 한 높이는 쪽으로 논문 내용을 조절해 정설에 도전하는 흥미로운 결과를 배제하게 만들 수 있기 때문에 잠재적으로 문제가 된다. 아무래도 학술지가 논문 심사를 의뢰하는 학자들은 이미 정립된 내용이나 그 주제에 관해 자신이 알고 있는 바와 잘 맞아떨어지는 연구에 호의적이기 쉽다. 그러면 아무리 대단히 흥미로운 발견을 해냈다고 해도 압박감 때문에 통상적인 내용과 한참 떨어지는 결과를 내놓기가 조심스러워진다. 더 나쁜 건 연구자가 예상한 결론에 맞추기 위해 자료를 실제로 조작하는 일이다. 예를 들어, 바람직한 결론에서 벗어나는 측정 결과를 누락할 수 있다.

또 다른 자료 조작 형태로는 서로 다른 많은 요인을 비교하는 게 있다. 신뢰 수준 95%를 가정하면, 평균적으로 20가지 결과 중 하나는 실제로는 상관관계가 전혀 없음에도 불구하고 통계적으로 유의미하다고 나온다. 만약 연구자가 통계적으로 봤을 때 진짜일 수도 있는 것처럼 보이는 이 한 가지 결과만을 보고한다면, 동시에 통계적으로 의미 없어 보이는 다른 결과를 언급하지 않는다면, 사실상 없는 중요성이 있다는 인상을 준다. 그런 속임수는 논문 게재를 쉽게 만들어줄 수는 있을지 몰라도 과학계에는 전혀 도움이 되지 않는다.

궁극적으로, 동료 심사 제도 덕분에 과학은 승리하며 앞으로 나아간다. 아무 관계가 없는 다른 과학자들이 똑같은 방법으로 똑같은 실험을 재현하면서, 시간이 지남에 따라 원래 결과가 정말로 유의미했는지를 알 수 있게 된다. 만약 이런 후속 연구로 결과가 일반적으로 귀무가설보다 나을 게 없다는 사실을 알아내면, 결국 그 결과는 유의미하지 않은 것으로 결론이 난다. 원래 연구를 수행한 연구자가 우연히 (귀무가설이 옳다고 해도 20가지 결과 중 하나는 순전히 운에 의해 유의미하게 보일 수 있다) 유의미해 보이는 결과를 얻었거나 수행 방법이나 자료 수집에서 실수를 저질렀거나 모종의 방법으로 자료를 적극적으로 조작하는 속임수를 쓴 것이다.

상관관계와 인과관계

통계의 상당 부분을 공통으로 관통하는 개념이 상관관계다. 월별 강우량과 우산 판매량이라는 두 가지 변수가 있다고 하자. 어느 하나가 올라갈 때 다른 하나도 올라간다면 이 둘은 양의 상관관계를 갖는다고 한다. 두 변수가 바뀌는 방향이 서로 정반대라면 음의 상관관계를 갖는다. 상관관계의 값은 +1에서 -1까지다. 양극단 값은 '완벽한' 혹은 최대 상관관계를 나타낸다. 어느 한 변수를 알고 있다면 상관관계에 있는 다른 변수의 값을 완벽하게 예측할 수 있다는 뜻이다.

만약 두 변수에 상관관계가 있다면, 둘 사이에 인과관계가 있다고 생각하기 쉽다. 하지만 반드시 그렇지는 않다. 예를 들어 영국의 아이스크림 판매량은 익사로 죽는 사람의 수와 강한 상관관계가 있다. 그러면 아이스크림을 먹으면 몸이 물에 더 뜨기 어렵게 변한다는 뜻일까? 아니면, 누군가 익사했다는 슬픈 소식을 들으면 아이스크림을 먹으며 마음을 위로한다는 걸까? 전혀 그렇지 않다. 날이 더워지면 아이스크림 판매량은 올라가고, 마찬가지로 수영하러 가는 사람의 수도 늘어난다. 아이스크림 판매량과 익사 사고의 수에 강한 상관관계가 있음에도 불구하고 양쪽의 원인이 되는 건 외부 기온이다.

하지만 상관관계가 직접적인 인과가 있기 때문인지 아닌지 결론을 내리는 건 쉽지 않을 때가 많다. 폭력적인 비디오 게임을 즐기는 아이들의 사례를 보자. 미국 심리학회가 2015년에 발표한 정책 성명서에는 연구 결과 "폭력적인 비디오 게임 사용과 공격적인 행동의 증가 그리고 친사회적 행동, 공감, 도덕적 이행 사이에는" 연관성이 있다는 내용이 있다. 몇몇 사례도 이런 견해를 뒷받침하는 듯하다. 2016년 뮌헨에서 총으로 9명을 죽인 18세의 젊은지는 1인칭 슈터 게임의 팬이었다고 한다. 하지만 상관관계가 인과관계를 담보하는 건 절대 아니다.

점점 더 많은 사회과학자가 폭력 장면을 보는 것과 현실에서 공격적인 행동을 저지르는 것 사이에 인과성이 있다는 데 의문을 품고 있다. 2018년 플로리다주 스톤먼 더글러스 고등학교 총격 사건의 생존자가 한 말에 동의하는 젊은이는 많을 것이다. "나는 비디오 게임을 즐기며 자랐다… 1인칭 슈터 게임이었다. 나는 내 친구 중 누구라도 목숨을 앗아가겠다고는 절대, 절대로 꿈도 꾸지 않을 것이다." 설령 관련이 있다 해도 보는 게 폭력성을 불러일으킨다기보다는 애초에 공격적인 성향이 있는 아이가 화면 속 가상의 폭력 장면도 즐기는 것일 수 있다.

심지어는, 단기간이지만, 폭력적인 비디오 게임이 사회의 폭력성을 낮추는 데 도움이 된다는 주장도 있었다. 스테츤대학교의 심리학자 크리스토퍼 퍼거슨Christopher Ferguson은 이런 생각을 옹호하는 사람 중 하나로, 이렇게 말했다. "기본적으로, 젊은 남성이 좋아하는 일을 하느라 바쁘게 만들면 길거리에서 사고를 치고 다니지 못하게 할 수 있다." 2016년에 나온 '폭력적인 비디오 게임과 폭력 범죄'라는 제목의 논문에는 이 주장을 뒷받침하는 자료가 담겨 있다. 이 논문은 매우 공격적인 내용이 담긴 인기 비디오 게임 신작이 나온 이후 몇 주 동안 사회 전체의 폭력성이 떨어졌다는 결론을 내렸다.

상관관계와 인과성에 관한 또 다른 유명한 논쟁은 흡연과 폐암의 연관성을 지적한 1950년대의 연구에서 비롯했다. 둘의 상관관계는 분명했다. 하지만 흡연이 암의 직접적인 원인이라는 이론에 대한 대립가설을 배제하는 건 쉽지 않았다. 예를 들어 원래부터 있었던 어떤 조건 때문에 나중에 폐암에 걸리게 되었을 뿐만 아니라 흡연을 좋아하게 되었을 수도 있다. 단순히 상관관계만 가지고서는 그런 가능성을 배제할 수 없었다. 게다가 사람들을 여러 집단, 가령 20년 동안 매일 한 갑씩 흡연하기로 한 집단과 담배에 손을 대지 않기로 한 집단으로 나누어 오랜 시간에 걸쳐 실험한다는 건 윤리적으로 말이 되지 않았다. 그 대신 흡연과 암 사이의 인과성은 오랫동안 다양한 수단으로 증거가 쌓여 왔다. 예를 들어, 궐련을 피우는 건 폐암과 상관관계가 있었지만, 파이프 흡연은 구순암과 상관관계가 있었다. 암 발생은 담배 연기가 가장 많이 닿는 부위에서 일어나는 것으로 보였다. 이 결과와 이와 비슷한 다른 결과는 오랜 세월에 걸쳐 흡연과 폐암 사이의 인과성을 확립할 수 있게 해주었다.

13 공포증이 있는 사람이라면, 사람들이 가장 두려워하는 수인 13과 불행이 관련되있다는 믿음을 과학이 정당화했다고 느낄지도 모르겠다. 1993년 한 연구진이 런던의 M25 도로 남쪽 구역에서 병원 치료가 필요할 정도의 부상을 일으킨 교통사고의 수에 관한 연구 결과를 영국 의학저널에 발표했다.

이 연구에서 조사한 기간은 1990년에서 1992년 사이에 13일의 금요일이 있는 다섯 달이었다. 13일에 병원 치료가 필요한 사고가 일어난 횟수를 같은 달 전 주의 금요일에 일어난 사고 횟수와 비교하니 52% 더 높았다. 적어도 이 연구는 대부분의 과학 연구보다는 대중매체의 관심을 조금 더 받았다. 하지만 저자 중 한 사람인 케임브리지 의과대학의 로버트 루벤Robert Luben이 지적했듯이 이 모든 건 장난으로 한 일이었다. "으레 재미있거나 장난스러운 글을 싣는 영국 의학저널의 크리스마스 에디션용으로 썼던 것이다." 내용 자체는 진짜였지만, 결코 진지하게 받아들여질 의도로 쓴 건 아니었다. 논문에 담긴 수치는 너무 작아서 여기서 얻을 수 있는 교훈이 있다면 그건 표본의 크기가 작을 때는 통계가 얼마나 제멋대로인지 알 수 있다는 점이다. 물론 그렇다고 해서 몇몇 방면에서 연구가 액면가대로 받아들여지는 것을 막을 수는 없었다. 이 연구는 이따금 13일의 금요일이 안심할 수 있는 날이 아니라는 증거로 계속 인용되었다.

9장 말은 쉽지

어떤 수학 문제는 간단해 보인다. 그래서 1년 정도 시도해 보고, 다시 100년 정도 시도해 보면 그게 대단히 풀기 어렵다는 사실이 드러난다.

- 앤드루 와일스

♣

생명은 어떻게 시작되었을까? 시간을 거슬러 여행할 수 있을까? 빅뱅 이전에는 무엇이 있었을까? 우리는 왜 의식이 있을까? 과학에서 던지는 몇몇 질문은 너무 거대하고 복잡해서 우리가 정답을 알아내려면 - 알아낼 수 있을 때 이야기지만 - 몇 세기가 걸릴지도 모른다. 수학도 마찬가지다. 리만 가설(소수의 분포와 관련이 있다)이나 P 대 NP 문제(해답을 빨리 검증할 수 있는 모든 문제가 빨리 풀릴 수도 있는지에 관한 문제) 같은 문제의 해답이 조만간 나오리라고 기대하는 사람은 없다. 반대로, 쉽게 풀 수 있을 것처럼 보이는 수학 문제도 있다. 분명히 이해하기도 쉽고 꽤 쉽게 풀 수 있어야만 할 것 같다. 그러나 수학계의 엄청난, 어떤 경우에는 한 세기 이상의 노력에도 불구하고 우리는 아직 빈손이다.

가장 이해하기 쉬운 미해결 문제

1937년 독일 수학자 로타르 콜라츠Lothar Collatz는 놀라운 발견을 했다. 어떤 한 정수로 시작해 짝수면 2로 나누고 홀수면 3을 곱한 뒤 1을 더한다. 이 과정을 계속 반복하다 보면 마지막에는 1이 나오면서 끝난다. 예를 들어, 20에 콜라츠의 방식을 적용해 보자. 여러분은 20, 10, 5, 16, 8, 4, 2, 1이라는 수열을 얻는다. 17로 시작하면 수열은 17, 52, 26, 13, 40, 20, 10, 5, 16, 8, 4, 2, 1이 된다. 1에 도달하기까지 필요한 단계의 수는 '총 멈춤 수'라고 부르는데, 폭넓게 차이가 날 수 있다. 예를 들어, 27로 시작하면 111단계가 걸리며, 그동안 최대 9,232까지 커졌다가 1에 도달한다. 그러나 콜라츠는 아무리 많은 단계가 필요해도 마지막은 항상 1이 된다고 추측했다.

당연히 수학자들은 예외를 찾기 위해 노력했다. 하지만 아직까지는 소득이 없는 상태다. 시간이 부족해지거나 주인의 인내심이 바닥날 때까지 계속해서 더 큰 수를 확인하는 컴퓨터 프로그램을 만드는 건 간단하다. 수학자들은 이런 무차별 대입 방식을 적용해 87×2^{60}까지는(이 글을 쓰는 시점에서) 가설을 위반하는 사례가 없다는 사실을 보였다. 아직 확인하지 않은 다음번 수가 틀을 깨뜨리며 무한으로 날아가 버리거나 끝없이 반복되는 순환에 빠져 버리는 수열을 만드는 존재일 수도 있다.

만약 이 수가 발견된다고 하더라도, 엄청나게 거대한 값에서 성립하지 않는다는 사실이 드러나는 첫 번째 추측이 되지는 않을 것이다. 1919년 헝가리 수학자 포여 죄르지Pólya

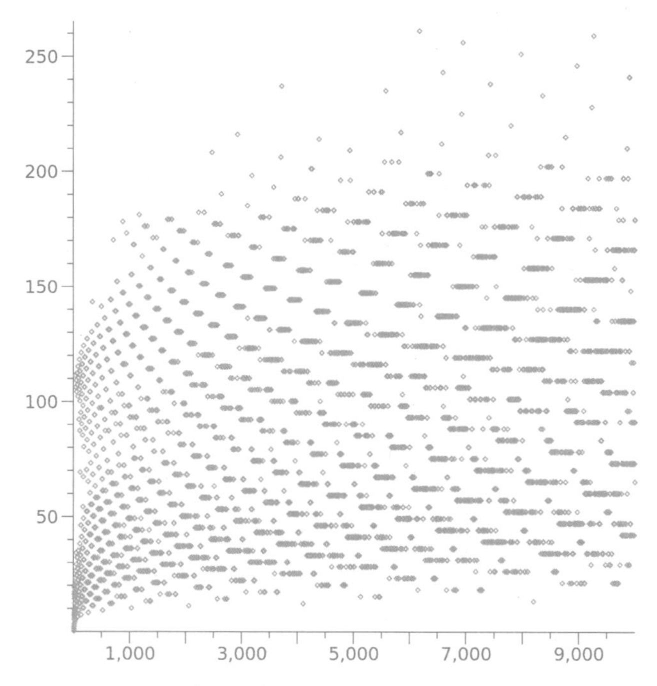

수평축은 1에서 9,999까지를, 수직축은 각 수의 콜라츠 총 멈춤 수를 나타낸다.

George는 어떤 임의의 수보다 작은 양의 정수 중 절반 이상이 소인수가 홀수개라고 주장했다. 하지만 1958년 영국 수학자 브라이언 하셀그로브Brian Haselgrove가 포여의 추측이 참이 아니라는 사실을 확실히 증명했다. 다만 그 사실을 증명하는 특정 수를 내놓지는 못했다. 첫 번째 명확한 반례인 906,180,359는 미국 수학자 셔먼 레만Sherman Lehman이 1960년에 발표했다. 20년 뒤, 가장 작은 반례로, 레만이 밝힌 수보다 아주 조금 작은 906,150,257을 일본 수학자 다나카 미노루Tanaka Minoru가 발견했다. 사실 오늘날 우리는 포여의 추측이

906,150,257과 906,488,079 사이에 있는 수 대부분에 대해 성립하지 않는다는 사실을 알고 있다.

다른 사례도 있다. 메르텐스 추측은 폴란드 수학자 프란츠 메르텐스Franz Mertens의 이름이 붙어 있지만, 처음 주장한 사람은 네덜란드의 토마스 스틸티어스Thomas Stieltjes였다. 만약 이게 참으로 드러났다면, 수학 세계가 뒤흔들렸을 것이다. 위대한 리만 가설이 참이라는 사실을 암시하기 때문이다. 그러나 처음 등장한 지 정확히 100년 만에 거짓으로 증명되고 말았다. 아직 구체적인 반례는 찾아내지 못했지만, 그 직후 10^{14}와 $10^{1.39\times10^{64}}$ 사이의 어떤 수에 대해서는 성립할 수 없다는 사실이 증명되었다. 어쨌든 포여와 메르텐스 추측으로 얻은 경험은 지금까지의 증명 시도를 견뎌냈다는 이유만으로 콜라츠 추측이 참이 분명하다고 만족해서는 안 된다고 경고하고 있다.

콜라츠의 주장이 지닌 아름다움과 신비함은 누구라도, 8, 9살 정도의 어린아이라도 이해할 수 있다. 수학 전체에서 가장 이해하기 쉬운 미해결 문제라는 말은 절대 과장이 아니다. 거의 파티에서 장난칠 때나 쓸 것처럼 생겼다. 하지만 빅토리아 시대에 알려진 뒤로 아직 미해결 상태라는 사실은 그 문제의 진정한 깊이를 보여준다. 콜라츠 추측은 정수론뿐만 아니라 결정가능성, 혼돈, 그리고 수학과 계산의 근본적인 토대와 관련이 있다. 에르되시 팔은 그에 관해 이렇게 말했다. “수학은 아직 그런 문제에 준비가 되어 있지 않다.”

소수에 관한 미해결 문제들

설명하기는 쉽지만 아직도 미해결 문제인 다른 몇 가지 수학 문제는 소수와 관련이 있다. 소수는 자기 자신과 1로만 나누어 떨어지는 수를 말한다. 3과 5, 11과 13, 41과 43 같은 쌍둥이 소수의 차는 고작 2다. 쌍둥이 소수 추측은 이런 소수의 쌍이 무한히 많다는 것이다. 이 추측은 1846년 프랑스 수학자 알퐁스 드 폴리냑Alphonse de Polignac이 처음 제시해서 때로는 폴리냑 추측이라고 불리기도 한다. 아무도 쌍둥이 소수 추측에 대해 별다른 진전을 보이지 못하다가 1919년에 노르웨이 수학자 비고 브룬Viggo Brun이 등장했다. 브룬은 점점 더 큰 소수 쌍을 포함할수록 쌍둥이 소수의 역수의 합 (1/3+1/5)+(1/5+1/7)+(1/11+1/13)+(1/17+1/19)…이 어떤 정해진 수에 가까워진다는 사실을 보였다. 브룬 상수라고 불리는 이 합은 1976년 1,000억까지의 쌍둥이 소수를 이용해 계산했으며, 약 1.90216054다. 1994년 당시 인텔의 최신 펜티엄 CPU를 탑재한 개인 컴퓨터를 이용해 이 값을 더 정확하게 구하려던 미국 수학자 토머스 나이슬리Thomas Nicely는 기이한 결과가 나타나고 있다는 사실을 알아챘다. 문제는 CPU의 결함 때문이었고, 곧 인텔이 결함을 수정했다. 2010년 나이슬리는 2경(2×10^{16})보다 작은 모든 쌍둥이 소수를 바탕으로 기존 브룬 상수의 정확도를 1.902160583209±0.000000000781까지 확장했다.

쌍둥이 소수 추측의 증명을 향한 중요한 발걸음은 2003년에 이루어졌다. 미국 수학자 대니얼 골드스톤Daniel Goldston과 터키 수학자 젬 이을드름Cem Yildirim은 만약 어떤 가정을 한다면 16 이상 차이가 나지 않는 쌍둥이 소수가 무한히 있다는 사실을 보였다. 이 가정의 중심에는 엘리엇-할베르스탐 추측이 있었다. 이 추측 역시 등차수열(연속된 항이 일정한 값만큼 차이가 나는 수열) 속의 소수 분포에 관한 미해결 문제다. 두 사람의 증명에 있었던 실수는 2005년 헝가리 수학자 핀츠 야노시Pintz János의 도움으로 바로잡았다. 2013년 미국 수학자 이탕 장Yitang Zhang은 그 어떤 가정도 하지 않고 차가 7,000만을 넘지 않는 쌍둥이 소수가 무한히 많다는 사실을 증명했다. 1년 뒤 이 수는 246으로 줄어들었다. 그리고 만약 엘리엇-할베르스탐 추측이나 이 추측을 일반화한 형식이 옳다고 가정하면 그 수는 각각 12나 6까지 더 줄어들 수 있었다.

골드바흐 추측은 소수와도 관련이 있는 데다가 이해하기 매우 쉽다. 18세기에 위대한 수학자 레온하르트 오일러Leonhard Euler와 이 문제에 관해 서신을 주고받은 독일 수학자 크리스티안 골드바흐Christian Goldbach의 이름을 딴 이 추측은 2보다 큰 모든 짝수는 두 소수의 합으로 나타낼 수 있다는 내용이다. 작은 수를 갖고 따져 보면, 참인 게 분명하다. 4=2+2, 6=3+3, 8=3+5, 10=5+5 등. 문제는 수가 아무리 커져도 계속해서 참이냐는 것이다. 이미 우리는 몇몇 추측이 엄청나게 거대한 수에 이를 때까지 참이다가 갑자기 무너지는 사례를 살펴보았다. 수학자는 개별적인 입증 사례가 아무리 많이 있어도 대단하게 여기지 않는다. 어느 쪽이든 최후의, 반박 불가능한 증명이 나올 때까지 수학자는 만족하지 않는다. 골드바흐 추측은 400경(4×10^{18})까지의 정수에 대해 참이라는 게 증명

골드바흐 추측의 도식도. 4에서 96까지의 짝수 정수를 두 소수의 합으로 표시했다.

되었다. 그리고 수학자들은 아마 모든 수에 대해 참일 것이라고 추측하고 있지만, 그건 확실한 증명이 나오기 전까지 아무런 의미가 없다.

소수는 수학계에서 재빨리 명성을 얻으려는 경솔한 이들이 유혹을 받기 쉬운 연구 분야다. 소수와 관련된 수많은 문제는 일견 간단해 보이지만 조금만 깊게 파고들어가면 엄청나게 어렵다는 것을 알 수 있다. 다음 문제들의 해답을 찾아낸다면(해당 분야의 전문가가 받아들일 수 있는 완전한 증명으로) 정수론 연구자로서의 유명세는 보장된 것이다. 연속된 두 제곱수 사이에는 반드시 소수가 있을까?(르장드르의 추측) 페르마

소수(2^n+1 꼴인 소수)는 무한히 많을까? 아니, 65,537($2^{16}+1$)보다 큰 그런 소수가 있기는 한 걸까? 메르센 소수(2^n-1 꼴인 소수)는 무한히 많을까?

페르마의 마지막 정리

많은 수학자가 소수의 왕국으로 모험을 떠났지만, 겉보기보다 훨씬 더 강력한 문제에 패배해 물러났다. 그러나 영국 수학자 앤드루 와일스가 350여 년 묵은 페르마의 마지막 정리를 증명했던 것처럼 커다란 발전이 이루어질 가능성은 언제나 존재한다.

1637년 피에르 드 페르마Pierre de Fermat가 책 한 귀퉁이에 끼적거린 것으로 유명한 페르마의 추측에는 이런 도발적인 문구가 함께 적혀 있었다. "나는 진정으로 놀라운 증명을 발견했지만, 여백이 너무 좁아서 쓸 수가 없다." 예전에는 페르마의 추측(이쪽이 좀 더 정확한 표현이다)으로 불렸던 페르마의 마지막 정리는 2보다 큰 정수 n에 대해 $a^n+b^n=c^n$을 만족하는 양의 정수 a, b, c는 없다는 내용이다. n이 1이나 2일 때는 방정식을 만족하는 사례가 $3^2+4^2=5^2$ 등 아주 많다. 아니, 사실 무한하다. 하지만 n이 3 이상일 때 만족하는 a, b, c의 값을 찾으려고 한다면 오랜 시간이 걸릴 것이다. 그런 값이 없다는 사실을 증명하려고 해도 오랜 시간이 걸릴 것이다.

앤드루 와일스가 마침내 페르마의 마지막 정리가 옳았다는 사실을 증명한 건 모듈러성 정리와 타원 곡선 같은 분야를 포함해 이리저리 돌아가는 끔찍하게 어려운 길을 통해서였다. 타임머신이 있지 않은 한 페르마가 비슷한 증명을 찾아냈을 가능성은 없다. 와일스는 그 결과를 얻어내기 위해 새로운 수학 분야를 개척해야 했고, 페르마의 주장을 확인하는 것 이상으로 훨씬 더 중요한 발전을 이루어야만 했다. 이 발견은 전 세계의 신문 지상을 장식했고, 와일스는 페르마의 마지막 정리가 옳다는 사실을 마침내 밝힌 인물로 수많은 사람이 이름을 댈 수 있는 몇 안 되는 현대 수학자 중 한 사람이 되었다. 설명하려면 책 한 권을 통째로 써야 할, 준안정 타원곡선에 대해 타니야마-시무라 추측을 증명한 훨씬 더 위대한 성과로 와일스의 이름이 대중매체에 오르내리는 일은 없었다.

더 많은 풀리지 않은 문제들

사실 부자가 되거나 유명해지겠다는 목표를 갖고 시작하는 수학자는 거의 없다. 하지만 몇몇 수학 문제를 해결하면 꽤 괜찮은 금전적 보상을 받을 수 있다. 그중 하나가 빌 추측이다. 빌 추측은 사실상 페르마의 마지막 정리에서 파생된 것이다. 미국의 은행가이자 아마추어 수학자인 앤드루 빌Andrew Beal이 1993년 제기한 이 추측은 만약 $a^x+b^y=c^z$이고, a, b, c, x, y, z가 x, y, z>2인 양의 정수라면 a, b, c는 소수인 공약수를 갖는다는 내용이다. 100만 달러를 버는 더 쉬운 방법도 있겠지만, 도전해 보고 싶다면 이 추측에 대해 동료평가를 거친 제대로 된 증명(혹은 반증)을 찾아 100만 달러 상금을 받아보시길.

브로카 문제는 푼다고 해서 돈이 생기지 않는다. 어쩌면 책을 계약할 수는 있겠지만. 확실한 것은 수학계 전체에서 환영을 받을 것이라는 사실이다. 프랑스의 수학자이자 기상학자 앙리 브로카Henri Brocard가 1876년 처음 제기했고, 1913년에 스리니바사 라마누잔이 독립적으로 다시 제기한 이 문제는 $n!+1=m^2$을 만족하는 정수해가 있는지를 묻는다. n!은 n 팩토리얼을 뜻하며, 예를 들어 $5!=5\times4\times3\times2\times1=120$이다. 답을 찾기 위해 n이 10억이 될 때까지 확인했지만, 브라운 수라고 불리는 세 쌍 (4, 5), (5, 11), (7, 71)만이 이 방정식을 만족한다. 원한다면 네 번째 쌍을 찾아보시길. 하지만 다른 사람도 아닌 에르되시 팔이 그런 건 없을 것이라고 강하게 추측했다.

오랜 노력 끝에 브로카 문제를 포기했다면, 이 문제로 관심을 돌려보는 건 어떨까? 홀수인 완전수가 있을까? 완전수는 자신을 나누어 떨어뜨리는 모든 수(자기 자신을 제외하고)의 합과 같은 수를 말한다. 가장 작은 완전수는 6=1+2+3이다. 그 다음 완전수는 28=1+2+4+7+14다. 완전수가 아주 흔하지는 않다. 세 번째와 네 번째 완전수는 496과 8128이다. 이 네 숫자에 대해서는 기원전 4세기의 그리스인도 알고 있었다. 하지만 그다음 완전수에 도달하려면 크기와 시간 양쪽 측면에서 엄청난 도약을 해야 한다. 다섯 번째 완전수는 바로 33,550,336로, 이 발견에 대해 가장 이른 기록은 1456년으로 거슬러 올라가 중세 독일의 한 문서에 남아 있다. 이 글을 쓰고 있는 지금 가장 큰(51번째) 완전수는 2018년 12월에 (컴퓨터로) 찾아낸 것으로, 8,200만 자리가 넘는다. 이 수는 지금까지 발견된 다른 모든 완전수와 마찬가지로 짝수다. 홀수 완전수가 있을 가능성은 남아 있지만, 대부분의 정수론자는 아마 영국 수학자 제임스 실베스터James Sylvester가 1888년에 한 말에 동의할 것이다.

> 오랜 시간에 걸친 숙고 결과 나는 홀수 완전수의 존재가 – 말하자면, 그게 온 사방을 둘러싼 복잡한 조건에서 빠져나오는 일이 – 기적과 다름없다고 생각하게 되었다.

대표적인 무리수 둘의 합이 무리수라고 증명하는 일

정수론에는 아직 놀라운 사실이 하나 있다. 우리는 $\pi+e$가 유리수인지 무리수인지 모른다. 여러분은 원주를 지름으로 나눈 π와 자연로그의 밑인 e가 둘 다 무리수니까 무리수가 되어야 하지 않나 생각할지 모른다. 무리수는 한 정수를 다른 정수로 나눈 형태로 나타낼 수 없는 수다. 그리고 10진수로 나타내면 반복되는 부분 없이 영원히 이어진다. 그런 수 둘을 더한다면 예측 가능한 패턴 없이 소수점 아래로 무한히 이어지는 다른 수가 나온다고 생각하는 것만이 합리적으로 보인다. 하지만 실제로는 그 수가 무리수임을 증명하는 게 대단히 어려울 수 있다. 어떤 수는 다른 수보다 쉽다. 예를 들어 $\sqrt{2}$가 무리수임을 증명하는 건 아주 간단하다. e가 무리수임을 증명하는 것도 그렇게 어렵지 않다. 물론, 1737년에 레온하르트 오일러라는 사람이 실제 증명을 내놓기 전까지는 그렇지 않았지만. 하지만 π는 이야기가 다르다.

사람들은 수천 년 전부터 원의 성질을 알고 있었다. 따라서 고대에 이미 원의 둘레가 지름의 3배가 조금 넘는다는 사실을 알고 있었다. 서서히 π 값은 점점 더 정확해졌다. 그러나 1761년이 되어서야 요한 람베르트Johann Lambert가 연분수를 포함한 논증을 바탕으로 π가 무리수임을 확립했다. 어떤 수가 무리수임을 증명하는 게 까다롭다고 한다면, 그런 수의 조합 역시 무리수임을 증명하는 건 어처구니없이 어렵다. 각각의 수학적 특성이 완전히 다른 π와 e의 경우에는 특히 더 그렇다. 문제는 π와 e가 둘 다 무리수일 뿐만 아니라 둘 다 초월수이기 때문에 더 심해진다. 그건 둘 다 계수가 정수인 다항방정식(예를 들어, $3x^3-x^2+5x-12=0$)의 해가 될 수 없다는 뜻이다.

$\pi+e$가 무리수인지 아닌지는 언젠가 알아낼 수 있을 것 같다. 한편, 우리가 확실히 알고 있는 건 적어도 $\pi+e$나 $\pi\times e$ 중 하나는 반드시 초월수여야(따라서 무리수여야) 한다는 점이다. 1988년에는 NASA 에임스연구소의 크레이-2 슈퍼컴퓨터를 이용해 $\pi+e$와 $\pi\times e$가 둘 다 평균이 10억보다 작은 정수 계수를 지닌 8차 이하의 다항식을 만족하지 않는다는 사실도 보였다. 다행히, 우리는 러시아 수학자 알렉산드르 겔폰트Aleksandr Gelfond의 연구 덕분에 e^π가 초월수라는 사실을 알고 있다. 겔폰트가 1934년 자신의 이름이 붙은 정리를 만들기 전까지는 π와 e 같은 몇몇 수만이 초월수로 알려져 있었다. 하지만 겔폰트의 정리는 수많은 수가 초월수임을 밝히는 물

꼬를 텄다. 내용은 간단한데, 만약 a와 b가 대수적인 수이고 0이나 1이 아니며, b가 무리수라면, a^b는 초월수가 된다는 것이다.

기하학의 미해결 문제들

만약 기하학이 입맛에 더 맞다면, 이쪽에도 수많은 미해결 문제가 사이렌처럼 여러분의 관심을 끌기 위해 기다리고 있다. 그중 하나는 '해피엔딩 문제'라는 이름이 붙어 있다. 초창기에 이 문제를 연구한 두 수학자 에스더 클라인Esther Klein과 세케레시 죄르지Szekeres George가 협업 과정에서 만나 결국 결혼했기 때문이다. 1930년대 부다페스트의 한 젊은 물리학도였던 에스더는 에르되시 팔과 미래의 남편인 죄르지와 함께 한 작은 단체의 일원이었고, 여기서 새롭고 흥미로운 수학 문제를 풀며 만났다. 그러던 어느 날 에스더는 훗날 해피엔딩 문제로 불리게 된 문제에 관해 물었다. 문제 자체는 해피엔딩으로 끝나지 않았지만, 문제를 설명하는 건 쉽다.

먼저 종이 위에 아무렇게나 점 다섯 개를 찍는다. 어느 세 점도 직선 위에 놓여서는 안 된다. 그러면 여러분은 언제나 점 네 개를 이어서 볼록 사각형(모든 내각이 180도보다 작은 사각형)을 만들 수 있다. 오각형을 확실히 만들고 싶다면, 점은 아홉 개가 필요하다. 볼록 육각형을 만들기 위해 필요한 점의 최소 수는 17로 훌쩍 올라간다. 하지만 그 이상은 미지의 영역이다. 볼록 칠각형을 반드시 그릴 수 있는 무작위한 점의 최소 개수는 아무도 모른다. n이 다각형의 변의 수이고 m이 무작위로 찍은 점의 최소 개수일 때 m=1+2n-2라는 공식은 사각형과 오각형, 육각형에 대해서는 옳다. 더 복잡한 도형에 대해서도 계속 옳을 수 있다고 추측하고 있지만, 아직 누구도 증명하지 못했다.

펜과 종이만 가지고 시간을 때울 수 있는 훌륭한 수수께끼가 또 하나 있다. 양끝이 서로 이어진 고리를 하나 그리자. 스스로 겹치지 않고 양쪽 끝이 이어져 있기만 하면 어떤 모양이든 상관없다. 그런 고리를 조르당 곡선이라고 한다. 1911년 독일 수학자 오토 퇴플리츠Otto Toeplitz는 다음과 같은 질문을 던졌다. 모든 조르당 곡선 위에는 정사각형이 들어있을까? 퇴플리츠 추측, 혹은 내접 정사각형 가설로 불리는 이 문제는 단순히 고리 내부에 네 꼭짓점이 고리 위에 놓여있는 정사각형을 언제나 그릴 수 있다는 추측이다. 참인 사례를 그리는 건 쉽다. 완벽한 원이 가장 명백한 사례다. 하지만 문제는 모든 조르당 곡선에 대해 퇴플리츠 추측이 참이냐는 것이다. 이런저런 고리를 그리고 어디에 정사각형이 정확히 맞아들어갈지 찾아보며 종일 즐거워할 수는 있다. 하지만 그건 아무것도 증명하지 못한다. 여러분이 미처 그리거나 확인해보지 못한 무한히 많은 다른 조르당 곡선은 어떻게 할 것인가?

퇴플리츠 추측은 매우 다양한, 즉 볼록하고 매끄러운 조르당 곡선에 대해서 옳다는 사실이 드러났다. 곡선이 볼록하다는 건 곡선 위의 어느 두 점을 잇는 직선이 곡선과 교차

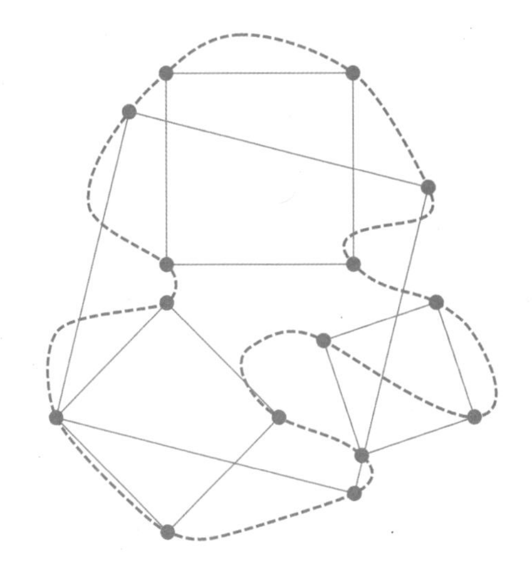

퇴플리츠 추측의 한 사례. 까만 점선은 내접한 정사각형의 모든 꼭짓점을 지나간다.

하지 않는다는 게 핵심이다. 수학적인 의미에서 '매끄럽다'는 건 곡선의 접선 기울기가 한 점에서 다른 점으로 갈 때 갑자기 '튀지' 않는다는 뜻이다. 평범한 말로 설명하자면 뾰족한 부분이 없다는 소리다. 그러나 조르당 곡선은 오목하면서 매끄럽지 않을 수도 있다. 그래서 문제가 엄청나게 복잡해진다. 사실 수학자들은 삼각형이나 직사각형을 비롯한 다른 많은 도형의 경우 퇴플리츠 추측에 상당하는 추측이 모든 유형의 조르당 곡선에 대해 참이라는 사실을 보였다. 그러나 정사각형은 더욱 까다로워 가능한 모든, 심지어 뾰족한 부분이나 밖으로 휜 곡선에 대한 증명을 찾기 위한 사냥이 아직 이어지고 있다.

완벽한 직육면체 문제

차원을 하나 높이면 우리를 학창 시절로 돌아가게 해주는 미해결 문제를 만날 수 있다. 학교에서 우리는 모두 피타고라스 정리를 배운다. 직각삼각형에서 빗변(가장 긴 변)의 제곱은 다른 두 변의 제곱의 합과 같다는 정리다. 각 변의 길이가 모두 정수인 특별한 경우에는 피타고라스 삼각형이라고 부른다. 익숙한 예가 (3, 4, 5) 삼각형으로 $3^2+4^2=5^2$이며, (5, 12, 13) 삼각형도 있다. 3차원에서도 피타고라스 정리는 마찬가지로 성립하지만, x, y, z 축의 길이에다가 양 끝을 잇는 대각선의 길이를 생각하려면 수가 네 개 필요하다.

여기서 우리는 이른바 완벽한 직육면체 문제를 만난다. 모든 세 변의 길이가 정수인 피타고라스 삼각형이 있는 것처럼 세 변(x, y, z축)과 직육면체 내부를 가로지르는 대각선의 길이까지 모두 네 값이 정수인 직육면체가 있다. 그러나 직육면체의 세 면에는 각각 대각선이 있다. 완벽한 직육면체 문제는 이렇다. 세 변과 네 대각선까지 일곱 가지 길이가 모두 정수인 직육면체가 있을까?

수학자들은 몇 가지 거의 근접한 결과를 찾아냈다. 오일러 벽돌이라고 불리는 도형은 완벽한 직육면체와 비슷하지만, 내부의 대각선이 반드시 정수는 아니어도 된다. 이 제약이 없으면 해답을 찾을 수 있다. 가장 작은 오일러 벽돌은 오일러가 아닌 동시대의 독일 수학자 파울 할케Paul Halcke가 1719년에 찾아냈다. 변의 길이는 각각 44, 117, 240이며, 각 면의 대각선 길이는 125, 244, 267이다. 오일러 벽돌은 무한히 많고,

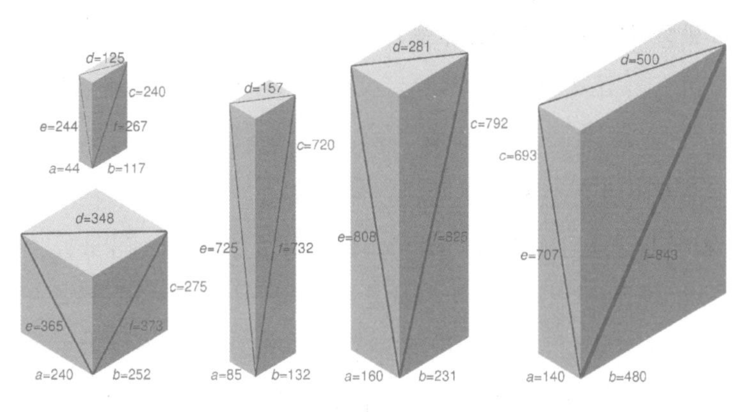

각 치수가 1,000보다 작은 오일러 벽돌 다섯 종류 전체.

만드는 방법도 다양하다.

하지만 내부 대각선의 길이까지 반드시 정수여야 하는 완벽한 직육면체, 혹은 완벽한 오일러 벽돌은 아직 쉽지 않은 문제라는 게 분명해졌다. 엄청난 노력 끝에 그런 도형의 가장 짧은 변은 길이가 적어도 5×10^{11}은 되어야 한다는 사실이 밝혀졌다. 완벽한 직육면체가 만족해야 하는 다른 다양한 조건도 알아냈다. 가령 한 변의 길이는 5로 나누어 떨어져야 한다. 그리고 한 변, 두 면의 대각선, 내부 대각선 길이는 반드시 홀수여야 한다. 또, 한 변 혹은 내부 대각선은 13으로 나누어 떨어져야 한다. 아직 이런 녀석들 중 하나를 찾아낸 수학자는 없지만, 그런 게 존재하지 않는다는 것을 증명한 수학자도 없다. 따라서 탐색은 이어진다….

모퉁이를 지나도록 소파 옮기기

마찬가지로 미해결이지만 실용적인 가치는 좀 더 있을지도 모르는 문제로 소파 옮기기 문제가 있다. 정말로 이름이 그렇다. 내용은 이사를 해본 적이 있는 사람이라면 익숙할 것이다. 좁은 모퉁이를 통해 크고 거추장스러운 가구를 어떻게 나를 것인가? 수학자들은 문제를 이보다는 조금 더 정확하게 표현하고 있으며, 2차원의 문제로 바꾸어 놓기도 했다. 오스트리아 출신의 캐나다 수학자 레오 모저Leo Moser가 1966년 처음으로 정확하게 제시한 문제는 폭이 1이며 90도로 꺾인 L자 모양의 복도를 통과할 수 있는 가장 큰 2차원 면적은 얼마냐는 것이다. 오늘날 심지어 학문의 세계에서도 이 면적을 소파 상수라고 즐겨 부른다.

이 흥미로운 우주의 상수를 어떻게 알아낼 수 있을까? 위에서 봤을 때 크기가 1×1인 정사각형 모양의 의자처럼 간단한 도형으로 시작해 본다면, 쉽게 모퉁이를 돌아갈 수 있을 것이다. 반지름이 1인 반원도 어렵지 않게 통과할 수 있다. 복도 끝까지 밀어놓고 직각으로 돌린 뒤 다른 방향에서 잡아당기면 된다. 그러면 면적은 $\pi/2$, 약 1.571이 된다. 하지만 지금까지 우리는 게으르게도 쉬운 도형만 골랐다. 좀 더 상상력과 수학적 창의력을 좀 더 발휘해 보자.

1968년 영국 수학자 존 해머슬리John Hammersley는 아주 1960년대스럽게 파격적인 새 디자인을 선보이며 최대 면적 기록을 $\pi/2+2/\pi=2.2074\cdots$로 끌어올렸다. 위에서 봤을 때 옛날 전화의 송수화기처럼 생긴 해머슬리 소파는 가운데를 반

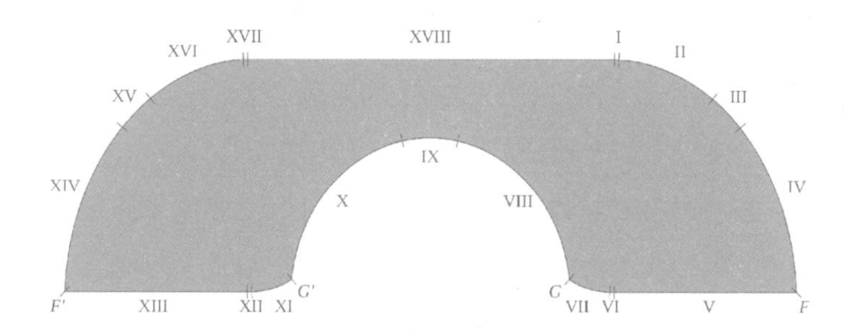

거버의 소파. 지금까지 찾아낸 소파 옮기기 문제의 최적의 답이다. .

원 모양으로 들어내고 양 끝에는 사반원 두 개가 붙어 있는 직사각형 모습이다. 이건 실제 소파로도 활용할 수 있다. 1992년 조셉 거버Joseph Gerver가 살짝 개선한 모양도 마찬가지다. 언뜻 보아서는 해머슬리와 거버의 소파를 구분하는 게 어려울 것이다. 하지만 세심한 변경을 통해 만든 거버 소파는 세 직선 부분과 거의 원에 가깝지만 원은 아닌 15개의 곡선 부분을 사용한다. 그 결과 면적은 2.21953167…로 아주 살짝 늘어난다. 아직 아무도 이보다 나은 해답을 찾지는 못했다. 증명은 되지 않은 상태지만, 더 나은 답이 없을 가능성도 꽤 있다.

최적화 문제의 기묘한 사례

특정 조건 하에서 최댓값이나 최솟값을(소파 옮기기 문제의 경우에는 최대 면적) 찾는 건 최적화 문제의 목표다. 그러나 그런 문제에 모두 통상적인 의미의 해답이 있는 건 아니다. 이런 특이한 상황에 해당하는 기묘한 사례가 1917년 일본 수학자 카케야 소이치Kakeya Soichi가 제기한 '카케야 문제'다.

카케야는 이렇게 물었다. 길이가 1인 바늘을 어떤 영역 안에 놓고 180도 회전해 원래 모습으로 돌아오게(하지만 방향은 반대가 되게) 할 수 있다고 할 때 그 영역의 최소 면적은 얼마일까? 바늘의 한가운데를 중심으로 위아래가 바뀌도록 회전하면 바늘이 지나가는 영역은 지름이 1인 원이 되고 면적은 약 0.785가 된다. 하지만 바늘을 다른 방식으로 돌린다면 이보다 훨씬 더 작은 면적도 가능하다. 카케야는 다양한 가능성을 탐구하다가 '델토이드deltoid'를 떠올렸다. 델토이드는 정삼각형처럼 생겼지만, 변이 안쪽으로 쑥 들어와 있는 도형이다. 바늘(혹은 길이가 1인 직선)은 이 안에서 완전히 방향을 바꿀 수 있으며 그때 지나가는 영역의 면적은 0.393, 원의 절반 정도에 불과하다. 카케야는 바늘을 돌리는 데 델토이드보다 더욱 경제적인 도형은 없다고 생각했다.

그러나 그건 틀린 생각이었다. 1919년 러시아 수학자 아브람 베지코비치Abram Besicovich는 카케야 문제에 대해 면적이 더 작은 해답을 찾던 중 놀라운 사실을 알아냈다. 최소 면적은 존재하지 않았다! 베지코비치는 정삼각형을 무수히 많은 아주 가느다란 띠로 자른다고 상상했다. 그리고 이 띠들을 가능한 한 많이 겹치도록 한 곳으로 밀어넣는다. 그 결과는 나무와 비슷한 구조로, 삼각형을 얼마나 가느다란 띠로 자르냐에 따라 면적을 원하는 만큼 작게 만들 수 있다. 이 나무의 '가지'는 서로 연결될 수도 있고, 이때도 역시 원하

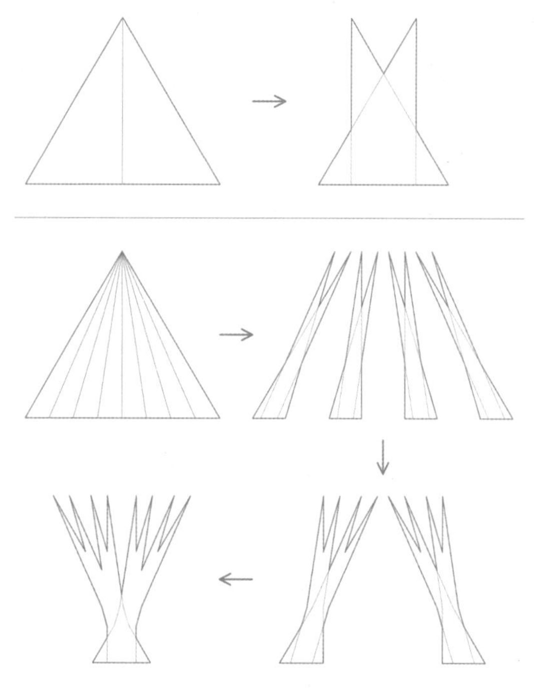

페론 트리라는 구조를 이용해 카케야의 바늘 문제에 접근하는 방법. 삼각형 하나를 2^n개의 삼각형으로 나눈다. 그리고 이들을 일부가 겹치도록 재배열한다. 위 그림은 n=1일 때와 n=3일 때다.

는 만큼 작은 면적을 사용할 수 있다. 이와 같은 나무 하나는 카케야의 바늘이 60도 회전할 수 있게 해준다. 따라서 세 개를 붙이면 180도 회전이 가능하다. 아주 희한한 결과지만, 사실이다. 바늘이 반 바퀴 회전하는 데 필요한 면적은 0만 아니라면 얼마든지 작아질 수 있다.

쉬워 보이는 수학 문제에 관한 이야기에서 우리가 배울 수 있는 교훈이 있다. 조심하라! 수나 도형과 관련된 별거 아니고 간단해 보이는 문제라고 해도 실은 거대한 동굴로 이어지는 좁은 입구일지도 모른다. 그런 문제는 여러분을 과거에 상상하지 못했던 불가사의하고 신비롭고 기괴한 세상으로 데리고 갈 수 있다.

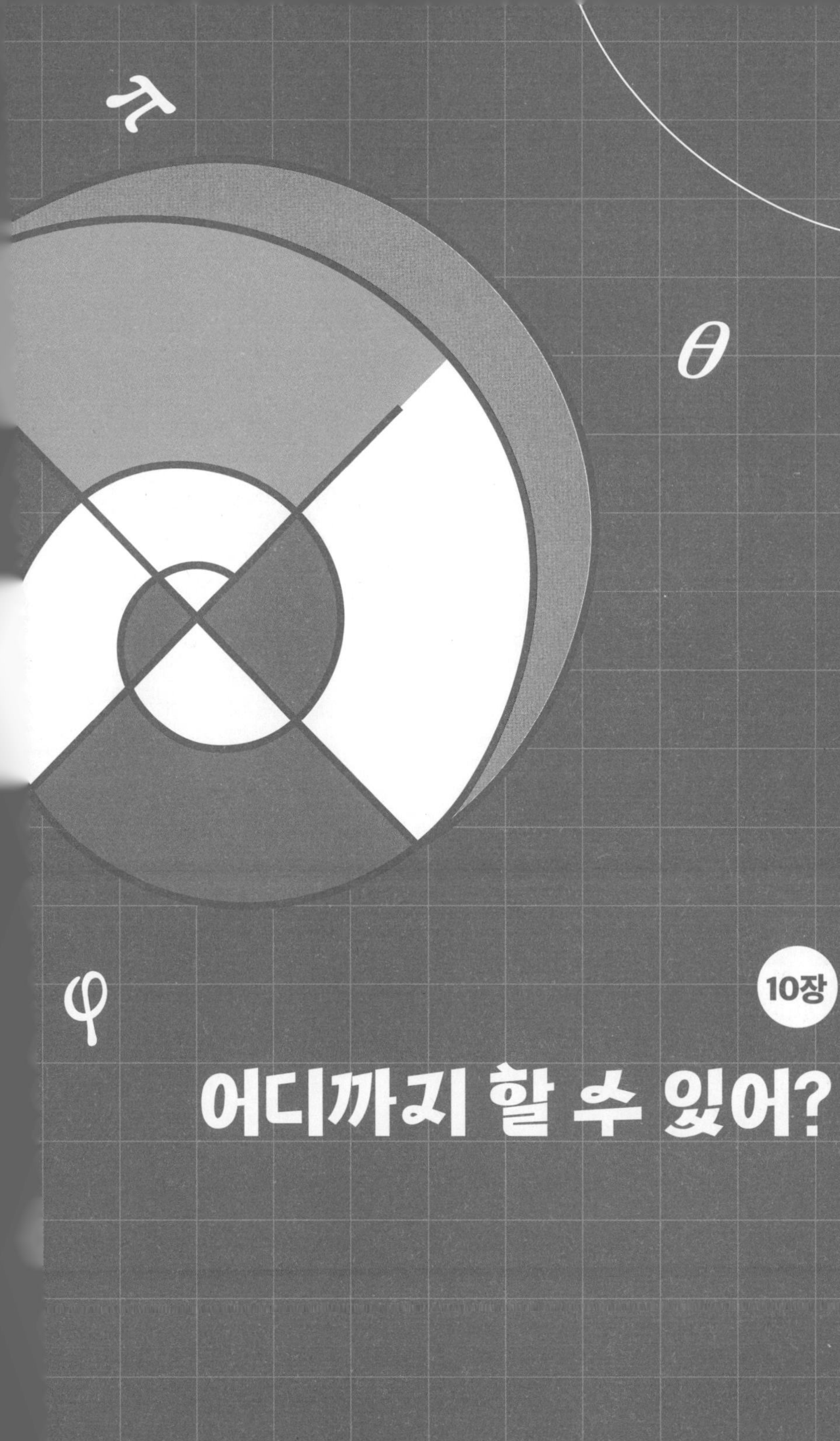

10장

어디까지 할 수 있어?

정신이 훌륭한 것으로는 충분하지 않다. 중요한 건 그것을 잘 사용하는 것이다.

- 르네 데카르트

♣

매년 전 세계의 영리한 젊은 수학자 수백 명이 세계에서 가장 역사가 깊고 이름난 과학경시대회인 국제수학올림피아드IMO에서 실력을 겨룬다. 2018년에는 저자 중 한 사람(아그니조)이 만점을 받아 IMO에서 공동 1위를 차지했다. 이 대회에서 입상한 사람으로는 20년 뒤 필즈메달(수학계의 노벨상)을 받은 최초의 여성이 된 이란의 마리얌 미르자카니Maryam Mirzakhani와 훗날 수학에서 가장 중요한 미해결 문제 중 하나인 푸앵카레 추측을 해결한 그리고리 페렐만Grigori Perelman 등이 있다.

최초의 IMO는 1959년에 루마니아에서 열렸지만, 수학자 사이의 경쟁은 그보다 훨씬 더 전으로 거슬러 올라간다. 그게 본격적으로 된 건 1500년대였다. 르네상스 시대 이탈리아에서는 두 라이벌 수학자가 서로 문제를 내고 풀었으며, 다른 사람들은 결과를 놓고 내기를 했다. 중세 기사들의 마상 창시합을 본딴 '카르텔리 디 마테마티카 디스피다'(수학 문제 관전)에는 배심원과 서기, 증인도 있었다. 승리자는 대학에 새롭게 자리를 얻거나 승진할 기회를 얻었지만, 대결에 나서는 수학자 대부분에게 가장 큰 상은 그 성공이 가져올 명성과 영광, 그리고 수업료를 내고 배우려고 몰려오는 새 학생들이었다. 당연히, 수학자들은 상대를 격파하는 무기로 쓰기 위해 밝혀낸 사실을 철저하게 보안에 부쳤다.

16세기의 수학 문제 대결

가장 유명한 일화는 1535년 타르탈리아(말더듬이)라는 별명을 가진 니콜로 폰타나Niccolò Fontana와 안토니오 피오레Antonio Fiore 사이에서 일어난 대결이었다. 타르탈리아는 베니스 출신으로, 독학으로 공부했지만 야망이 매우 컸다. 피오레는 저명한 볼로냐의 교수 스키피오네 델 페로Scipione del Ferro의 제자였다. 타르탈리아의 언어 장애는 어린 시절에 프랑스 군인에게 가차없는 공격을 받아 칼에 턱과 입천장이 갈라지면서 생겼다. 타르탈리아와 피오레의 대결은 3차 방정식(가장 높은 차수가 3인 방정식)의 해에 관한 것이었다. 가장 차수가 높은 항이 x의 제곱인 2차 방정식의 해법은 간단한 공식으로 잘 알려져 있었다. 하지만 3차 방정식은 좀 더 풀기 어려웠다.

델 페로는 은밀하게 $x^3+ax=b$ 형태의 3차 방정식 해법을 알아내 비밀을 엄격히 지킨다는 조건 하에 몇몇 친구와 제자에게 알려주었다. 그중에는 피오레도 있었다. 델 페로가 죽고 몇 년 뒤에 타르탈리아는 자신도 3차 방정식의 해법을 알아냈다고 발표했다. 자신의 우월성을 입증하기 위해 피오레는 3차 방정식 문제 풀이로 타르탈리아에게 공개 도전했다. 스승에게 전해 받은 기법이 있으니 승리할 수 있다는 자신이 있었다. 그러나 피오레는 모르고 있었지만, 타르탈리아는 델 페로보다 한 단계 더 나아가 2차항이 포함된 $x^3+ax^2=b$ 형태의 방정식을 푸는 방법을 알아낸 상태였다.

도전의 규칙에 따라 각각은 상대에게 30문제를 내고 40일 안에 풀게 해야 했다. 최종 기한은 1535년 2월 22일이었다. 당연하게도, 타르탈리아가 받은 문제는 모두 $x^3+ax=b$ 형태(피오레가 풀 수 있었던 종류)였다. 반면, 피오레의 약점을 알고 있던 타르탈리아는 $x^3+ax^2=b$와 같은 형태의 문제만 냈다. '말더듬이'는 단 몇 시간 만에 모든 문제를 순조롭게 풀어나갔고, 상대방은 한 달 동안 노력한 뒤에도 무력하게 아무 문제도 풀지 못했다.

타르탈리아에게는 안타깝게도, 자신이 지적으로 한 수 앞서 있었음을 보여주는 이 이야기의 끝은 좋지 않았다. 몇 년 뒤 타르탈리아는 설득에 넘어가 비밀을 지킨다는 맹세를 받고 자신이 대결에서 이길 수 있게 해준 공식을 밀라노의 의사 겸 수학자였던 제롤라모 카르다노Gerolamo Cardano에게 알려주었다. 당시에는 흔한 일이었듯이 타르탈리아는 지식을 엄청나게 복잡한 방식으로 전달했다 - 단테 알리기에리Dante Alighieri의 『신곡』과 같은 형식으로 운율을 맞춘 25행짜리 시 안에 암호화해서 집어넣었다! 그러나 카르다노는 그다지 비밀을 잘 지키는 사람이 아니었다. 타르탈리아의 기술을 제자인 로도비코 페라리Lodovico Ferrari에게 전수했고, 페라리는 카르다노의 도움을 받아 4차 방정식(미지수의 차수가 4까지 올라가는 방정식)을 풀 수 있게 되었다. 처음에는 카르다노와 페라리도 타르탈리아에게 한 약속 때문에 알아낸 내용을 발표하려 하지 않았다. 하지만 결국 델 페로가 타르탈리아보다 먼저 3차 방정식의 해법을 알아냈다고 확신하게 된 뒤 카르다노는 생각이 바뀌어 1545년 자신의 책 『위대한 기술』에서 3차와 4차 방정식의 일반 해법을 공개하며 타르탈리아와 델 페로 모두의 기여를 밝혔다. 자신의 공로가 실려 있음에도 불구하고 타르탈리아는 배신이라고 생각하고 분노했다. 그리고 안타깝게도, 이 모든 일은 두 무리 사이의 욕지거리 대결로 이어졌다. 결국 또 한 번 수학 대결이 벌어졌는데, 이번에는 타르탈리아와 페라리가 2년여에 걸쳐 총 여섯 번의 대결을 펼쳤다. 1548년 8월 10일 밀라노에서 페라리에게 훨씬 더 우호적인 다수의 지지자 앞에서 마지막 방정식 풀기 난타전이 벌어졌고, 타르탈리아는 굴욕을 당했다. 말로 하는 대결이어서 타르탈리아의 언어 장애가 놀림거리가 되었기 때문이기도 했다.

물론 개인적인 차원에서는 흔히 과열되는 대결에서 2위를 차지한 타르탈리아와 같은 사람을 불쌍하게 여길 수도 있다. 그러나 수학 전체로 보면 뛰어난 두뇌가 맞대결을 벌일 때의 강렬한 경쟁심과 열광적인 두뇌 활동으로부터 얻는 게 있다는 건 분명하다. 3차와 4차 방정식의 해법은 시작이었을 뿐이다. 그와 관련된 공식은 음수뿐만 아니라 훗날 복소수로 불리게 될 음수의 제곱근과 같은 완전히 새로운 종족까지 수학 세계의 유효하고 존중받는 주민으로 받아들여야 할 필요성을 불러오게 했다.

오늘날의 수학 대결

오늘날의 학계에도 여전히 연구진과 연구기관 사이의 (대부분 선의의) 경쟁은 있다. 폭넓은 합의에 따라 세계적으로 뛰어난 능력을 보이거나 위대한 리만 가설처럼 아주 어려운 수수께끼를 풀어내는 사람은 상금을 받기도 한다. 어떤 상금은 액수도 상당히 크다. 하지만 요즘 실제 대결은 보통 학생들 사이에서만 이루어질 수 있다.

엄밀히 따져 IMO는 20살 아래면 누구나 참가할 수 있지만, 참가자는 대학교나 다른 3차 교육을 받기 시작하지 않은 상태여야 한다. 1966년까지는 루마니아(첫 개최국)와 폴란드, 헝가리, 옛 소련 등의 동구권 국가만 참여했다. 이후부터 비공산권 국가도 파티에 초대받았다. 1967년 영국과 스웨덴, 이탈리아, 프랑스가 처음으로 참여했고, 그 뒤로 대회는 점점 세계화되었다. 지금은 매년 100여 개 국이 참여하고 있으며, 참가자 여섯 명과 단장, 부단장을 보낸다. 개최 국가는 매년 바뀌며, 개회식과 폐회식, 강연, 관광, 그리고 당연히 가장 본질적인 행사인 문제 풀이를 포함해 약 일주일 동안 펼쳐진다.

수학 올림피아드 참가자들

참가자는 단체가 아니라 개인별로 여섯 문제를 푼다. 하루에 4시간 반씩 이틀 연속으로 하루 3문제를 푼다. 각 문제는 7점이다. 보통 문제를 실제로 푸는 과정이 없이 나온 결과는 3점 이상 받기 어렵다. 반면, 고칠 수 있는 오류나 거의 완전한 해답은 오류나 생략의 정도에 따라 5, 6점을 받을 수 있다. 대략 상위 12분의 1까지는 금메달을 받고, 다음 6분의 1은 은메달, 다음 4분의 1은 동메달을 받는다. 메달은 받지 못해도 어느 한 문제라도 만점을 받은 사람은 장려상을 받는다.

그날 처음 푸는 문제, 즉 1번과 4번은 으레 '쉬운' 문제다. 다른 문제처럼 말도 안 되게 어렵지는 않다는 소리다! 대부분은 문제를 풀기는커녕 이해하는 것조차 사실상 불가능하다. 2번과 5번 문제는 '중간'이고, 3번과 6번은 '어렵다'. 이 두 문제는 정말 장난이 아니게 심오해서 두 문제 모두 완전히 푸는 학생이 한 해에 몇 명밖에 되지 않는다. 문제가 얼마나 어려운지 감을 잡기 위해 리우데자네이루에서 열린 2017 국제수학올림피아드 3번 문제를 가져왔다. 이 문제를 완전히 푼 학생은 단 둘뿐이었고, 1점이라도 점수를 얻은 학생이 고작 일곱 명이었다. 통계적으로 보면, IMO 역사상 가장 어려운 문제가 된다.

> 한 사냥꾼과 보이지 않는 토끼 한 마리가 평면 상에서 다음과 같은 게임을 한다. 토끼의 출발점 A_0와 사냥꾼의 출발점 B_0는 일치한다. 게임의 n-1번째 라운드를 마친 후 토끼가 위치한 점을 A_{n-1}, 사냥꾼이 위치한 점을 B_{n-1}이라 하자. n번째 라운드에서 다음과 같은 세 가지가 순차적으로 발생한다.
>
> (i) 토끼가 보이지 않게 점 A_n으로 움직이고, A_{n-1}과 A_n의 거리는 정확히 1이다.
> (ii) 사냥꾼의 추적기가 점 P_n의 위치를 알려준다. 이 추적기가 알려주는 점 P_n과 A_n의 거리는 1 이하임이 보장될 뿐이다.
> (iii) 사냥꾼은 눈에 띄게 점 B_n으로 움직이고, B_{n-1}과 B_n의 거리는 정확히 1이다.
>
> 토끼가 어떻게 움직이든, 추적기가 어떤 점을 알려주든 상관없이 항상 사냥꾼이 10^9 라운드 후에 그와 토끼의 거리가 100 이하가 되도록 할 수가 있겠는가?

국제수학올림피아드의 문제들, 그리고 이를 푼 학생들

IMO 문제는 보통 대수학, 기하학, 조합론(사물의 조합을 다루는 분야), 정수론에 속한다. 이론상으로는 고등학교에서 배우는 수학, 혹은 그런 수학을 확장한 내용을 이용해 풀 수 있다. 하지만 실제로는 아무리 고등학교에서 교육을 잘 받아도 그것만으로는 IMO에서 접할 문제를 푸는 데는 처량할 정도로 모자랄 것이다. IMO 문제를 풀기 위해서는 미적분을 몰라도 되지만, 수학의 여러 이론과 측면 사이의 관계를 꿰뚫어 보는 능력과 아주 소수를 제외하고는 엄두도 내지 못할 매우 빠른 문제해결력이 있어야 한다. IMO에 참가하는 많은 학생은 수학 지식도 갖추고 있고, 끊임없는 공부와 연습을 했다. 학교나 심지어는 학부에서 배우는 내용까지 넘어서는 수준이다. 덕분에 이들은 사영기하학이나 복소기하학, 함수방정식, 고등 정수론 같은 의외의 분야에서 가져온 기법과 지름길을 사용할 수 있다. 참가자 대부분은 어린 시절부터 점점 난이도를 높여 가며 수천 문제를 풀어왔다. 그래서 IMO 문제가 예전에 본 문제와 비슷하다는 사실을 깨달으면 재빨리 풀이 전략을 만들 수 있다.

캔버라에서 열린 1988년 IMO의 3번 문제는 서독이 제공했는데, 호주의 문제 위원회 위원 여섯 명 중 누구도 풀지 못했다. 그중 두 사람이 세계적으로 유명한 퍼즐 해결사이자 제작자인 죄르지와 에스더 세케레시(앞의 '해피엔딩 문제'에서 등장했다)였음에도 불구하고 말이다. 당황한 위원회는 문제를 호주 최고의 정수론 연구자 네 명에게 보내고 6시간 안에 풀어보라고 요청했다. 그 네 사람 역시도 풀지 못했다. 그럼에도 불구하고 위원회는 문제에 별표 두 개(올림피아드 수준에도 너무 어려울 수 있는 힘든 문제라는 표시)를 붙여서 29회 심사위원단에게 넘겼다. 오랜 토의 끝에 심사위원단은 그 문제를 대회 마지막 문제로 결정했다. 그건 IMO 역사상 가장 짧은 문제 중 하나이기도 하다.

a와 b가 자연수이고, a^2+b^2은 $ab+1$로 나누어 떨어진다. $(a^2+b^2)/(ab+1)$이 완전제곱수임을 보여라.

놀랍게도, 11명이 문제를 풀고 만점을 받았다. 그중에는 미래의 필즈메달 수상자인 베트남의 응오 바오 쩌우Ngô Bao Châu와 미래의 스탠퍼드대학교 교수인 캐나다의 라비 바킬Ravi Vakil, 그리고 미래의 밀스칼리지 교수인 불가리아의 즈베즈델리나 스탄코바Zvezdelina Stankova가 있었다(잊지 마시길. 시험 시간은 4시간 반뿐이었고, 그것 말고 다른 문제도 풀어야 했다). 이들은 모두 16세기 프랑스 수학자로 현대 대수학을 개척한 프랑수아 비에트François Viète의 이름을 딴 '비에타 점핑'이라는 기법을 이용했다. 비에트의 라틴어식 이름이 프란시스쿠스 비에타다. 비에트가 한 일 중 한 가지는 다항식의 근(혹은 해)과 항의 관계를 알아낸 것이었다. 예를 들어 $x^2+ax+b=0$의 경우 근의 합은 $-a$이고 곱은 b이다. 악명 높은 6번 문제를 푼 학생들은 비에타의 공식을 비에타 점핑이라는 새로운 방법으로 사용될 수 있다는 사실을 깨달았던 것이다.

6번 문제는 디오판토스의 방정식이라는 것과 관련이 있기 때문에 특히 더 까다로웠다. 디오판토스의 방정식은 오로지 정수, 혹은 자연수 해만이 가능한 방정식이다. 이런 방정식은 근이 어떤 실수(심지어는 복소수)라도 될 수 있는 평범한 다항방정식보다 풀기 훨씬 더 어려울 때가 많다. 비에타 점핑을 사용하려면 먼저 2차 방정식을 만든 뒤 '최소' 해를 찾아야 한다. 즉, 가능한 한 가장 작은 해를 찾아야 한다. a와 b 중에서 작은 것을(방정식에서 a와 b는 서로 바꿀 수 있으므로 b라고 해도 된다) 정한 뒤 2차 방정식의 두 해를 찾는다. 한 해는 a가 되어야 한다. 그러면 비에타의 공식을 이용해 다른 해의 성질을 구할 수 있다. 6번 문제의 경우 만약 몫이 완전제곱수가 아니라면 전부 양의 정수인 해가 점점 감소하는 무한급수가 나오는데, 그건 불가능하다. 반대로 만약 몫이 완전제곱수라면, 어느 시점에서는 0이 되고 그 과정이 끝난다는 사실을 알게 된다. 격렬한 대결 속에서 새로운 수학이 만들어졌던 르네상스 시대와 마찬가지로 1988년 IMO는 정수론 연구자의 무기고에 새로운 무기 하나를 제공했다.

1988년 IMO에 참가했던 또 다른 사람으로는 호주의 테렌스 타오Terence Tao가 있다. 비록 6번 문제를 넘지는 못했지만, 타오는 총 42점 중 34점을 받아 13살의 나이로 최연소 IMO 금메달리스트가 되었다. 사실 타오는 이미 IMO에 두 차례 참가한 적이 있었다. 11살이었던 1986년에는(이때 역대 최연소 참가자가 되었다) 동메달을 땄고, 다음 해에는 은메달을 땄다. 타오의 놀라운 능력은 더 어렸을 때부터 뚜렷했다. 아홉 살 때

타오는 대학교 수업을 듣기 시작했고, SAT 수학 과목에서 700점 이상을 받았다. 그는 어린 나이에 그런 일을 할 수 있었던 단 두 사람 중 하나였다. 오늘날 타오는 최고의 현대 수학자 중 한 사람으로 꼽히며, 다양한 주제에 관해 다수의 논문을 발표하며 뛰어난 능력을 보여주고 있다.

1994년과 1995년 IMO 모두에 참가해 총 84점 중 83점을 받았으며, 이후에 유명해진 사람으로 이란의 젊은 수학자 마리얌 미르자카니가 있다. 미르자카니는 테헤란의 한 대학교에서 수학 학사학위를 받은 뒤 하버드대학교에서 박사 과정을 밟았다. 여기서 미르자카니는 "결의와 끈질긴 질문"으로 유명했다고 한다. 미르자카니의 필기는 모두 페르시아어로 되어 있었다. 이후 그녀는 프린스턴대학교 교수가 되었다가 스탠퍼드대학교로 옮겼고, 2014년에 "리만 곡면과 그 모듈라이 공간의 동역학과 기하학에 관한 뛰어난 공헌"으로 필즈 메달을 받았다. 여성으로서는 처음이었다. 미르자카니는 2013년 유방암 진단을 받았고, 암이 전이되어 2017년 7월 40살의 나이로 세상을 떠났다.

아그니조의 IMO 모험

IMO라는 색다른 분위기의 세상으로 떠나는 내 여정은 내가 수학 올림피아드라는 말을 들어보기 훨씬 전에 시작되었다. 영국의 초등학교는 5살인 P1학년부터 P7학년까지 있다. 이후 아이들은 중등학교로 진학해 S1학년부터 S6학년까지를

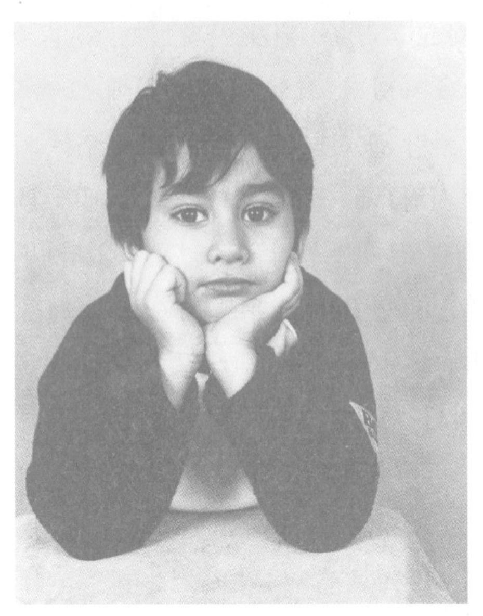

어린 시절의 아그니조.

보낸다. 내가 다녔던 스코틀랜드 초등학교 선생님들은 내가 수학을 잘한다는 사실을 알아채고 P5학년, 내가 아홉 살쯤 되었을 때 스코틀랜드 수학 경시대회에 나가보라고 권유했다. 그 대회의 초등학교 부문은 원래 P7학년이 나가는 것이고, 각각 세 문제가 나오는 세 번의 라운드로 이루어져 있었다. 문제는 집에서 풀 수 있었고 기한은 몇 주였다. 그 뒤로 나는 매년 경시대회에 참가했고, 여러 부문을 거쳐 빠른 속도로 올라갔다. 그렇게 S2학년이 되었을 때는 S5학년과 S6학년을 대상으로 하는 부문에서 경쟁하고 있었다. 나는 매년 모든 문제를 풀어냈고, 아홉 번 금상을 받았다. 그전까지는 한 번도 없었던 위업이었다. 지금 부모님 댁에는 모아 놓은 수학 경시대회

머그잔 아홉 개도 있다. 전부 다른 색이다!

영국의 IMO 선수단에 들어가기 위해 첫 번째로 넘어야 할 걸림돌이 바로 상급 수학경시대회다. 매년 11월 학교에서 열리며, 갈수록 어려워지는 복수 선택 문제 25개로 이루어져 있다. (오답을 내면 감점이 되므로 단순히 찍을 수가 없다) 다음은 쉬운 문제의 예시다.

다음 수 중 하나는 소수다. 무엇인가?

A: 2017−2 B: 2017−1 C: 2017 D: 2017+1 E: 2017+2

풀었다면(답은 C다), 여기 더 어려운 문제가 있다.

평면 위에 직선의 집합이 있다. 각 직선은 정확히 10개의 다른 직선과 교차한다. 다음 중 집합에 속한 직선의 수가 될 수 없는 것은?

A: 11 B: 12 C: 15 D: 16 E: 20

상급 수학경시대회의 1000등 정도까지는 자동으로 영국 수학 올림피아드 라운드1(BMO1)에 진출한다. 이 대회는 11월 말이나 12월 초에 열리며, 이번에도 집에서 참가한다. 자동으로 진출하지 못한 사람도 참가비를 내고 참가할 수 있다.

BMO1의 문제는 형식이 아주 다르다. 총 여섯 문제인데, 전부 수학 경시대회에서 나오는 문제보다 어렵고 고등학교에서 거의 다루지 않는 고등수학 전반의 핵심 요소, 즉 엄밀한 증명을 필요로 한다. 각 문제는 10점이며, 3시간 반 동안 풀 수 있다. 여기 BMO1 문제 하나가 있으니 시도해 보시길.

양의 실수로 이루어진 수열 $a_1, a_2, a_3 \cdots$가 있다. $a_1 = 1$이고, 양의 정수 n에 대해 $a_{n+1} + a_n = (a_{n+1} - a_n)^2$일 때 a_{2017}이 가질 수 있는 가능한 값의 수는 몇 개인가?

BMO1 참가자 중 상위 130명이 2라운드로 진출한다. 하지만 좀 더 어린 학생들의 커트라인은 더 낮으며, 이번에도 진출하지 못한 사람은 돈을 내고 참가할 수 있다. 1월 말 학교에서 치르는 BMO2에는 네 문제가 나온다. BMO1과 비슷한 형식이지만, 더 어렵다. 가끔은 2018년에 나온 이 주옥같은 문제처럼 약간의 유머로 어려움을 누그러뜨리기도 하지만.

차를 마시기 위한 원형 식탁 주위에 n 자리가 있다. 각 자리에는 접시 위에 놓인 작은 케이크 한 조각이 있다. 앨리스가 가장 먼저 도착해 식탁에 앉아서 케이크를 먹는다(맛은 별로다). 그 다음으로 모자장수가 도착해서 앨리스에게 앨리스 혼자서 티파티를 해야 하며 계속 자리를 바꾸고 그때마다 앞에 있는 케이크를 먹어야 한다고(이미 먹어버리지 않았다면) 말한다. 사실 모자장수는 아주 권위적이라 앨리스에게 $i = 1, 2 \cdots n-1$에 대해 앨리스가 i번째 움직일 때 a_i 자리를 움직여야 한다고 말한다. 그리고 앨리스에게 $a_1, a_2 \cdots a_{n-1}$의 목록을 건네준다. 앨리스는 케이크를 좋아하지 않는다. 그리고 각 단계마다 시계 방향으로 움직일지 반시계 방향으로 움직일지 자유롭게 선택할 수 있다. n값이 무엇일 때 모자장수는 앨리스가 케이크를 모두 먹게 할 수 있을까?

BMO1 참가 학생 중 상위 20명(역시 저학년이면 커트라인이 낮다)은 매년 부다페스트에서 60km쯤 떨어진 작은 마을 타타에서 열리는 수학 훈련 캠프에 헝가리의 젊은 최정예 수학도들과 함께 참가한다. 캠프는 새해 첫날을 끼고 진행되며, 약 일주일 동안 이어진다. 거의 매일 아침 두 시간 반 동안 '개별 문제풀이' 연습 시험을 치르며, 나머지 시간은 다양한 연사의 강연으로 차 있다.

마지막 날, 영국 대표단은 선발 시험을 치른다. 그 결과로 어렵기로 악명 높은 루마니아 수학 마스터RMM 대회에 참가할 대표팀 대여섯 명이 정해진다. 영국 수학진흥재단(영국에서 전국수학경시대회를 운영하는 자선 단체)이 강력한 후보라고 여기지만 헝가리 캠프에는 뽑히지 못한 소수의 학생은 학교에서 RMM 선발 시험을 볼 수 있다. 실제로 2018년에는 대표팀의 절반이 이 경로로 뽑혔다. RMM 대표팀에 뽑힌 사람은 설령 BMO1에서 높은 점수를 받지 못했어도 자동으로 BMO2에 참가할 자격을 얻는다.

BMO2에서 상위 20명 정도는 추려내기 과정인 다음 단계로 진출한다. 여기서부터는 돈을 내고 참가할 수 없다! 이 단계는 일주일 정도의 훈련 캠프 형식으로 케임브리지대학교 트리니티 칼리지에서 열리며, 주로 과거 IMO 참가자의 강연으로 이루어진다. 선발 시험은 서로 다른 날 두 차례 치르는데, 형식은 IMO와 똑같다. 각 시험 때마다 세 문제 (BMO2보다 어렵지만 IMO보다는 쉽다)를 네 시간 반 안에 풀어야 한다. 트리니티 캠프에서 수학과 관련이 없는 활동을 하기도 한다. 예전에 케임브리지대에서 가장 전통적이었던 펀팅과 같은 활동 말이다.

적어도 다섯 명의 여학생이 항상 트리니티 캠프에 참가하는데, 넷은 이미 유럽 여성 수학 올림피아드 대표팀으로 뽑힌 학생이고 한 명은 예비 참가자다. 캠프에서 치른 시험으로 IMO와 발칸 수학올림피아드 대표팀을 뽑는다. 물론 발칸 반도 국가가 아닌 영국은 손님 자격으로 참가하며, 올림피아드 수준에서 경쟁하는 기회를 더 많은 학생이 누릴 수 있도록 누구도 두 번 이상 참가하지 못한다는 자체 규정이 있다. 트리니티 캠프에서 상위 8~10위까지의 학생은 예전에 올림피아드 참가 경험이 있든 없든 IMO 대표팀에 들어간다.

영국 IMO 대표팀의 마지막 추려내기 과정은 2015년 이후로 5월 말에 켄트의 톤브리지 스쿨에서 열리는 캠프다. 4일 연속으로 아침마다 IMO 형식에, 난이도가 IMO 수준에 가까운 문제를 푼다. 상위 여섯 명이 선수가 되고, 나머지 인원은 예비 선수가 된다.

나는 12살이었던 2013년부터 다섯 번 영국 올림피아드에 참가했고, 항상 적어도 BMO2까지는 올라갔다. 2016년에는 트리니티 캠프까지 올라갔고, 2018년에 다시 올라갔다. 2018년은 여러 일이 현기증 날 정도로 연달아 일어났던 해다.

2018 국제 수학 올림피아드에 참가한 아그니조.

몇 달 동안의 공백기에 우리 『기묘한 수학책』 3부작의 첫 번째 책이 나왔다. 나는 IMO를 포함해 세 차례 올림피아드에 참가했고, 케임브리지대에서 학위 과정을 시작했다.

2018년의 올림피아드 트리오 중에서 첫 번째는 2월에 부쿠레슈티에서 열린 루마니아 수학 마스터 대회였다. 형식은 IMO와 같지만, 참가팀이 더 적다(각 나라를 대표하는 18개 팀과 루마니아의 B팀, 대회를 개최한 투도르 비아누 고등학교팀이다). RMM은 문제가 다른 올림피아드보다 더 다양해 미적분과 같은 분야의 추가적인 지식을 필요로 할 때가 있다. 게다가 IMO보다 더 어려운 문제가 나오기로 유명하다. 나는 총 42점 중에서 28점으로 전체 공동 11위, 영국 대표팀에서는 공동 1위로 은메달을 받은 것에 만족했다. 재미있게도, 부쿠레슈티로 가는 비행기에 타기 전에 우리는 공항의 서점을 지나갔는데, 대표팀의 한 사람이 『기묘한 수학책』을 발견하고 정말로 내가 공동 저자냐고 물었다. 그리고 곧바로 책을 구입했다!

5월에는 동료들과 세르비아 베오그라드에서 열린 발칸 수학 올림피아드에 나갔다. 이 대회가 내가 치러야 하는 스코틀랜드 상급 고등 물리 시험과 겹쳤기 때문에 SQA(스코틀랜드 검정위원회)와 조율해 다른 학생들이 집에서 시험을 볼 때(대회 하루 전날이었다) 나는 베오그라드에서 시험을 치렀다. 이번에 나는 동메달을 받았다. 다른 영국 학생 대부분과 마찬가지로 기하학 문제였던 1번 문제가 놀랍도록 어려웠다. 발칸 반도에서는 학교 교육 과정이 기하학을 매우 강조하기 때문에 그쪽 학생들은 기하학에서 빛나는 경향이 있는 반면 내 강점은 조합론과 정수론이다. 다시 발목을 잡히지 않겠다는 생각으로 나는 에반 첸Evan Chen의 『수학 올림피아드의 유클리드 기하학』을 구입해 내접사각형이나 삼각형의 외접원과 두 변에 접하는 원, 사영변환과 같은 내용을 다루는 문제를 수백 개 풀었다.

이제 IMO가 빠르게 다가오고 있었다. 나는 대표팀 동료와 마지막 IMO 대비 훈련 캠프에 참가하기 위해 부다페스트로 갔다. 매년 그렇듯이 캠프는 호주 대표팀과 공동으로 개최했다. 5일 동안 매일 우리는 IMO 형식의 연습문제 세 문제를 네 시간 반 동안 풀었다. 셋째 날 영국 대표팀은 호주 대표팀에게 문제를 낸 뒤 점수를 매겼고, 그 반대로도 했다. 다섯 번째이자 마지막 날은 2008년에 시작된 두 팀 사이의 대결 '수학 애시스(재)'가 펼쳐지는 날이었다. 그건 살짝 더 유명한 영국과 호주가 펼치는 크리켓 대결인 '더 애시스'를 흉내 낸 것이다. 오래전 크리켓 대결에서 사용했던 나무 막대가 타고 남은 재가 담겨 있다고 하는 단지, 혹은 복제품의 주인이 가장 최근의 평가전 결과에 따라 주인을 바꾼다. 수학 애시스의 단지에는 답안지의 타고 남은 재가 들어있으며, 첫해인 2008년과 (나를 포함한) 두 명이 만점을 받았음에도 1점 차이로 패배한 2018년을 제외하면 매년 영국 대표팀이 승리했다.

집으로 돌아온 지 며칠 만에 영국 대표팀은 다시 여행에 나섰다. 이번에는 바로 IMO였다. 59년 전 처음 그곳에서 시작된 이래 여섯 번째로 IMO가 루마니아로 돌아갔다. 개최 도시는 루마니아에서 네 번째로 인구가 많은 도시 클루지나포카였다. 107개 국가에서 총 594명이 모였다. 7월 8일 일요일에 열린 개회식에서 루마니아의 대통령과 부총리, 클루지나포카 시장, 그리고 IMO위원회 회장 조프 스미스Geoff Smith(마침 영국 대표팀 단장이었다)이 축사를 했고, 이어서 모든 팀이 행진했다.

그다음 이틀은 진짜 시험을 치렀다. 보안상의 이유로 한 시간 늦게 시작이 되었다. 화요일에는 핀란드 대표팀이 남는 시간을 이용해 시험장 한가운데 누워 있었다. 다른 나라 대표팀이 이 모습을 보고 오랜 지연에 대한 항의로 해석하고 함께 눕기 시작하면서 시험장 전체에 길게 사람들이 드러누웠다. 그러다가 우리는 일어서서 시험장을 빙빙 돌며

걷기 시작했고, 영국 대표팀의 누군가가 IMO 깃발을 들고 휘두르기 시작했다. 다른 나라 대표팀도 각자 자기 깃발을 들고 행진했다. 결국 우리는 시험이 시작되니 자리에 앉으라는 요청을 받았고, 그때 시험감독관은 비공식 쇼를 펼쳐주어서 우리에게 고맙다고 말했다.

맛보기를 위해 첫날 나온 문제 중 일부를 소개한다.

문제1. 예각삼각형 ABC의 외접원을 Γ(감마)라 하자. 점 D와 E는 각각 변 AB와 AC 위에 있고 AD=AE를 만족한다. 선분 BD와 CE의 수직이등분선이 Γ의 호 AB 중 작은 호, 호 AC 중 작은 호와 각각 점 F, G에서 만난다. 두 직선 DE와 FG가 평행함(또는 일치함)을 보여라.

문제 3. 정수들의 다음과 같은 정삼각형 모양의 나열을 역파스칼삼각형이라 하자. 가장 밑줄에 있는 수들을 제외하고, 나머지 각 수들은 바로 밑에 있는 두 수의 차(의 절대값)이다. 예를 들어, 다음 나열은 네 개의 가로줄로 이루어지고 1부터 10까지의 모든 수가 등장하는 역파스칼삼각형이다.

4

2 6

5 7 1

8 3 10 9

2018개의 가로줄로 이루어지고 1부터 1+2+···+2018 까지의 모든 수가 등장하는 역파스칼삼각형이 존재하겠는가?

이 문제, 그리고 이와 같은 다른 문제는 여러 가지 방식으로 해결할 수 있다. 하지만 학교에서 배우는 것처럼 단순히 공식을 사용해 계산으로 답을 얻는 전형적인 수학 학습법으로는 별 진전을 보기 어렵다. IMO 수준에서는 튼튼한 증명을 찾아내는 것을 강조한다. 하지만 이런 증명은 해결 방법을 향한 모종의 통찰력을 따라가는 과정에서 찾을 수 있다. 그리고 그런 통찰력은 다년간의 훈련과 개인적인 차원에서 창의력을 발휘하는 데서 나온다.

대회는 참가자 모두에게 강렬하면서도 재미있다. 생각이 비슷한 수학 팬들이 모여서 함께 지내며 서로 지혜를 겨루는 경험으로부터 많은 것을 얻을 수 있는 행사다. 대회 이후 며칠 동안 여행을 다니며 유대감과 친밀감은 더욱 강해진다. 첫 번째 날 우리는 근처에 있는 도시 알바이울리아에 가서 각각 동방 정교회와 가톨릭 소속의 두 성당과 투르다 소금 광산을 방문했다. 100m 지하에서 우리는 올림피아드와 훈련 캠프에서 인기 있는 카드 게임인 마오를 한 판 했다. 이건 규칙을 알아내는 게 목표인 게임인데, 소금 광산 안에서 우리는 게임을 말 그대로 좀 더 어지럽게 만들었다. 회전 놀이기구 위에서 했던 것이다.

대표팀이 힘든 시험을 마치고 즐거운 시간을 보내는 동안 단장과 부단장들은 '채점 협상'에 참여한다. 자기 팀의 답안이 몇 점짜리라고 생각하는지를 제시하는 것이다. 이 제시안은 심사위원에게 전달이 되고, 이들이 최종 점수를 결정한다.

마지막 날에는 폐회식이 열리고, 이번에도 저명한 인사들이 축사를 한다. 그리고 장려상을 받은 모두(메달은 따지 못했지만 적어도 한 문제에서 만점을 받은 참가자들)의 이름이 불린다. 그리고 나서 메달리스트들이 동메달부터(낮은 점수 순서대로) 12명씩 무대 위로 올라간다. 이어서 은메달리스트와 금메달리스트가 올라간다. 마지막으로, 나와 다른 만점자였던 미국 대표팀의 제임스 린James Lin이 올라갈 차례였다. 나는 여섯 문제 모두 만점을 받을 수 있었다. 영국 대표팀에서 42점 만점을 받은 사람이 나온 건 1994년 이후로 처음이었다. 2019년 IMO는 영국 바스에서 열린다는 사실을 알리는 의미에서 루마니아 대표팀이 IMO 깃발을 영국 대표팀에게 전달했다.

IMO 2018에서 거둔 성공은 내 학창 시절의 놀라운(그리고 예상하지 못했던) 클라이막스였지만, 단지 고등수학이라는 신기하고 놀라운 세계로 가는 첫걸음이었을 뿐이다. 현재 케임브리지대 트리니티 칼리지에서 공부하며 수학 연구자를 목표로 하고 있는 내게 모험은 이제 시작이다.

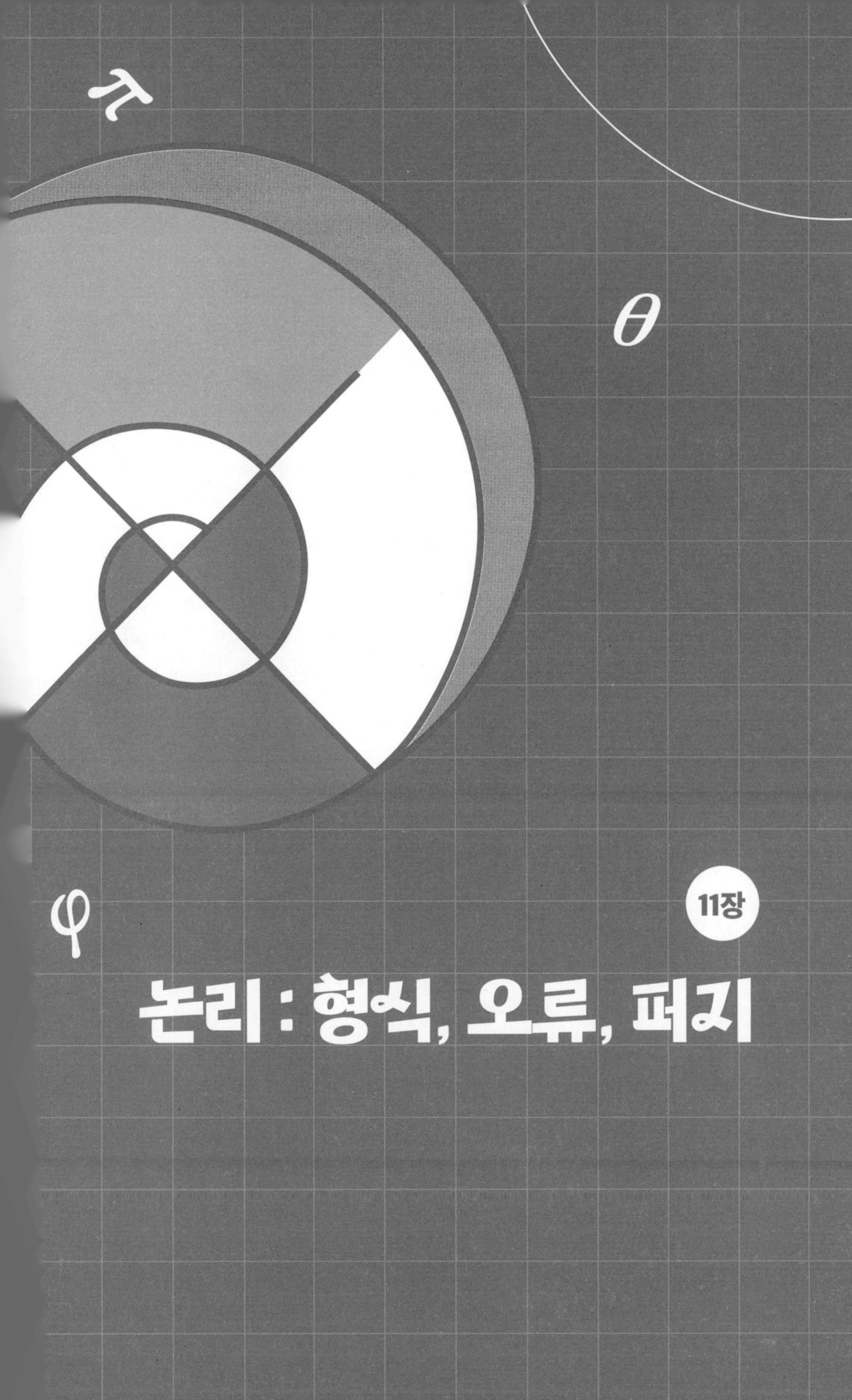

11장

논리 : 형식, 오류, 퍼지

반대로, 그게 그랬으면 그럴 수도 있어. 만약에 그렇다면 그럴 거야. 하지만 그렇지 않기 때문에 그렇지 않아. 그게 논리적이야.

- 루이스 캐럴

♣

논리란…, 아무리 논리적으로 생각해도 정의하기 어렵다. 논리logic라는 단어는 그리스어 로고스logos에서 유래했는데, 고대 그리스인은 이 단어를 놀랍고 혼동스러울 정도로 다양한 의미로 사용했다. 로고스는 철학적인 관점에 따라 '단어', '이성', '연설', '의견', '청원', '계획', 혹은 그 외의 대여섯 가지 뜻이 될 수 있었다.

초창기에 논리는 에토스와 파토스와 함께 수사법(언어를 능숙하게 사용해 다른 사람을 설득하는 기술)의 한 기둥으로 여겨졌다. 일부 철학자에게 로고스의 가장 중요한 측면은 논쟁에서 승리하기 위한 도구로 쓸 때의 효율성이었다. 다른 철학자들은 로고스가 연사의 설득력보다 우주의 본질적인 질서와 의미에 관련이 있다고 말했다. 기독교의 경우에 이 우주적 규약은 한 성스러운 인간의 형태로 체화했다. 즉, 예수 그리스도가 선날하는 신의 말이었던 것이다.

아리스토텔레스와 삼단논법

현대의 우리가 논리를 이해하는 방식은 아리스토텔레스가 『오르가논』이라고 부르는 논리학 저작 여섯 권에서 정리한 내용에 기인하고 있다. 『오르가논』은 후에 형식 논리*라고 불리게 되는 분야에 관한 서구 사회 최초의 종합적인 저서다. 아리스토텔레스는 '사람', '죽는다', '소크라테스'처럼 기본적인 요소나 화제를 가지고 시작했다. 이것들은 그 자체로 참이나 거짓이 아니다. 그냥 그런 것이다. 아리스토텔레스는 이 낱것과 같은 요소들을 가지고 '모든 사람은 죽는다'나 '소크라테스는 사람이다' 같은 명제를 만들 수 있다고 설명했다. 세 가지(전제 둘과 결론 하나) 명제를 합하면, 삼단논법이라는 결과를 얻는다. 고전적인 아리스토텔레스의 삼단논법 사례는 다음과 같다.

모든 사람은 죽는다.

소크라테스는 사람이다.

그러므로 소크라테스는 죽는다.

아리스토텔레스의 관점에서 삼단논법 그 자체는 간단한 논증일 뿐이다. 서로 다른 삼단논법의 결론으로부터 좀 더 복잡한 논증을 짜 맞출 수 있다. 하지만 삼단논법, 그리고 더 나아가 논증이 반드시 유효한 건 아니다. 위에서 언급한 삼단논법

---

* 추론의 결론이 유효한지 아닌지 결정하는 체계

은 모든 사람이 죽고 소크라테스가 사람이라면 소크라테스가 죽는 게 확실하기 때문에 참이다. 하지만 이 삼단논법을 생각해 보자.

> 모든 사람은 죽는다.
> 모든 소는 죽는다.
> 그러므로 모든 소는 사람이다.

앞의 두 전제에 아무 문제가 없지만, 이 삼단논법은 유효하지 않다. 삼단논법이 유효한지 아닌지는 모든 혹은 어떤 전제가 실제로 참인지가 아니라 전적으로 논증의 구조에 달려 있다. 예를 들어 다음 삼단논법은 논리적으로 유효하지만 역시 완전히 말이 안 된다.

> 모든 사람은 소다.
> 모든 소는 돌고래다.
> 그러므로 모든 사람은 돌고래다.

이건 논리에 아무 문제가 없음에도 두 전제가 모두 참이 아니기 때문에 말이 되지 않는다! 여기서 '건전성'이라는 개념이 등장한다. 삼단논법 또는 논증이 유효하고 그것을 떠받치는 전제가 모두 참일 때 '건전하다'고 한다. 논리 그 자체만으로는 어떤 논증이 건전한지 알 수 없다. 그래서 우리는 전제에 대해서도 알아야 한다. 전제가 참이라는 사실을 기꺼이 받아들일 때만 그에 바탕을 둔 논리가 우리를 유효한 결론으로 데려다 줄 것이라고 확신할 수 있다.

아리스토텔레스는 자신의 저서인 『오르가논』에서 엄청나게 많은 내용뿐 아니라 특히 자신의 삼단논법을 자세히 다룬다. 그는 '모든 A는 B다'라는 결론이 나오는 것뿐만이 아니라 '어떤 A는 B다'나 '어떤 A는 B가 아니다'처럼 논증에 사용할 수 있는 다양한 유형의 명제에 관해서 이야기하고 있다. 또한 아리스토텔레스는 처음으로 배중률*과 같은 개념을 체계적인 방식으로 다룬 인물로, 그의 업적은 향후 서구의 사상에 막대한 영향을 끼쳤다.

다양한 논리학적 개념 발전

하지만 논리학의 중요한 발달이 서구에서만 이루어진 건 아니다. 기원전 7세기, 고대 그리스에서 철학이 부흥하던 것과 같은 시기에 안비크시키라는 주의가 인도에서 뿌리를 내렸다. 산스크리트어로 '안비크시키'는 대략 '탐구의 과학'이라고 번역할 수 있다. 기원전 650년경, 안비크시키의 초창기 형태는 영혼의 과학과 이성론을 모두 포용했다. 이를 바탕으로 인도 논리학을 발전시킨 인물로는 기원전 550년경 이 주제에 관한 초창기 저작을 남긴 메다티티 가우타마Medhatithi Gautama가 꼽힌다. 아리스토텔레스 논리학과 인도 논리학은

* 어떤 명제든 참이거나 그 부정이 참이어야 한다는 개념

시간대가 겹치지만, 후자는 정신과 감각에 관한 철학적 개념에 훨씬 더 많은 관심을 보인다. 아리스토텔레스, 즉 전반적인 서구 논리학이 순수하게 물질주의적이고 객관적인 접근법을 취하는 반면 인도 논리학은 처음부터 주체와 객체가 분리할 수 없이 뒤엉켜 있다고 가정한다. 이는 결국 객체가 스스로 존재할 수 없는 성질이 있다는 결론으로 이어진다. 인도 논리학은 인지와 같은 개념에도 훨씬 더 분석적이다. 인지 과정에 깊은 관심을 가지며, 인식되고 있는 객체의 독립적인 존재와 매개체의 개입(시각의 경우 빛처럼), 감각 기관과 정신, 자아의 성질에 관한 의문을 던진다. 인도 논리학은 모든 인지가 똑같이 유효한 건 아니거나 아예 유효하지 않으므로 거기서 유래하는 어떤 논리적 추정도 똑같이 의심할 수 있다는 결론을 내린다.

논리학의 세 번째 줄기는 기원전 6세기와 5세기에 공자를 시작으로 발전했다. 하지만 유교는 중국 최초의 제국인 진나라 때 기원전 3세기 말까지 큰 탄압을 받았다. 그리고 이후 중국이 받아들인 논리 개념은 주로 이웃한 인도에서 도입한 것이었다. 수학에 끼친 영향에 관해서 생각하면 인도와 서구에서 발전한 논리 체계가 훨씬 더 중요한 건 분명하다.

아리스토텔레스 외의 다른 그리스인도 논리학의 발전에 각자 역할을 했다. 스토아학파의 철학자들, 대표적으로 기원전 3세기의 크리시포스Chrysippus는 아리스토텔레스가 창시한 술어논리에서 별개로 파생된 '명제논리'라는 분야의 발전에 기여했다. 이름을 보면 알 수 있듯이, 명제논리의 핵심 요소는 명제다. 명제는 현실 세계에 관한, 참이거나 거짓인 진술이다. 몇 가지 명제를 시작으로 논리적인 연결성을 이용해 새로운 명제를 만들 수 있다. 예를 들어 '낸시의 집에는 고양이가 있다'와 '낸시는 프레디의 여자친구다'라는 명제로 시작해 '프레디의 여자친구 집에는 고양이가 있다'라는 명제를 만들 수 있다. 만약 명제가 원자와 같다면, 술어논리는 아원자 수준을 더 많이 다루며 명제의 내부 구조를 분석할 수 있게 해준다.

논증의 참과 오류

앞서 언급했듯이 논증이 논리적으로 말이 된다고 해서 그게 참이 되는 건 아니다. 연쇄적인 논리가 멀쩡해 보여도 온갖 오류가 튀어나올 수 있다. 예를 들어 기초 대수학과 논리적으로 보이는 몇 단계의 연산을 이용해 쉽게 2와 1이 같다고 증명할 수 있다.

$a=b$라고 한다.

양변에 a를 곱하면 $a^2=ab$가 된다.

양변에 a^2를 더하면 $a^2+a^2=a^2+ab$가 된다.

따라서 $2a^2=a^2+ab$다.

양변에서 2ab를 빼면 $2a^2-2ab=a^2+ab-2ab$가 된다.

따라서 $2a^2-2ab=a^2-ab$다.

또는 $2(a^2-ab)=1(a^2-ab)$라고 쓸 수 있다.

마지막으로 양변을 (a^2-ab)로 나누면, 놀라운 결론에 도달한다.

$2=1$

이렇게 보면 수학이라는 체계 전체에 큰일이 난 것처럼 보인다. 마지막 단계에서 무슨 짓을 했는지 깨닫기 전까지는. 앞서 우리는 $a^2=ab$라고 썼다. 그러면 $a^2-ab=0$이 된다. 오래전에 수학자들은 0으로 나눌 수 있게 해서는 안 된다는 사실을 깨달았다. 그러면 모든 수가 다른 어떤 수와 같다는 사실을 증명할 수 있게 되는 등 온갖 말도 안 되는 일이 벌어지기 때문이다. 2=1이라는 우리의 논증은 멀쩡해 보이지만, 0으로 나누는 건 정의되어 있지 않기 때문에 오류에 빠지게 된다.

논리학의 르네상스

그리스 논리학, 특히 『오르가논』에서 제시한 논리학의 원칙은 이슬람 철학자들과 윌리엄 오컴William of Ockham이나 장 뷔리당Jean Buridan 같은 중세 유럽 철학자들이 더욱 발전시킬 수 있는 근간이 되었다. 그 뒤로 14세기에서 19세기 초까지는 긴 침체기가 이어졌다. 하지만 논리학이 이성 전체만이 아니라 특정 과학과 수학의 기반에 근본적이라는 인식이 커지기 시작하면서 이에 관한 관심이 다시 살아났다. 이 르네상스의 중심에는 영국 수학자 조지 불George Boole과 오거스터스 드 모르간Augustus De Morgan, 찰스 배비지가 있었다.

몇몇 영국 학자가 인도 철학에 흥미를 갖기 시작한 것도

18세기 말에서 19세기 초엽의 일이었다. 이들은 서구 사회가 2,000여 년 전에 인도 아대륙에서 태어난 추론과 분석 체계의 정교함을 이해하도록 일깨웠다. 아리스토텔레스 논리학이 서양 사상을 오랫동안 지배해왔기 때문에 동양에서 완전히 다른, 어떤 면에서는 좀 더 정묘한 논리학이 생겨났다는 사실은 많은 이에게 충격으로 다가왔다.

동서양 양쪽에서 논리학 연구는 철학의 경계를 넘어 수학으로 퍼져나갔다. 둘은 모두 세심한 단계별 추론에 의존한다는 본질적인 면에서 언제나 가까운 사이였다. 1860년 드 모르간은 다음과 같은 글을 썼다. "수학을 창시한 두 민족, 산스크리트어와 그리스어를 쓰는 사람들은 독자적으로 논리 체계를 만든 두 민족이기도 하다." 그러나 역사적으로 그 당시까지 수학과 논리는 대체로 평행선을 그리며 제각기 발전했다. 논리 요소를 정량화할 수 있다는 생각이 나타나며 그와 함께 수리논리학이 태어난 건 19세기 중반에 가까워지면서였다.

수리논리학의 탄생

오거스터스 드 모르간은 어린 시절부터 총명하고 아는 게 많은 신동이었다. 14살 때는 라틴어와 그리스어, 그리고 약간의 히브리어를 알았고, 16살에 케임브리지대학교 트리니티 칼리지에 입학해 수학을 공부했다. 햇빛 아래서 온갖 주제에 관한 책을 읽느라 엄청난 시간을 보낸 게 공부에 방해가 됐는지 수학 트라이포스 시험에서는 '고작' 4등밖에 하지 못했다.

게다가 당시에 석사 학위를 받기 위해서는 의무였던 신학 시험을 거부한 일 때문에 케임브리지대에서 교수가 될 수 없었다. 하지만 새로 생긴 런던대학교에서 학생을 가르치며 뛰어난 강사로 명성을 얻었다.

20대가 된 드 모르간은 논리학과 수학을 하나로 합치는 데 깊은 관심을 갖기 시작했다. 드 모르간이 케임브리지에 다녔을 때 그를 지도했던 사람 중 한 사람 역시 과학적 방법론에 논리학 원칙을 더 많이 수용할 필요가 있다고 주장했다. 바로 박학가 윌리엄 휴월William Whewell('과학자scientist'라는 단어를 만든 사람)이다. 드 모르간의 핵심 관심사는 논리 명제와 결론을 대수학 표현처럼 보이게 바꿀 수 있도록 삼단논법의 여러 부분을 기호를 사용해 나타내는 것을 시작으로 논리를 정량화하는 일이었다. 드 모르간은 조지 불과 스코틀랜드 철학자 윌리엄 해밀턴 경Sir William Hamilton, 그리고 (헷갈리게도) 이름이 거의 똑같은 아일랜드 수학자 윌리엄 로완 해밀턴 경Sir William Rowan Hamilton처럼 당시에 비슷한 아이디어를 탐구하던 다른 이들과 부지런히 서신을 주고받기 시작했다.

조지 불과 드 모르간 두 사람은 아리스토텔레스 논리학과 (서양인의 눈에) 이국적으로 보였던 동양의 논리학에 빠져들었다. 드 모르간은 인도 논리학자들의 공헌에 관해 공개적으로 글을 남겼고, 조지 불이 인도 논리학에 관해 알고 있었다는 사실은 그의 아내인 메리 에베레스트 불Mary Everest Boole이 쓴 에세이 '『인도 사상과 19세기의 서구 과학』으로 확인할 수 있다. 메리의 이야기에 따르면 둘을 이어준 건 세계에서 가장 높은 산의 이름을 부여했으며 철학을 비롯해 오랫동안 인도에서 살면서 알게 된 여러 개념을 영국에 가져온 자신의 삼촌 조지 에베레스트George Everest였다. 메리의 에세이에는 이런 구절이 있다. "배비지와 드 모르간, 조지 불이 힌두교의 영향을 강하게 받은 게 1830~1865년의 수학계 분위기에 어떤 영향을 끼쳤을지 생각해 보자." 한 가지 영향으로는 더욱 현대적인 사상의 물결을 개척하는 이들로 하여금 고전적인 명제논리의 단점에 의문을 제기하고 논리학을 좀 더 수학적인 쪽으로 이끌고 왔다는 게 있을 것이다.

조지 불은 주로 독학으로 공부했으며 대부분의 삶을 아일랜드 코크의 퀸즈칼리지에서 제1 수학 교수로 보냈다. 불과 49세에 닥쳐온 불의 죽음은 불행한 사건의 연속 때문이었다. 처음에 그는 폭우를 맞으며 집에서 학교까지 5km를 걸어갔고, 젖은 옷을 입은 상태로 그대로 강의했다. 그 결과 폐렴에 걸렸는데, 의심의 여지 없이 좋은 의도에서 했던 아내의 간호가 아니었다면 살았을지도 몰랐다. 아내 메리는 그녀가 저술한 수학책이 증명하듯이 다른 면에서는 일류 사상가였지만, 치료법이 원인과 일치해야 한다는 망상에 빠져 있어서 조지를 젖은 담요로 둘둘 싸맸다. 이렇게 몇 주 치료를 받자 불리한 싸움에서 그의 면역 체계는 질 수밖에 없었고, 1864년 12월 8일 조지 불은 흉막삼출로 세상을 떠났다.

그로부터 10년 전 불은 혁신적인 저서 『논리와 확률의 수학적 기초를 이루는 사고의 법칙 연구』를 출간했는데, 거기서 이렇게 말했다.

일반적인 추론을 하는 정신의 작용과 대수학이라고 하는 과학의 작용 사이에는 커다란 유사성이 있을 뿐만 아니라 두 작용을 수행하는 법칙은 상당한 수준까지 정확히 일치한다.

현대 컴퓨터의 초석, 불 대수

불은 불 대수 혹은 불 논리로 불리게 된 수학 체계를 고안했다. 이 체계는 참 또는 거짓 두 가지 값만 가질 수 있는 변수를 이용한다. 평범한 수학 체계에서 네 가지 주요 연산은 덧셈, 뺄셈, 곱셈, 나눗셈이지만, 불 대수의 기본 연산은 논리곱(AND)과 논리합(OR), 부정(NOT)이다. 소위 '진리표'는 이 연산에 따른 각 입력값의 모든 결과를 보여준다.

A	B	A AND B	A OR B	NOT A
거짓	거짓	거짓	거짓	참
거짓	참	거짓	참	참
참	거짓	거짓	참	거짓
참	참	참	참	거짓

AND와 OR, NOT 연산을 조합하면 ((NOT A) OR C) AND NOT (A AND (NOT B))과 같은 좀 더 복잡한 논리 명제를 만들 수 있다. 이 세 가지 기본 연산을 이용해 다른 연산을 만들 수도 있다. 그중에서 중요한 것으로는 부정논리곱(NAND)과 부정논리합(NOR), 배타적 논리합(XOR)이 있다. 변수 A와 B에 대해 A NAND B=NOT(A AND B)로, A와 B 중 적어도 하나

가 거짓일 때 참이다. A NOR B=NOT (A OR B)로, A와 B가 둘 다 거짓일 때 참이다. A XOR B=(A OR B) AND (A NAND B)로, A와 B 중 하나만 참일 때 참이다.

시간이 흘러 불 대수는 현대 컴퓨터의 초석이 되었다. 가장 근본적인 수준에서 보면 전자 컴퓨터는 각각 끄거나 켤 수 있는 수많은 스위치로 이루어져 있다. 이 두 상태는 불 대수의 '참' 또는 '거짓' 값이나 2진법의 '1' 또는 '0'을 나타낼 수 있다. 컴퓨터 안에 있는 많은 회로는 논리 게이트를 만들도록 배열되어 있는 스위치로 이루어져 있고, 이들은 불 대수의 다양한 연산자와 대응이 된다. 각 유형의 논리 게이트는 입력받은 신호에 따라 결과를 전기 신호로 내놓는다. '참'이나 '1'은 높은 신호로, '거짓'이나 '0'은 낮은 신호로 나타낸다. 오늘날의 컴퓨터가 사용하는 논리 게이트의 수나 그 배열의 복잡함은 이루말할 수 없다. 손톱만 한 최신 칩에는 수십억 개의 게이트가 들어가기도 하며, 1제곱밀리미터당 트랜지스터(스위치)의 수는 1억 개에 달한다.

배비지와 차분기관, 컴퓨터 시대의 시작

조지 불은 자신의 혁신적인 새 논리 형식이 어디로 이어질지 알 수 없었다. 하지만 초기 컴퓨터의 발전을 일부 목격하긴 했다. 1862년 불은 사우스 켄싱턴에서 열린 런던 대박람회에서 찰스 배비지를 만났다. 그곳에서 그는 손잡이를 돌리면 사인이나 코사인, 탄젠트, 로그 함수의 값을 자동으로 계산하

런던 과학박물관에 있는 차분기관. 실제 배비지의 설계를 바탕으로 만든 첫 번째 차분기관이다.

는 기계식 계산기인 차분기관의 계승자가 될 해석기관의 일부가 전시되어 있었다. 그곳에서 배비지는 실제로 작동하는 차분기관의 일부 모형을 완성해 1833년 바이런 부인과 부인의 딸린 에이다 러브레이스 앞에서 시연해 보였다. 바이런 부인은 일기에 이렇게 적었다. "우리 둘은 지난 월요일에 생각하는 기계(그렇게 보인다)를 구경하러 갔다. 그 기계는 차수를 높여 2차, 3차까지 가더니 2차 방정식의 근을 찾아냈다."

차분기관은 과거의 어떤 계산기보다도 훨씬 더 뛰어난 장치였지만, 해석기관은 그조차도 훌쩍 뛰어넘는 장치가 될 수 있었다. 자카르 방직기에 사용하는 천공카드를 이용해 명령과 데이터를 입력할 수 있는 진정한 범용 기계식 계산기를 만들겠다는 게 배비지의 구상이었다. 완전한 차분기관을 완성하지 못한 것과 같은 이유로 해석기관은 끝내 만들어지지는 않았다. 설계는 문제없었지만, 공학적인 측면에서 당시의 기술 수준이 해석기관을 만드는 데 필요한 여건을 충분히 갖추고 있지 못했다. 그렇지만 불은 배비지와 만나 보고 들은 것에 깊은 인상을 받았다. 1862년 10월 15일 불은 배비지에게 보낸 편지에 이렇게 썼다.

> 선생님, 케임브리지에서 런던으로 돌아오는 길에 찾아오라는 친절한 초대에 응하지 못해서 대단히 유감입니다… 그동안 저는 메나브레아의 논문과 자카르 방직기의 원리에 익숙해지도록 노력하겠습니다.

고작 한 세기 남짓 만에 자신의 논리학 연구가 오늘날 우리가 사는 디지털 세상의 바탕이 되리라고는 생각하지 못했지만, 불은 적어도 컴퓨터 시대의 초창기를 목격할 수 있었다.

논리학의 수학적 발달

불 이후 독일의 철학자이자 논리학자 코트로브 프레게 Gottlob Frege는 논리학을 수학 쪽으로 더 가까이 가져갔다. 프레게의 목표는 다름아닌 산술과 논리가 동일하며 수라는 개념을 순수하게 논리적인 수단으로 정의할 수 있음을 보이는 것이었다. 다른 이들도 기하학에서 집합론에 이르는 수학의 모든 분야가 처음에 깔아놓은 공리 집합 또는 자명한 명제로부터 자연히 생겨난다는 사실을 증명하기 위한 노력에 합류했다. '소박한 집합론'이라는 이론에 관한 프레게의 초기 연구는 1901년 영국 철학자 버트런드 러셀의 역설에 의해 틀어져버렸다(『기묘한 수학책』에서 설명한 바 있다). 하지만 독일의 논리학자 겸 수학자 에른스트 체르멜로Ernst Zermelo는 역설을 해결할 방법을 찾아냈고, 독일 태생의 이스라엘 수학자 아브라함 프랭켈Abraham Fraenkel과 함께 체르멜로-프랭켈 집합론이라고 하는, 선택 공리와 함께 가장 널리 인정받는 수학의 논리적 기반을 이루는 공리 체계를 만들었다.

20세기 초에는 무모순적임을 증명할 수 있는 공리 집합 안에서 당시 존재하던 모든 수학의 기반을 세울 수 있다는 낙관적인 분위기가 있었다. 이런 목표를 달성하기 위한 노력이 구체화된 게 독일 수학자 다비트 힐베르트의 이름을 딴 힐베르트 프로그램이었다. 그러나 거의 모든(전부는 아니었다) 수학자의 의견에 따르면, 힐베르트의 꿈은 1930년대에 불완전성 이론(역시 『기묘한 수학책』에서 다루었다)을 들고 나온 오스트리아 출신의 미국 논리학자 쿠르트 괴델에 치명타를 맞고야 말았다.

오늘날의 과학, 수학, 통신, 컴퓨터에 쓰이는 논리의 상당수는 아리스토텔레스가 처음에 제시했고 한참 이후에 드 모르간 및 불과 같은 인물이 정량적인 형태로 발전시킨 것이다. 그러나 참이냐 거짓이냐는 두 가지 상태에 바탕을 둔 고전 논리가 적절하지 않은 상황은 많다. 가령 뜨거운 물체가 식기 시작한다고 생각해 보자. 과연 언제부터 뜨거운 게 아니라 차가운 게 될까? 당연하지만, 갑작스럽게 상태가 바뀌는 지점은 없다. 뜨겁다고 말하는 게 갑자기 거짓이 되는 특정 온도는 없다. 이런 경우를 다루려면 다른 접근법이 필요하다.

이치논리의 한계와 퍼지논리의 등장

아리스토텔레스도 이치논리two-value logic의 몇몇 한계를 알고 있었고, 『오르가논』 2권인 『명제론De Interpretatione』에서 그에 관해 이야기했다. 예를 들어 자신의 배중률 법칙이 미래의 사건에 적용할 때는 위태로운 기반 위에 서게 된다는 사실을 깨달았다. 미래의 사건은 아직 참도 거짓도 아닌 우발적인 사건이기 때문이다. 이 문제를 설명하기 위해 아리스토텔레스는 사고 실험 하나를 생각했다. 내일 해상 전투가 벌어지지 않을 것이라고 하자. (4세기에는 지금보다 해상 전투가 더 큰 문제였다!) 그렇다면 이건 과거의 모든 경우에도 참이었어야 한다. 미래의 어떤 사건에 관해 참인 것은 과거의 사건에 대해서도 참이었어야 하기 때문이다. 그러나 "내일 해상 전투가 벌어지지 않을 것이다"라는 명제에 대해 과거의 모든 경우가 참이려면 해상 전투가 벌어질 것이라는 반대 명제가 거짓이어야 한다. 그러므로 해상 전투가 벌어지는 건 가능하지 않게 된다. 아리스토텔레스는 이렇게 표현했다.

> 어떤 사람은 1만 년 전에 어떤 사건을 예측할 수 있고, 다른 사람은 그 반대를 예측할 수 있다. 과거의 그 순간에 진정으로 예측했던 일은 시간이 충분히 흐르면 필연적으로 일어날 것이다.

해상 전투에 관해 이야기하자면, 두 가지 경우가 동시에 가능할 수는 없다. 전투가 벌어지거나 아니거나 둘 중 하나다. 아리스토텔레스의 해결책에 따르면 현재에는 두 명제 모두 참도 거짓도 아니다. 하지만 하나가 참이라면, 다른 하나는 거짓이 된다. 현재 그 명제가 옳은지를 말하는 건 불가능하다. 우리는 전투가 우발적으로 실현되기를(혹은 안 되기를) 기다려야 한다. 논리는 그 뒤에 자명해진다.

아리스토텔레스는 이치논리의 한계를 알고 있었지만, 그것을 더 발전시키기 위한 주장을 하지 않았다. 사실 1917년경이 되어서야 폴란드의 논리학자이자 철학자 얀 우카시에비치Jan Łukasiewicz가 처음으로 비고전적인 다치논리를 고안했다. 아리스토텔레스의 해상 전투 역설을 다루기 위해 우카시에비치는 세 번째 진릿값 '가능'을 도입했다. 나중에 우카시에비치와 동료인 폴 알프레드 타르스키Pole Alfred Tarski, 미국 수학자 에밀 포스트Emil Post와 스티븐 클린Stephen Kleene을 비롯한 다른 논리학자들은 2개보다 많은 진릿값을 갖는 다치논리를 더 깊이 탐구했다. 1932년 우카시에비치와 제자인 타르스키는 처음으로 진릿값이 무한히 많은 다치논리라는 개념을 떠올렸고, 훗날 여기서 '퍼지논리fuzzy logic'라는 개념이 등장했다.

퍼지논리의 가장 큰 특징은 명제가 완전히 참이거나 거짓일, 혹은 1이나 0 같은 수 형태일 필요가 없다는 점이다. 그 대신 그 사이의 어떤 값이든 가질 수 있다. 예를 들어 진릿값이 0.8인 명제는 대체로 참이다. 퍼지논리는 종종 인간이 특정 용어를 사용하는 모습을 나타내는 데 더 적합하다. 은

도의 경우 우리는 칼같이 자를 수 없이 천천히 따뜻해지거나 시원해지는 현상에 대해 이야기한다. 퍼지논리에서 어떤 물체의 온도가 올라간다고 할 때 그건 '그건 뜨겁다'의 진릿값이 증가하고 그에 따라 '그건 차갑다'의 진릿값이 감소하는 것과 같다.

퍼지논리는 밀레토스의 에우불리데스Eubulides가 처음 논의한 이른바 무더기 역설sorites paradox을 방지할 수도 있다. 원래의 형태는 이렇다. 모래 한 무더기가 있다. 여기서 모래 한 알을 빼낸다. 당연히, 여전히 모래 무더기다. 하지만 모래알을 한 개씩 빼내는 과정을 반복하다 보면, 결국 모래가 한 알만 남는 상태가 될 것이다. 이때는 당연히 무더기가 아니다. 아리스토텔레스의 이치논리에서는 이 명칭 문제가 생기지 않게 하는 유일한 방법이 각 단계마다 남은 게 무더기인지 아닌지 정의해 모래 무더기를 무더기라고 할 수 없는 임의의 전환점이 생기게 하는 것이다. 하지만 그러면 우리는 모래알 한 개 차이로 크기가 다른 두 무더기가 생기는 모호한 상황을 맞닥뜨리게 된다. 둘 중 하나는 무더기라고 할 수 있고, 다른 하나는 무더기라고 할 수 없다. 퍼지논리로는 어느 한 상태에서 다른 상태로 어처구니없이 인위적으로 건너뛰어야 하는 상황을 피해갈 수 있다. 모래 무더기에서 모래알 한 개를 빼내면 모래 무더기에서 아주, 아주 조금 멀어진다고 말할 수 있다는 사실을 공식화해주는 것이다. '이것은 무더기다'라는 명제의 진릿값은 모래알을 한 개씩 빼낼 때마다 서서히 감소하며, 따라서 작은 모래 무더기는 큰 무더기보다 무더기에 덜 가깝다고 할 수 있다.

무더기 역설은 수없이 많은 형태로 나타난다. 예를 들어 부유함에 관해 생각해 보자. 억만장자는 당연히 부자다. 부자에게서 1페니를 빼앗는다고 해도 여전히 부자다. 하지만 1페니씩 사라지는 동안에도 부자 칭호를 고집한다면, 시간이 흐른 뒤에는 완전히 파산한 사람인데도 여전히 부자라는 결론을 내릴 수밖에 없다! 퍼지논리를 적용하면 단 1페니라도 줄어들면 "이 사람은 부자다"라는 명제의 진릿값이 0에 아주 가까운 양만큼 줄어든다는 좀 더 합리적인 태도를 취할 수 있다. 퍼지논리는 '상당히'나 '조금'과 같은 단어를 진릿값의 범위로 해석할 수 있게 해주기도 한다.

'퍼지논리'라는 용어와 바탕이 되는 수학은 1960년대에 아제르바이잔 출신의 수학자 겸 컴퓨터과학자인 UC버클리의 로트피 자데Lotfi Zadeh가 제시했다. 당시 자데는 컴퓨터가 자연어를 이해할 수 있게 할 방법을 연구하고 있었다. 삶의 많은 것이 그렇듯이 자연어는 보통 '참'과 '거짓' 같은 용어나 극단적인 둘 사이에서 선택을 강제하는 논리에 별로 도움이 되지 않는다. 퍼지논리에서는 참과 거짓, 혹은 1과 0이 사이에 무한히 세분화된 단계가 있는 진릿값 척도의 양쪽 끝에 온다. 예를 들어 어떤 사람의 키를 잴 때 '크다'와 '작다' 중에서 골라야만 하는 게 아니라 '0.43 만큼 크다'와 같은 명제도 사용할 수 있다.

인간과 닮은 신경망

점진적이고 잠정적으로 평가하는 건 인간이 생각하는 방법의 일부다. 그래서 과학자들은 그런 미묘하고 인간과 닮은 능력을 가진 퍼지논리를 인공적인 시스템에 도입할 수 있는 방법으로 본다. 이는 익숙하지 않은 일을 해야 할 때 우리 인간과 똑같은 인지 방식을 따라 폭넓게 해결책을 찾는 소프트웨어의 개발로 이어졌다.

우리 뇌의 또 다른 특징은 자동으로, 그리고 무의식적으로 자료를 모아 다양한 잠정적 결과를 만들어 내고, 이런 결과들이 모여 더욱 뚜렷하고 더욱 가중치를 둔 결론에 이른다는 점이다. 이런 결론이 일정한 임계점에 이르면 '우리'는 그것을 의식하게 되고, 그 결과 어느 쪽으로 행동하겠다는 의식적인 결정을 내린다. 아니면 쌓인 결과물이 자동으로 무의식적인 운동 반응 같은 외부 행동을 일으키기도 한다. 합의 과정(계속해서 수많은 자료를 처리한 결과물을 종합하고 가중치를 주는 일)을 흉내 내려는 노력은 인공 신경망 개발로 이어졌다. 인공 신경망은 뇌의 뉴런을 느슨하게 본떠 만든 유닛이나 마디를 모아 서로 연결해 놓은 것이다.

퍼지논리와 인공 신경망은 서로 뚜렷하게 다르지만 인공지능 연구에 쓰이는 중요한 두 가지 전략이다. 각각은 특정 유형의 문제만 다루는 데 적합한 특성이 있다. 예를 들어 퍼지논리 시스템은 불명확한 정보를 가지고 추론하는 데 좋고, 결정에 이르는 과정을 보여줄 수 있다. 하지만 그런 결정을 하게 만든 규칙을 알아내는 데는 적합하지 않다. 반대로 인공 신경망은 패턴 인식과 자연어 분석 같은 분야에 잘 맞는다. 하지만 본질적으로 블랙박스와 같아 악명이 높다. 인공 신경망은 어떻게 그런 결론에 도달했는지 거의 알려주지를 않는다. 이런 한계 때문에 일부 인공지능 연구자는 두 기술을 결합한 하이브리드 시스템을 만드는 데 집중하고 있다. 연구자들은 퍼지논리와 인공 신경망을 융합한, 이른바 퍼지 신경망 또는 신경-퍼지 시스템이 개별적인 접근법의 결점을 극복하고 다양한 현실 세계의 문제를 효율적으로 해결할 수 있게 되기를 바라고 있다.

직관논리와 귀류법

지난 100년 동안 고전 혹은 아리스토텔레스의 논리학과 다른 여러 가지 유형의 논리학이 나타났다. 그중에는 '직관논리'는 수학이 발견되기를 기다리고 있는 실존하는 대상이 아니라, 순수하게 정신적으로 만들어진 결과라는 믿음에서 나왔다. 20세기 전반에 네덜란드의 수학자이자 철학자 L. E. J. 브라우어르Brouwer가 주로 이끌었던 이 철학은 수학 증명이 구성적이어야 한다고 주장한다. 예를 들어 만약 어떤 증명에 '…와 같은 어떤 X가 존재한다'는 명제가 포함되어 있다면, 그게 유효하기 위해서는 실제로 성립하는 X의 구체적인 사례를 증명이 반드시 포함하고 있어야 한다는 것이다. 브라우어르의 제자인 암스테르담대학교의 아런트 헤이팅Arend Heyting은 기호와 형식화된 규칙을 완전히 갖추도록 직관논리를 발전시켜 수리 논리에 통합했다. 주요한 특징으로는 이중부정과 배중률의 법칙이 없다(A의 이중부정도 A가 되지 않을 수 있고, A이거나 A가 아님이 꼭 참일 필요는 없다). 그리고 직관논리가 허용하지 않는 또 다른 것으로는 '귀류법'이 있다.

여러분에게 우산이 하나 있다고 하자. 월요일 저녁에는 우산이 말라 있지만, 목요일 아침에는 젖어 있다. 우리가 증명하려고 하는 명제는 '화요일에 비가 왔거나 수요일에 비가 왔다'이다. 우산은 비가 올 때만 젖는다고(그리고 아주, 아주 천천히 마른다!) 할 때 우리는 다음과 같이 고전 논리학을 이용해 답에 도달할 수 있다. 결론이 거짓이라고 가정하고 시작해 보자. 즉, 화요일과 수요일 모두 비가 오지 않았다는 것이다. 만약 그렇다면, 월요일 저녁에 우산이 말라 있으므로 목요일 아침에도 우산은 말라 있어야 한다. 하지만 우리는 목요일 아침에 우산이 젖어 있다는 것을 알고 있기 때문에 모순이 된다. 따라서 화요일과 수요일 모두 비가 오지 않았다는 우리의 가정은 거짓이 되고, 화요일이나 수요일 중 한 날에 비가 왔다는 게 참이어야만 한다.

그러나 방금 보여준 귀류법은 직관논리 하에서는 통하지 않는다. 사실 직관논리는 '화요일에 비가 왔거나 수요일에 비가 왔다'라는 명제를 생각하지 않는다. 'A 또는 B'라는 형태의 명제를 증명하려면 A의 증명이나 B의 증명을 제시해야 하기 때문이다. 'A 또는 B가 참이지만 우리는 어느 쪽인지 모른다'라고 말할 수는 없다. 우산의 경우, 여러분은 화요일에 비가 왔다는 사실을 증명할 수 없다(어쩌면 화요일은 맑았고 수요일에 비가 왔을 수도 있다). 그리고 수요일에 비가 왔다는 사실도 증명할 수 없다(어쩌면 수요일은 맑았고 화요일에 비가 왔을 수도 있다). 따라서 '화요일에 비가 왔거나 수요일에 비가 왔다'라는 명백해 보이는 명제를 증명할 방법이 없다. 여러분이 그 부정(화요일과 수요일 모두 비가 오지 않았다) 이 거짓임을 증명할 수는 있다. 그러나 그러면 직관논리가 인정하지 않는 이중부정의 법칙을 사용해야 하기 때문에 도움이 되지 않는다.

다양한 상황, 다양한 논리

이 간단한 예시는 직관논리와 직관논리가 바탕을 두고 있는 구성주의가 적어도 일상적인 문제를 해결하는데 있어 심각한 결점이 있다는 뜻으로 보일 수 있다. 하지만 20세기 초에 구성주의가 생긴 이유는 우산이 젖었는지 말랐는지 같은 문제를 다루기 위해서가 아니었다. 당장 다루어야 할 문제는 집합론이었다. 구체적으로 말하면, 집합론에 이른바 선택공리를 포함해야 할지를 두고 논쟁이 있었다. 평범한(그리고 다소 부정확한) 말로 설명하자면, 선택공리는 만약 물건이 적어도 한 개 들어있는 양동이가 여럿 있을 때, 양동이의 수가 무한하다고 해도, 각 양동이에서 정확히 물건 한 개를 선택하는 게 가능하다는 것이다. 브라우어르 같은 구성주의자는 각 양동이에서 물건 하나를(수학적으로 표현하자면, 각 집합에서 원소 하나를) 선택하는 방법이 구체적이지 않다는 이유로 선택공리를 반대했다. 실제로 양동이(또는 집합)의 수가 무한할 때는 그렇게 하는 게 가능하지 않을 때도 있다.

선택공리에서 나오는 결과 중 하나는 어쩌면 수학 전체에서 가장 기괴한 정리일지도 모른다. 바로 바나흐-타르스키 정리다. 공을 조각 낸 뒤 조각을 재배열해 아무런 틈이나 공간도 없으면서 원본과 크기가 똑같은 공을 두 개 만들 수 있다는 이야기다. 안타깝게도, 바나흐-타르스키의 마술은 불연속적인 원자와 분자로 이루어진 현실 세계의 공이 아니라 수학적 공에만 유효하다. 게다가 구성주의와 직관논리를 부정하는 세상에서만 유효하다. 브라우어르가 선호하는 논리 체계에서는 바나흐-타르스키 정리뿐만 아니면 선택공리에서 시작하는 다른 많은 정리가 생기지 않는다.

오늘날에는 비구성적 증명도 다른 여러 구성적 증명만큼이나 유효하다는 게 중론이다. 그리고 전자는 좀 더 가정을 많이 하지만, 몇 가지 장점이 있다. 1928년, 다비트 힐베르트는 이렇게 썼다. "수학자에게서 배중률을 빼앗아간다는 건, 이를테면, 천문학자에게서 망원경을 빼앗거나 권투선수에게 주먹을 쓰지 못하게 하는 것과 같다."

일부 논리 체계가 특정 수리철학을 중심으로 만들어지는 것과 달리 어떤 것은 좀 더 실용적인 생각의 영향을 받는다. 예를 들어 불 논리는 사람들이 기계를 이용해 복잡한 계산을 하는 일에 관심을 가질 때 나타났고, 시간이 흘러 전자컴퓨터의 설계와 작동을 좌우하는 논리가 되었다. 하지만 불 논리는 물체가 시공간 안에서 어떤 확실한 위치에 놓여있고 물체의 상태를 명확하게 정의할 수 있는 고전 물리학의 세계에서만 유효하다. 양자역학이 출현하면서 원자와 아원자 규모에서 자연은 다른 규칙을 따른다는 사실이 분명해졌다. 위치와 운동량, 에너지와 시간처럼 몇몇 물리량의 쌍을 정확하게 알아내는 데는 한계가 있다. 게다가 입자의 상태는 확정하기 위해 측정할 때까지 불확실하다.

1936년 미국 수학자 개릿 버코프Garrett Birkhoff와 존 폰 노이만은 이 새롭고 신기한 영역에서 벌어지는 일을 다룰 새로운 원리를 제시하는 논문을 쓰고, 그것을 '양자논리'라고 불렀다. 그건 수학이 아니라 전적으로 물리학의 - 아주 작은 규모에서 현상이 일어나는 방식을 관찰한 내용의 - 혁신에 따라 생겨난 논리 체계의 첫 번째 사례다. 불 논리의 대수학은 주로 2진수, 혹은 비트로 작동하는 기존 컴퓨터에 적용하는 반면, 양자 논리는 뛰어난 차세대 컴퓨터에 적용한다. 큐비트라고도 부르는 양자 비트와 양자 논리로 작동하는 양자컴퓨터는 조만간 분자 수준에서 혁신적인 약을 설계하거나 승객이나 상품의 이동 경로를 최적화하거나 가장 빠른 기존 컴퓨터로도 건드리기 어려웠던 수학의 몇몇 문제를 푸는 데 도움이 될 전망이다.

아리스토텔레스, 불, 퍼지, 양자, 그리고 여기서 언급하지 않았던 여러 논리를 포함해 그렇게 다양한 논리가 있다는 사실이 희한하게 보일지도 모른다. 하지만 본질인 차이는 논리에 있는 게 아니라 논의하는 대상, 예를 들어 고전 체계인지 양자 체계인지 혹은 단순히 '참'이나 '거짓'을 이용해 답할 수 있는 것인지 혹은 사이에 참의 정도가 있어야 하는 것인지 능에 있다. 논리는 자연어 분석이나 새로운 공리 집합을 이용한 새로운 수학 분야의 개발처럼 서로 매우 다른 상황에 적용할 수 있도록 바뀌어왔다. 때때로 우리는 우주 다른 곳, 혹은 다른 우주에서는 수학과 논리가 다를 수 있지 않겠냐고 묻는다. 그 대답은 거의 확실하게 '아니오'다. 수학과 논리는 어디서도 다르지 않으며 어디서나 참이다.

12장

모든 것은 수학적인가?

나는 현대 물리학이 확실히 플라톤을 선호하는 쪽으로 결정했다고 생각한다. 사실 물질의 가장 작은 단위는 평범한 의미의 물리적 대상이 아니다. 그건 형태로, 수학적인 언어로만 모호하지 않게 표현할 수 있는 개념이다.

- 베르너 하이젠베르크

♣

어느 분야든지 충분히 깊이 파고 들어가면 수학이 있는 것 같다. 그러다 보니 몇몇 수학자와 철학자는 우리 자신을 포함한 모든 것이 수학적인 구조의 일부라는 경이로운 결론에 도달했다. 이것은 일견 놀라운 일처럼 보인다. 우리는 수나 방정식으로 바꿀 수 없는(적어도 당분간은) 색이나 감정, 감각, 경험으로 가득한 세상에 살고 있으니 말이다. 만약 수학이 현실의 전부였다면, 당연히 우주는 불모의 공간 - 실제 사물의 유령 같은 그림자 - 일 것이다. 그러나 결국 모든 물질은 순수하게 수학적으로 보이는 성질을 지닌 전자나 쿼크 같은 기본 입자로 이루어져 있다.

우리가 전자와 같은 개별적인 입자 한 개를 추적하려고 한다면, 그 즉시 전자는 실체를 잃고 확률의 파동 속으로 사라져 버리는 것 같이 보인다. 우리가 단단하고 실체적인 물리적 현실이라고 여겼던 것이 추상적이고 실체가 없는 것으로 변해 버리는 것이다. 자세히 살펴보면 공간 역시도 단순한 수학적 구조로 변한다.

수학이 우주의 근본적인 본질?

수학이 물리적 우주를 떠받들고 있다는, 그리고 어쩌면 우주의 근본적인 본질일지도 모른다는 생각은 서구 사상에 막대한 영향을 끼쳤다. 이런 생각을 처음으로 강력하게 표명한 사람은 기원전 6세기의 피타고라스와 그 추종자 무리였다. 이들은 '모든 것은 수다'라는 말을 좌우명으로 삼았다. 피타고라스주의자에게 각 수는 특별한 의미와 성격이 있었다. 홀수는 남성이었고, 짝수는 여성이었다. 1은 이성의 수, 2는 견해, 3은 조화, 4는 정의 등이었다. 그런 신비주의적인 믿음은 피타고라스가 수비학이 널리 퍼져 있던 이집트와 바빌론 지역을 여행하던 도중에 얻었던 것일지도 모른다. 확실한 것은 피타고라스주의가 주변 세상, 특히 음악적 발견에 강하게 영향을 받았다는 것이다. 길이가 서로 다른 현이 진동하면서 내는 조화로운 음을 간단한 수의 비율로 나타낼 수 있다는 사실을 알아챘다. 진동하는 현의 길이가 절반이 되면 원래 음보다 1옥타브 위의 같은 음이 나온다. 현의 길이가 3분의 2가 되면 완전5도가 나온다. 지구에서만 수학과 음악을 연결하는 것으로 만족하지 못했던 피타고라스는 천상계도 끌어들였다. '천구의 화음'으로 불리는 이론에서 피타고라스는 태양과 달, 행성이 궤도를 움직이면서 각각 독특한 음을 낸다고 가르쳤다.

이런 믿음은 르네상스 시대까지 이어졌으며, 특히 요하네스 케플러Johannes Kepler는 행성의 운동 법칙을 알아냈으면서도 자신의 책 『세계의 조화』에서 열정적으로 우주의 음악이라는 이 오래된 개념을 주장했다.

피타고라스와 그 주위에 몰려든 추종자들은 사이비 종교 집단이 으레 그렇듯이 강박적이었고 도가 지나칠 정도로 신념에 충실했다. 하지만 이들이 숫자에 매력에 푹 빠진 덕분에 미래의 서양 철학자와 과학자, 수학자 세대에 핵심적인 영향을 끼친 건 분명하다. 모든 것이 수라는 굳은 믿음은 수를 짝수와 홀수, 소수와 합성수, 완전수, 친구수 등으로 분류했다. 또한, 수를 기하학적으로 나타내기 위한 방법으로 삼각수, 사각수 같은 도형수도 도입했다. 무리수도 발견했고(그리고 몹시 싫어했다), 다섯 가지 정다면체, 즉 정사면체, 정육면체, 정팔면체, 정십이면체, 정이십면체를 만드는 방법을 보이기도 했다. 수학이 존재하는 모든 것을 이해하는 데 핵심이라는 사실을 증명하는 과정에서 이들은 정수론을 개척했고, 시작부터 우리가 연구하는 모든 현상의 뒤에 수학이 있다는 사실을 알게 되리라고 추측하는 현대 물리학을 위한 무대를 마련했다.

피타고라스보다 몇백 년 뒤에 살았던 아리스토텔레스는 천구의 화음을 받아들이지 않았다. 그러기에는 너무 유물론자였다. 하지만 수학이 근본이라는 개념은 분명히 지지했다. 아리스토텔레스는 "수학의 원리는 모든 것의 원리다"라는 구절을 남겼다. 세월이 흘러 오늘날까지도 그와 똑같은 정서가 공감을 받고 있다. 자신의 이론을 확인하기 위해 실험을 했나는 점에서 진정한 과학자라 할 수 있는 갈릴레오는 "자연이라는 책은 수학이라는 언어로 쓰여 있다"라고 주장했다. 프랑스의 철학자이자 수학자 르네 데카르트는 "내게 있어 모든 건 수학이 된다"라고 말했다. 많은 현대 물리학자도 거의 비슷하게 생각한다. 끈이론가이자 수학자인 브라이언 그린Brian Greene의 말에 따르면, "물리학자들은, 수학을 충분히 조심스럽게 사용한다면 그것이 진리를 향해 가는 입증된 길이라는 사실을 깨달았다."

세상이 돌아가는 방식을 가장 잘 그리고 가장 정확하게 설명하는 방법이 수학이라는 사실은 과학자와 공학자들이 일반적으로(사실, 전통적으로) 갖고 있는 태도다. $E=mc^2$이나 뉴턴의 운동법칙, 일반상대성 이론 방정식과 같은 공식이 효율적이라는 데는 의심의 여지가 없다. 이처럼 우리에게 익숙한 자연의 수학 규칙이 있는 한 그 문제는 논쟁의 대상이 아니다. 화성에 우주선을 안전하게 착륙시키고 싶다면, 우주선의 움직임을 좌우하는 방정식을 계산하여 풀어야 한다. 그러지 않는다면, 우주선은 화성에 갈 수 없다. 수학은 설계에 쓰이고, 입자 물리학자들의 고에너지 실험 결과를 설명하고, 모든 대규모 공학 프로젝트의 성공에 필수적이며, 대포알에서 혜성에 이르는 모든 물체의 움직임을 예측한다.

이런 사례가 수학이 얼마나 유용한지를 보여주는 건 사실이지만, 그렇다고 해서 그게 물리적인 세상의 모든 것이 수학 규칙을 따르며 수학이 현실의 기반이라는 사실을 의미하는 걸까? 그렇다고 설득당하기는 아주 쉽다. 미국의 이론물리학자 스티브 와인버그Steven Weinberg는 우주에서 벌어지는 일에 관해 수학이 먼저 알고 있는 것처럼 보인다는 글을 남긴 바 있다. "물리학자보다 앞서갈 수 있는 수학자의 능력에는 섬뜩한 면이 있다. 마치 닐 암스트롱이 달에 처음 발을 디뎠는데 거기서 쥘 베른의 발자국을 발견한 것과 같다."

어쩌면 수학이 현실이기 때문에

유명한 1960년의 논문 「자연 과학에서 수학의 터무니 없는 효용성」에서 헝가리 출신의 미국 이론물리학자 유진 위그너는 "종종 조잡할 때가 있는 물리학자의 실험을 수학 공식으로 나타낸 것이 놀라울 정도로 정확하게 수많은 현상을 묘사한 사례가 소름 끼치게 많다"고 지적했다. 이 '터무니 없는 효용성'의 널리 알려진 사례로 뉴턴의 중력 법칙이 있다. 뉴턴은 지구에서 움직이는 투사체의 포물선 운동과 타원 궤도를 도는 달과 행성의 움직임 사이에 연관성이 있다고 보았다. 뉴턴이 중력의 법칙을 내놓았을 당시에는 고작 오차 4%의 정확도로만 확인할 수 있었다. 오늘날 우리는 그 법칙이 유효하다는 것을 오차 1만 분의 1%보다 더 정확하게 알 수 있다. 이에 위그너는 이런 결론을 내렸다. "과학은 원래 세심하게 선택한 소수의, 종종 별로 정확하지도 않은 관찰에 바탕을 둔 법칙으로 이루어져 있는데, 나중에 이런 법칙이 훨씬 더 넓은 범위의 관측에도 적용되며 원래 자료로 알 수 있었던 것보다 훨씬 더 정확하다는 사실을 알게 된다."

물리학에는 관측 증거보다 수학적 예측이 앞선 사례가 풍부하다. 나중에서야 예기치 않게 현실 세계의 어떤 측면에 완벽하게 맞아떨어지게 되는 수학 분야가 발전해온 것도 사실이다. 1850년대 중반에 영국 수학자 아서 케일리Arthur Cayley가 처음 생각해 낸 행렬 대수가 그런 사례다. 약 70년 뒤 독일 물리학자 베르너 하이젠베르크Werner Heisenberg는 파스쿠알 요르단Pascual Jordan, 막스 보른Max Born과 함께 행렬을 다루는 이 법칙이 양자 수준에서 입자가 행동하는 방식을 이해하기 위해 사용하고 있던 방법과 형식적으로 똑같다는 사실을 깨달았다. 훗날 하이젠베르크가 내다본 그 이상의 상황에서 행렬 역학을 적용하자 실험 자료와 1,000만 분의 1 이내의 오차 수준에서 일치하는 예측이 가능해졌다.

기호를 조작해서 얻어낸 시나리오가 현실 세계에서 그대로 펼쳐지는 일은 몇 차례나 계속 이어졌다. 앞서 6장에서 살펴보았듯이, 일반상대성 방정식에 따르면 우주 전체는 팽창해야(또는 수축해야) 한다. 아인슈타인은 이를 믿지 않아서 정적인 우주 모형을 위해 우주 상수를 만들었다. 그러나 결국 방정식이 옳다는 사실이 드러났다. 어떻게 해서인지 방정식은 인간보다 먼저 우주가 커진다는 사실을 '알고' 있었던 것이다. 힉스 보손도 거대강입자충돌기 실험으로 마침내 검출해내기 48년 전에 수학에서 튀어나왔다. 힉스 보손에 관한 정보도 물리적 현실 속에서 만들어지고 관측되기 수십 년 전에 그것을 묘사하는 방정식 안에 담겨 있었다. 브라이언 그린의 말처럼 "어쩌면 수학이 현실이기 때문"일지도 모른다.

거대 강입자 충돌기.

영국의 수리물리학자 로저 펜로즈Roger Penrose는 이런 세계관에서 무모순적이고 자체 유지가 가능한 순환고리가 나타난다고 본다.

> 여기에 닫혀 있는 무모순의 고리가 있다. 물리 법칙은 복잡한 체계를 만들고, 이런 복잡한 체계는 의식으로 이어진다. 이어서 의식은 수학을 만들고, 수학은 간결하고 고무적인 방법으로 수학이 생기게 한 아주 근본적인 물리 법칙을 표현한다.

일부는 수학과 현실 사이의 관계에 관한 이런 신피타고라스주의적 관점이 그 어느 때보다 심원하고 추상적인 계산에 힘입어 점점 더 물리학만큼이나 강력해지면서 계속해서 놀라운 진보를 이루고 있다고 생각한다. 오늘날 우리는 아원자 입자에서 초은하단에 이르기까지 물질과 에너지의 행동을 상당 부분 놀라운 정확도로 예측할 수 있다. 언젠가 양자역학과 일반상대성이론의 결합으로 중력을 새롭게 설명해낼 수만 있다면, 우리가 '모든 것의 이론'을 손에 쥘 수 있을지도 모른다는 게 오늘날의 희망이다.

우주를 특징 짓는 상상할 수 없을 정도로 방대한 거리, 시간, 질량, 에너지를 배경으로 자연이 움직이는 방식을 설명하는 방정식의 힘을 부정하는 건 불가능하다. 게다가 앞으로 사용할 수학이 갈수록 더욱 정교한 이론으로 세상을 설명해주면서 물리학의 역량이 대단히 커질 것은 당연한 일로 보인다. 과학에서 사용하는 수학이 단지 편리한 표기법 수준을 한참 뛰어넘는다는 건 이미 명백하다. 수학은 우주를 모형화하는 매우 효과적인 방법이다. 문제는 수학이 그보다 더 심오한 것인지, 그리고 결국 수학이 현실 자체를 바라보는 창의 역할을 하고 있는지다.

스웨덴 출신의 미국 우주론 연구자 맥스 테그마크Max Tegmark는 이런 주장과 같은 방향으로 궁극적이고 가장 극단적인 걸음을 내디뎠다. 순수한 피타고라스주의와 '모든 것은 수'라는 근본적인 교의로 완전히 돌아간 것이다. 테그마크 스스로 '수학적 우주 가설' 혹은 '수학적 일원론'이라고 부르는 이론은 수학적 대상 이외에 다른 어떤 존재도 부정한다. 다소 충격적이게도 우리 자신과 우리의 정신 및 의식의 내용물도 마찬가지다. 테그마크는 "의식은 아마도 정보가 어떤 아주 복잡한 방법으로 처리될 때 느끼는 방식"이라고 말한다. 만약 그게 옳다면, 전기와 자기, 물질과 에너지, 시간과 공간이 통합된 것과 마찬가지로 언젠가 정신과 수학도 하나가 될 것이다.

만약 그런 일이 벌어진다면, 우리가 존재했던 경험, 이 세상의 누군가가 되었던 경험은 단지 모든 것을 아우르는 모종의 우주적 컴퓨터 내부에서 이리저리 움직이는 데이터의 또 다른 표현으로 여겨지게 된다. 우리를 우리로 만들어주는 모든 것을 수학으로 환원할 수 있으며 그게 전부라면 그건 2,500년 전에 피타고라스와 그 추종자들이 지녔던 핵심적인 믿음이 궁극적으로 정당함을 뜻하게 된다.

수학은 인간 지성의 산물일 뿐?

하지만 수학과 이 세상 속의 수학의 지위에 관한 논쟁에는 또 다른 측면이 있다. 이 다른 견해에 따르면, 수학은 인간 지성의 산물일 뿐이다. 즉, 자연의 특정한 양상을 기술하고 설명하는 데 쓰는 도구에 불과하다. 이 견해와 신피타고리스주의에서 하는 이야기의 차이점은 중요하며 단순한 철학적 문제가 아니다. 만약 수학이 인간의 정신이 만들어 낸 구성물에 불과하다면 언젠가는 그 한계가 명확해질 때가 올 것이고, 우리는 수학이 현실에 관해 이야기해줄 수 있는 데 제약이 있다는 사실을 받아들여야만 한다.

정식 피타고라스주의자까지는 아니어도 과학자가 '저 바깥' 세상을 기술하는 수학의 힘에 관해 논평하는 건 흔한 일이 되었다. 아인슈타인은 이런 질문은 던진 바 있다. "경험과 무관한 인간 사고의 산물에 불과한 수학이 어떻게 그리 놀라울 정도로 현실 속의 대상에 적합한 걸까?"

하지만 우리는 수학이 항상 실제 현실을 훌륭하게 모형화한다고 스스로를 속이고 있는 것이 아닐까? 학교에서 배우는 물리학과 수학 문제를 보면, 학생들이 정확한 답을 찾아낼 수 있도록 엄청나게 단순화되어 있다는 것을 알 수 있다. '마찰이 없는 표면'이나 '완전한 탄성 충돌', '늘어나지 않는 끈으로 이어진 입자'와 같은 표현은 흔히 볼 수 있다. 마찬가지로, 순수 수학에서도 특정 유형의 방정식과 적분 문제 같은 것만 나온다. 물론 이건 어린 학생들이 더 복잡한 문제를 푸는 데 필요한 고도의 기법을 모두 배우지 않았기 때문이기도 하다. 하지만 그게 핵심은 아니다. 사실 현실 세계에는 수학으로 정확하게 모형화할 수 있는 상황이 거의 없기 때문에 수학과 물리학을 아무리 오래 공부한다고 해도 소용이 없다. 그리고 아직 많은 현상은 아주 모호하게라면 모를까 아예 수학으로 나타낼 수가 없다.

가령 이파리 하나가 꾸준히 흘러가는 강물 위를 떠내려가고 있다고 하자. 그게 움직이는 속도를 알고 있다면 30초 뒤에 이파리가 얼마나 흘러갔을지를 계산하는 건 쉽다. 하지만 이것도 이미 우리가 수학적으로 따라갈 수 있다는 사실을 알고 있는 실제 상황의 아주 작은 일면을 따로 떼어내 단순화한 것이다. 만약 30분에 걸친 이파리의 정확한 움직임에 관해 묻는다면 어떨까? 그러면 이파리 주위에서 물이 어떻게 흐르는지부터 시작해, 강의 굽이, 울퉁불퉁한 강바닥, 수면을 스쳐 지나가는 바람의 작용 등으로 생기는 작은 교란까지 밀리초 단위로 미리 예측할 수 있어야 한다. 다른 예를 들어보자. 2m

높이에서 돌멩이 하나를 떨어뜨린다고 하자. 돌이 땅에 떨어질 때까지 걸리는 시간과 땅에 닿을 때 움직이는 속도를 계산하는 건 아주 간단하다. 그리고 계산 결과는 실제 측정 결과와 거의 일치할 것이다. 하지만 부드러운 바람이 부는 야외로 나가 똑같은 높이에서 떨어뜨린 깃털 하나의 정확한 움직임을 모형화한다고 해보자. 될 리가 없다.

우리의 우주는 압축불가능하다

물리적 우주에서 벌어지는 거의 모든 활동은 지저분하다. 복잡한 대상에, 이쪽저쪽으로 끌어당기는 온갖 힘, 분자나 빗방울, 혹은 별 같은 수많은 요소가 벌이는 믿을 수 없을 정도로 복잡한 춤사위를 고려해야 한다. 우리가 수학이 성공적으로 현실 세계를 설명할 수 있다는 인상을 받는 이유 중 하나는 우리가 아는 수학과 법칙을 적용할 방법을 찾아낸 문제만 얄밉게 고르기 때문이다. 말이 나왔으니 말인데, 효율적으로 적용할 수 있는 상황에서는 수학이 얼마나 놀라울 정도로 유용한지 부정할 수는 없다. 오늘날에는 어떤 교량이나 터널, 댐, 마천루도 다양한 상황에서 모든 부위의 응력과 변형률을 계산하는 분석을 거치지 않고서는 지을 수 없다. 수학은 우주론 연구자와 이론물리학자, 로켓공학자, 기상학자에게 반드시 필요한 도구이며, 어떤 것 혹은 어떤 시스템이 행동하는 방식을 예측하고 설명하는 데에 있어서는 특별히 더 중요하다. 하지만 우리가 수학이 유용한 분야에만 초점을 맞추고,

적어도 지금 당장은, 거의 아무런 효과가 없는 자연 속의 수많은 사례를 무시하고 있다는 건 여전히 사실이다.

어떤 문제는 정확히, 혹은 분석적인 방법으로는 풀 수 없지만, 최소한 수치 해석에 의한 근사해에는 열려 있다. 강력한 컴퓨터의 출현 덕분에 과학자와 수학자는 너무 복잡해서 다루기 어려운 시스템을 시뮬레이션할 수 있다. 날씨 예측이 적절한 사례다. 과거에는 내일 비가 올지 맑을지가 신의 손에 달려 있었다. 지역 전문가라면 오랜 경험과 옛 기록을 근거로 하루 이틀 뒤의 기상 상황을 평범한 사람보다 더 잘 예측할 수도 있지만, 동전 던지기도 그만큼은 정확했다. 오늘날에는 슈퍼컴퓨터가 디지털 형식으로 변환된 정교한 방정식으로 인공위성과 지상의 기상관측소가 제공한 자료를 계산해 10일 뒤까지도 쓸 만한 날씨 예측을 제공할 수 있다. 그건 바닷가에 놀러갈 계획을 세우는 우리에게 편리할 뿐만 아니라 해상 운송과 항공 운송에 필수적이며, 만약 허리케인이 인구 밀집 지역에 다가오고 있다면 수많은 생명을 구할 수도 있다. 그럼에도 불구하고 날씨 예보는 세부적인 면에서 부정확할 때가 많고 10일 이후의 날씨를 미리 아는 건 불가능하다.

미래에는 인공지능으로 무장한 더욱 강력한 컴퓨터가 등장할 것이고, 입력받는 자료도 더욱 상세할 것이다. 하지만 어느 시점부터는 다루는 게 날씨든 은하의 진화든 상관없이 거의 모든 자연 현상의 복잡함이 우리의 시뮬레이션 능력을 압도하게 된다. 궁극적으로, 우주 자체는 유일하게 정확한 그 자신의 실시간 시뮬레이션이다. 그 안의 물질과 행동은 본래 너무 시끄럽고 복잡해서 우리가 더 단순하고 이상화된 모습을 만들어 낼 수 없다. 정보 측면에서 볼 때 물리적 현실은 '압축불가능'하다. 대부분의 경우 우리는 수학을 적절히 적용해 더 간결한 시뮬레이션이나 해답을 만들어내지 못한다. 수많은 과학자가 유진 위그너가 주장한 수학의 '터무니없는 효용성'에 동의를 표했던 건 수학이 결과를 모형화하는 데 성공한 분야에 초점을 맞추었기 때문이다. 엄청나게 많은 경우에 수학이 그와 같은 수준의 효율성과 우아한 압축력을 제공하지 못한다는 사실은 간과하는 경향이 있다.

수학은 우리의 필요에 따라

아무리 기초적인 수준에서라고 해도 우리가 수학에 관해 어떻게 생각하는지도 생각해 볼만하다. 예를 들어 수를 세는 건 우리가 흔히 생각하는 것처럼 간단하지 않다. 우리는 어떤 범주에 속한 대상을 센다. 고양이, 조약돌, 별 등등. 하지만 고양이 같은 이런 대상은 그 자체로 사물의 집합이다. 고양이는 분자, 원자, 아원자 수준까지 내려갈 수 있는 복잡한 물질의 덩어리다. 우리가 단순히 고양이 '한 마리'라고 부를 때는 이런 정신이 어질해질 정도의 복잡성을 인식하거나 허용하지 않는다. 게다가 모든 고양이는 크기, 색깔, 기질, 나이 등 수많은 요소가 다르다. 고양이 '다섯' 마리라고 할 때 그건 정확히 무엇을 뜻하는 걸까? 반려묘뿐만 아니라 야생 고양이도 포함하는 걸까? 사자나 호랑이는? 죽은 고양이는? 현실 세계에서 뭔가를 셀 때 우리는 처음부터 커다란 가정을 하는데, 기초 연산의 효율성을 생각할 때는 그에 관해 어영부영 넘어가곤 한다. 그게 효율적인 건 의심할 여지 없는 사실이다. 그렇지 않았다면 애초에 우리가 교환이나 통상, 기록과 같은 실용적이고 일상적인 목적으로 사용하지 않았을 것이다. 하지만 수가 바깥 세상에 고유하게 존재할 수밖에 없는 무언가가 아니라 추상적인 개념(범주를 나누고 이름을 붙이는 우리 정신 작용의 결과물)이라는 사실도 기억해야 한다.

수 세기는 편리하고 유용하기 때문에 생겨났다. 수입과 지출을 기록하는 일은 상인으로 성공하는 데 도움이 된다. 그런 목적을 위해서는 철학적으로 생각할 필요가 없다. 그러나 수학의 기본 성질과 물리적 현실과의 관계에 관해 의문을 가진다면, 깊이 있는 생각이 필요하다. 우리가 어떤 물건을 셀 때 우리는 그 물건이 실제로 무엇인지 알고 있는 걸까? 그리고 그건 어디서 끝나고 시작되는 걸까? 시각적으로는 명백해 보일지 몰라도 우리의 뇌와 감각기관은 생존에 도움이 되는 특정한 방식으로 세상을 바라보도록 진화했다. 우리가 개발한 수학도, 적어도 가장 기초적인 원래의 형태는 당장의 필요성과 생활 방식에 맞도록 만들어졌다. 고체가 아닌 구름 같은, 혹은 살아있는 바다 형태의 외계 행성에서 생명체가 진화했다고 생각해 보자. 그런 무정형의 생물은 따로따로 떨어진 물체를 세는 게 당연하다거나 자연스럽다고 생각하지 않을 수도 있다. 그렇다면 간단한 수 개념부터 21세기 수학 연구의 최전선에 있는 가장 난해한 이론에 이르기까지 우리 수학에서 얼마나 많은 부분이 인간 환경의 산물일까? 피타고라스주의자들의 '모든 것은 수다' 개념에 반대하는 이들은 우리의 수학적 표현이 보편적으로 적용된다는 보장이 없다고 주장한다. 수학이 유용한 건 의심의 여지 없는 사실이지만, 일반적인 인식보다는 범위나 힘에 있어 훨씬 더 제한적일지도 모른다는 것이다.

인간 의식과 과학의 불편한 관계

수학과 현실이라는 화제를 다룰 때마다 나타나는 불편한 진실도 하나 있다. 우주는 우리가 충분히 영리하기만 하다면 볼 수 있는 다양한 방정식의 조종을 받아 복잡하게 뒤엉켜 춤을 추는 무생물로만 이루어져 있지 않다. 우주에는 의식이 있다. 구체적으로 말하면, 이 세상에 '존재한다는 건 어떤 것인지' 경험하는 피와 살의 조합인 우리가 있다. 의식이 과학에 곤혹스러운 존재라는 건 너무 심한 소리일 수도 있지만, 갈릴레이 이후로 의식의 중요성을 낮추어 보려는 꾸준한 노력이 있었다. 의식은 주로 부수적인 - 뇌의 다른 일을 하는 과정에서 생기는 여분의 효과에 가까운 - 현상으로 여겨진다. 마치 호수 위에 생긴 안개처럼.

이처럼 우리에게 가장 중요한 '인간의 의식'을 간과하려는 과학의 경향은 우연이 아니다. 현대 물리학이 태동하던 17세기 초에 현실이 두 가지 유형의 성질로 나뉘어 있다고 주장한 건 갈릴레오였다. 하나는 측정할 수 있는 성실이고, 하나는 경험할 수 있는 성질이었다. 측정할 수 있는 성질은 '제1차' 성질로, 질량, 크기, 온도, 위치 등 어떤 방식으로든 측정할 수 있어 수학적인 용어로 표현할 수 있는 것을 말한다. 반대로, '제2차' 성질은 의식 있는 관찰자의 정신 속에서만 존재하며 물질 세계에서 전혀 중요한 위치를 차지하고 있지 않다. 수학의 손아귀를 빠져나가 버리는 이 범주에 속하는 현상으로는 색깔, 소리, 그리고 즐거움과 고통 같은 모든 감정과 느낌을 비롯한 감각이 있다. 우리 내면세계의 각 구성 요소도 측정 가능한 물리적 성질과 연관이 있는 건 사실이다. 예를 들어, 색깔과 밝기를 경험하는 건 파장과 휘도와 관련이 있다. 하지만 과학은 오로지 전자만을 다루는 데 적합하다. 물리학은 전자기파 스펙트럼의 파장을 다룰 수 있다. 이런 파장을 측정하는 장비를 유지하고 결과를 수치로 변환해 방정식으로 계산할 수 있기 때문이다. 물리학자는 아무 거리낌 없이 635~700나노미터 범위의 파장에 관해 이야기하며 이 파장이 스펙트럼의 빨간색 부분에 들어간다고 설명할 수 있다. 하지만 이들에게 빨간색의 속성에 관해서 이야기해보라고 하면 입을 닫는다. 공정하게 말하자면, 이건 물리학만의 문제가 아니다. 실제로 경험하지 않는 한 어떤 기호나 언어 혹은 다른 어떤 순수하게 지적인 방법을 사용해도 빨간색의 감각을 전달하는 건 불가능하다. 맹인이나 색맹으로 태어난 사람은 빨간색이 무엇인지 절대 알 수 없다. 빛에 관련된 수학과 전자기파에 관한 과학은 모조리 이해할 수 있지만, 감각과 관련된 부분은 언제나 빠져 있을 것이다.

현대 과학이 측정 가능한 것에 주로 관심이 있는 이유는 명백하다. 어쨌든 수집한 자료를 분석하지 못한다면, 과학은 갈 곳이 없다. 그리고 과학은 측정한 것만 분석할 수 있다. 역설적으로, 과학의 최대 강점이 최대 약점이기도 한 셈이다. 과학은 측정할 수 없어 수치로 바꿀 수 없는 것을 배제한다. 그래야 수학의 힘을 풀어놓을 수 있다. 하지만 '제2차'라며 많은 성질을 배제하기 때문에 숨 쉬며 살아가는 존재인 우리에게 대단한 중요성을 지닌 것을 모두 적절히 다루지는 못한다.

정성적인 성질을 배제하는 게 불만인 물리학자가 없는 건 아니다. 노벨상 수상자인 입자물리학자 리처드 파인만은 한 강연에서 이렇게 말했다. "앞으로 인간의 지성이 크게 각성하면 방정식의 정성적인 내용을 이해할 방법을 만들어낼지도 모른다." 하지만 그건 몽상에 그칠 것이다. 우리가 정신적으로 그리고 감각을 통해 경험하는 감각질은 앞으로도 우리의 방정식이나 수학에서 모습을 드러내지 않으리라는 게 사실이다. 그 이유는 아주 간단하다. 처음부터 의도적으로 빠뜨렸기 때문이다. 세상에 대한 우리의 정량적인 설명이 아무리 발전한다고 해도 우리 각자가 '제1차'로 여기는 '제2차' 성질을 생각해 낼 수는 없을 것이다. 색을 보는 감각이나 사랑의 느낌을 그런 게 어떻게 생겨났는지 놀랍도록 자세히 설명하는 수학적 표현과 맞바꿀 것인가?

수학과 물리학이 매우 강력해 보이는 건 본래 힘을 발휘하기 어렵거나 전적으로 무력한 분야에서는 말을 아끼기 때문이다. 『철학 개론』(1927)에서 버트런드 러셀은 이렇게 표현했다. "물리학이 수학적인 건 우리가 세상에 관해 아주 많이 알고 있기 때문이 아니라 거의 알지 못하고 있기 때문이다. 우리가 발견할 수 있는 건 세상의 수학적인 성질에 불과하다." 하지만 수학과 물리적 우주에 수학을 적용하는 것은 항상 우리의 개인적 경험과 동떨어져 보인다. 그리고 거의 아무 상관 없어 보일 것처럼 보이지만 여전히 그 '터무니 없는 효용성'은 존재한다. 수학은 효과가 있다. 수학에 바탕을 둔 물리학도 마찬가지다. 수학과 물리학은 우리가 감각과 내면의 감정에만 의지했다면 불가능했을 일(기술을 이용한 놀라운 일들)을 할 수 있게 해준다. 우리는 암흑 에너지와 힉스 보손, 여러 가지 유형의 무한, 고차원 공간의 수학에 관해 알고 있다. 삶을 가치 있게 만드는 '제2차' 성질 덕분이 아니라 우리가 정량적인 것과 정성적인 것을 구분하는 방법을 익혔기 때문이다. 오늘날 수학과 과학을 통해 수백, 수천 년 전에 살았던 우리 조상보다 우리가 세상을 좀 더 이해할 수 있게 되었다는 건 부정할 수 없는 진실이다.

우리는 아직 수학이 우리 주변, 그리고 우리 안의 현실 속에서 수행하는 궁극적인 역할을 완전히 이해하지 못한다. 물질은 수학의 연주에 맞추어 춤을 춘다. 정신은 물질의 존재를 인식하고 수학을 통해 물질의 행동을 설명한다. 현실성은 물질과 수학을 필요로 하며, 현실성이 없다면 정신도 없다. 어떻게 해서인지 정신과 물질, 수학은 자체 유지 가능하고 자체 실현이 가능한 우주적 삼각형의 필수 요소인 각자의 존재에 서로 의존하고 있는 것처럼 보인다.

π
θ
φ
13장
앞으로 50년

어떤 일을 위한 시기가 무르익으면, 그런 일은 이른 봄에 제비꽃이 피어나듯이 여기저기서 일어난다.

- 보여이 파르카스

♣

미래 예측은 위험한 일이다. 누구든 시도했다가는 거의 확실하게 바보가 되게 마련이다. 저명한 수리물리학자 윌리엄 톰슨(켈빈 경)은 1895년 이렇게 말했다. "공기보다 무거우면서 하늘을 나는 기계는 불가능하다." 이 말이 틀렸음을 라이트 형제가 증명하기까지는 고작 8년밖에 걸리지 않았다. 심지어 윌버 라이트Wilbur Wright조차도 앞날에 별로 낙관적이지 않았다. "1901년 나는 동생 오빌에게 인간이 하늘을 날려면 50년이 걸릴 거라고 이야기했다. 그 뒤로 나는… 예측을 하지 않는다."

1946년 20세기 폭스의 사장 대릴 자눅Darryl Zanuck은 텔레비전의 가능성을 비웃는 말을 했다. "6개월이 지나면 시장에 계속 남아있지 못할 것이다. 사람들은 매일 밤 합판으로 만든 상자를 쳐다보는 데 금방 질릴 것이다." 이와 비슷하게 컴퓨터의 전망에 대해서도 비관적이었던 전문가가 몇몇 있었다. 1943년 IBM의 회장 토머스 J. 왓슨Thomas J. Watson은 "전 세계 컴퓨터 시장의 크기는 약 다섯 대 정도"라고 생각했다. 1977년 디지털 이큅먼트의 창립자 켄 올슨Ken Olsen은 "누구든 집에 컴퓨터를 가지고 있을 이유는 없다."라고 말했다. 그로부터 몇 달 안에 큰 성공을 거둔 애플II와 TRS-80, PET 2001이 등장하며 가정용 컴퓨터 혁명의 시작을 알렸다.

반대로 예측이 과도하게 낙관적일 때도 있다. 1955년 진공청소기 회사 루이트의 회장 알렉스 루이트Alex Lewyt가 "아마 10년 안에 현실이 될 것"이라고 말했던 원자력 진공청소기는 아직 등장하지 않았다. 실제 통신 위성이 우주로 올라가려면 25년 이상 남았을 때 통신 위성의 중요성을 정확하게 예측했던 아서 C. 클라크조차도 인간의 우주 여행을 너무 조급하게 예측했다. 국제우주정거장이 비록 인상적이기는 하지만 <2001 스페이스 오디세이>에 등장하는 거대한 바퀴 모양의 궤도 호텔과 달 환승 허브에 비하면 초라하기 그지없다.

앞으로 수학은 어떻게 될까?

수학이 앞으로 어떻게 될 것인지를 예측하는 것은 과학이나 기술 분야에서와 마찬가지로 위험하다. 그럼에도 불구하고 추측은 언제나 재미있고 오늘날 수학계에서는 근거 있는 예상을 가능하게 해주는 몇 가지 발전이 이루어지고 있다. 우리가 타임머신을 타고 50년 뒤로 간다고 생각해보자. 수학은 어떻게 바뀌어 있을까? 어떤 커다란 혁신이 이루어졌을까?

오각형 십이면체 형태의 아연-마그네슘-홀뮴 준결정.

어떤 진전은 뜬금없이 일어나 모두를 놀라게 한다. 1993년 앤드루 와일스가 페르마의 마지막 정리를 증명했다고 발표한 일은 대부분의 수학자에게 완전한 충격이었다. 준결정의 발견은 그보다도 더 예상하지 못했던 일이었다. 준결정은 로저 펜로즈가 발견한 비주기적 타일링과 같은 결정 구조로 많은 화학자는 자연계에 존재하는 게 불가능하다고 생각했다. 미지의 세계를 탐사할 때는 언제나 이렇게 놀랄 일이 생긴다. 그러나 수학에서는 지난 몇십 년 동안 몇 가지 경향이 분명해졌고 앞으로도 계속 이어질 것 같은 분위기다.

고도의 전문화가 서로 이해를 힘들게 만들 수도

첫 번째 경향은 이해하기 거의 불가능할 정도인 증명의 증가다. 너무 길고 어려워서 이를 직접 쓴 저자와 한줌의 다른 전문가 외에는 아무도 이해하거나 확인할 수 없는 증명을 말한다. 예를 들어 2012년 일본 수학자 모치즈키 신이치 Mochizuki Shinichi는 이른바 abc 추측을 증명했다고 주장했다. 모치즈키는 그 내용을 논문 네 편에 담아 온라인에 발표했는데, 무려 500쪽에 걸쳐 빽빽한 글과 공식이 담겨 있었다. 아찔할 정도로 길 뿐만 아니라 그 안에는 스타트렉 작가가 생각해낸 것처럼 들리는 이름이 붙은 완전히 새로운 유형의 수학도 포함되어 있었다. 바로 우주간 타이히뮐러 이론Inter-Universal Teichmuller theory: IUT이다.

abc 추측은 1980년대에 그것을 공식화한 프랑스 수학자 조제프 외스트를레Joseph Oesterlé와 영국 수학자 데이비드 매서 David Masser의 이름을 따 외스트를레-매서 추측이라고도 불린다. 이 정수론의 중요한 미해결 문제는 간단하고 쉬운 방정식 $a+b=c$로 시작한다. 여기서 a, b, c는 서로소다. 다시 말해, 1 이외의 공약수를 갖지 않는다는 뜻이다. 그리고 abc의 근기radical, 즉 rad(abc)를 묻는다. 근기는 서로 다른 모든 소인수의 곱으로 정의한다. 예를 들어 rad(16)=2다. 대부분의 경우 rad(abc)>c다. 하지만 예외가 있다. 사실, 무한히 많은 예외가 있다. 그러나 rad(abc)가 1차를 초과하는 거듭제곱이 되면 예외의 수가 유한해진다는 게 abc 추측이다. 예를 들어 $c \geq \mathrm{rad}(abc)^{1.001}$를 만족하는 a, b, c의 쌍은 유한하다는 것이다.

만약 abc 추측이 옳다는 사실이 증명되면, 앞서 9장에서 살펴본 빌 추측을 비롯한 적어도 16개의 다른 추측이 곧바로 증명될 수 있다. 이처럼 특별 수당처럼 이어지는 결과는 어떤 면에서 abc 추측을 페르마의 마지막 정리보다 중요한 위치에 올려놓는다. 비록 더 유명하기는 해도 페르마의 마지막 정리는 우리가 아는 한 사실상 다른 어떤 것으로도 이어지지 않는 나홀로 문제다.

문제는 모치즈키의 소위 '증명'이라는 것이 다루고 있는 비非아벨 기하학이라는 분야를 완전히 이해하고 있는 사람이 너무 적다는 점이다. IUT에 관해서라면 전문가의 수는 단 한 명으로 줄어든다. 바로 모치즈키 자신이다. 두 가지 이유가 아니었다면, 모치즈키가 증명했다는 주장은 아무런 관심도 받지 못했을 가능성이 크다. 하나는 모치즈키가 이 분야에서 몇 가지 중요한 새 이론을 개발한 적이 있는 명망 있는 수학자였다는 점이다. 그리고 abc 추측이 옳다고 밝혀질 것이라는 일반적인 분위기가 있었다.

2015년과 2016년에 우주간 타이히뮐러 이론을 이해하고 모치즈키가 제대로 해냈는지를 평가하기 위해 몇 차례 학회가 열렸다. 100명 이상의 수학자가 참가했지만, 이들이 맞이한 건 엄청난 과업이었다. 정수론 연구자로, 참가자 중 한 명이었던 스탠퍼드대학교 교수 브라이언 콘래드Brian Conrad는 이렇게 표현했다.

> 전문가들은 이 연구를 평가하는 일이 엄청나게 어렵다는 사실을 아주 빠르게 깨달았다. 엄청나게 많은 낯선 용어와 표기법, 근처에 뒷받침하는 예시도 없이 연달아 이어지는 정의 등 핵심 결론에 이르는 논문이 쓰인 방식 때문에 산술기하학 지식이 풍

부한 많은 사람도 읽어나가면서 뭐가 어떻게 되고 있는 건지 이해하기 매우 어려웠다.

현재 모치즈키의 증명이 유효한지 아닌지에 관한 논쟁은 계속 시끄럽게 이어지고 있다. 중론은 증명에 필요한 부분이 빠져 있고 고치기 쉽지 않을 구체적인 약점이 있다는 것으로 보인다. 하지만 위에서 인용한 콘래드의 말이 확실히 보여주듯이 한 줄 한 줄 증명을 확인해서 마지막에 '옳다'나 '틀렸다'는 결론에 이르는 것만으로 문제가 해결되는 게 아니다. 증명에 쓰인 언어와 개념이 너무나 낯설고 전문화되어 있어서 수학자라고 해도 상세한 내용은 고사하고 증명에 쓰인 전략을 이해하는 것조차 어렵다. 수학자가 각자 자신의 전문 분야에서 점점 더 전문화되면서 이처럼 아주 길고, 고도로 전문적이고, 생소한 용어와 개념이 쓰이는 증명은 앞으로 점점 더 흔해질 가능성이 크다.

컴퓨터를 이용한 증명의 증가

수학의 또 다른 중요한 경향은 컴퓨터를 이용한 증명의 증가다. 첫 번째 컴퓨터 증명은 1976년 한 세기 이상 수학자를 괴롭혀 온 문제를 마침내 해결했다. 바로 4색 정리다. 4색 정리는 평면 위의 지도를 칠할 때 단 네 색만 사용해 서로 맞닿아 있는 두 지역을 다른 색으로 칠할 수 있다는 것이다. 이 문제는 1852년 남아프리카공화국의 프랜시스 구드리Francis

Guthrie가 처음 제기했다. 구드리의 동생 프레데릭Frederick은 당시 유니버시티 칼리지 런던에서 오거스터스 드 모르간의 제자로 있었다. 프레데릭은 형의 이론을 드 모르간에게 전달했고, 흥미를 느낀 드 모르간은 곧바로 친구인 더블린의 윌리엄 로언 해밀턴(사원수의 선구자)에게 편지를 썼다.

내 학생 중 한 명이 오늘 내가 사실인지 몰랐던 - 아직 모르는 - 게 사실인 이유를 설명해 달라고 물었네. 그 친구가 말하길 만약 어떤 도형을 어떤 식으로든 나누고 서로 맞닿아 있는 부분은 다른 색이 되도록 각 부분을 서로 다르게 색칠한다면, 네 가지 색이면 충분하고 더 많은 색은 필요없다는 것이야. 다음은 네 가지 색이 필요한 경우네. 다섯 가지 이상의 색이 필요한 경우를 만들 수 없는지 묻네만… 만약 자네가 나를 바보 같은 짐승으로 만들어줄 아주 간단한 사례를 알려줄 수 있다면, 난 스핑크스가 했던 것처럼…

3일 뒤 해밀턴에게 답장이 도착했다.

당분간은 자네가 말한 네 가지 색 문제를 시도해 보지 못할 것 같네.

구드리의 이론을 알게 된 다른 수학자들은 금세 흥미를 보였다. 괴짜인 미국 철학자이자 논리학자 찰스 피어스Charles Peirce는 1860년대에 4색 이론에 관해 글을 썼고, 평생 이 분

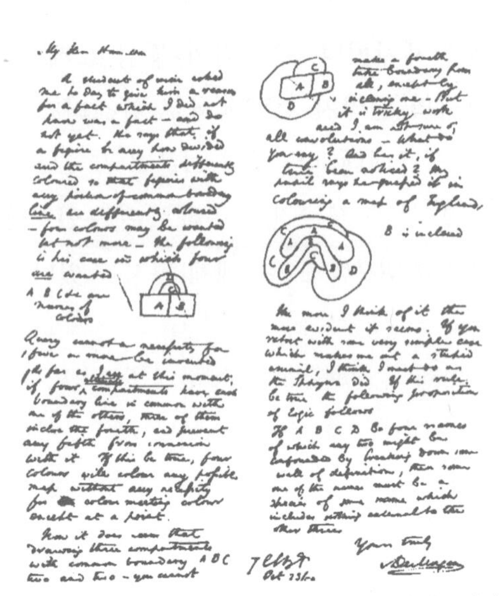
My dear Hamilton

A student of mine asked me to day to give him a reason for a fact which I did not know was a fact — and do not yet. He says that if a figure be any how divided and the compartments differently coloured so that figures with any portion of common boundary line are differently coloured — four colours may be wanted but not more — the following is his case in which four are wanted

A B C &c are names of colours

Query cannot a necessity for five or more be invented. As far as I see at this moment, if four ultimate compartments have each boundary line in common with one of the others, three of them inclose the fourth, and prevent any fifth from connexion with it. If this be true, four colours will colour any possible map without any necessity for colour meeting colour except at a point.

Now it does seem that drawing three compartments with common boundary ABC two and two — you cannot make a fourth take boundary from all, except by inclosing one — But it is tricky work and I am not sure of all convolutions — What do you say? And has it, if true been noticed? My pupil says he guessed it in colouring a map of England.

B is inclosed

The more I think of it the more evident it seems. If you retort with some very simple case which makes me out a stupid animal, I think I must do as the Sphynx did. If this rule be true the following proposition of logic follows

If A B C D be four names of which any two might be confounded by breaking down some wall of definition, then some one of the names must be a species of some name which includes nothing external to the other three.

Yours truly
A De Morgan

7 Camden St
Oct 23/52

1852년 10월 23일 드 모르간이 4색 추측에 관해 해밀턴에게 보낸 원본 편지의 일부..

제에 매력을 느꼈다. 1878년 영국 수학자 아서 케일리Arthur Cayley는 런던수학회에 그 문제가 아직 풀리지 않았는지 물었다. 다음해에 문제는 풀린 것 같았다. 런던의 변호사 알프레드 켐페Alfred Kempe가 학술지 「네이처」에 자신이 증명했다고 발표했던 것이다. 켐페는 케임브리지대학교 트리니티 칼리지에서 수학을 공부했고, 스승 중 한 사람이 케일리였다. 케일리의 제안에 따라 켐페는 증명을 미국 수학회지에 제출했고, 1879년에 실렸다.

켐페는 평면 그래프라는 그래프 이론의 개념을 이용했다. 그래프는 선(변이라고 부르기도 한다)으로 점(마디점이나 꼭짓점이라고 부르기도 한다)을 이어 놓은 간단한 수학적 구조다. 어떤 두 변도 교차하지 않도록 평면 위에 그릴 수 있다면 그 그래프를 평면 그래프라고 한다. 켐페의 핵심 아이디어는 모든 평면 그래프에서 반드시 나타나야 하는 특정 배치의 집합이 있다는 것을 먼저 보이고, 이어서 만약 이런 그래프를 칠하는 데 다섯 색깔이 필요하다면 더 작은 그래프 역시 그렇다는 사실을 보이는 것이었다. 켐페는 극소수의 꼭 나타나는, 다시 말해 삼각형, 사각형, 오각형의 집합을 찾아냈다. 그러나 나중에 밝혀졌듯이, 켐페는 오각형이 있는 그래프가 다섯 색깔을 필요로 한다면 더 작은 그래프도 그렇다는 사실을 증명하는 데 실패했다.

켐페는 이 연구와 여기에 사용한, '켐페 사슬'로 불리게 된 독창적인 도구로 많은 찬사를 받았다. 위상수학의 난제 중 하나를 푸는 데 공헌한 덕분에 왕립학회의 회원이 될 수 있었고, 런던 수학회의 회장이 되기도 했다. 하지만 증명을 발표한 지 11년 만에 앞서 언급했던 사소하지만 치명적인 오류를 간과했다는 사실이 드러났다. 결함을 찾아낸 사람은 더럼대학교의 강사 퍼시 히우드Percy Heawood였다. 1963년 런던 수학회지에 실린 한 글은 히우드를 "굉장히 특이한 사람"으로 묘사했다. 내용을 좀 더 인용하자면 이렇다.

> 히우드는 커다란 콧수염이 있었고, 야윈 몸은 살짝 구부정했다. 보통 무늬가 희한하고 누가 봐도 낡은 방수 코트를 입었고, 오래된 손가방을 들고 다녔다. 걸음걸이는 우아하면서 빨랐고, 종종 개와 함께 다니며 강의에도 데려왔다…

비록 4색 정리를 다시 미해결 문제로 되돌려 놓기는 했지만, 히우드는 켐페의 전략을 이용해 다섯 가지 색에 대해 정리를 증명하고 4색 추측을 평면에서 다른 유형의 곡면으로 일반화했다. 원래의 4색 정리가 마침내 참이라는 사실이 증명된 건 1976년이 되어서였다. 하지만 이때도 오로지 사람의 손으로만 한 일은 아니었다.

수십 년에 걸친 수학자들의 노력은 관련 분야의 많은 발전을 끌어냈고 마침내 4색 문제마저도 최종적으로 해결했다. 일리노이대학교 어바나-샴페인캠퍼스의 케네스 아펠Kenneth Appel과 볼프강 하켄Wolfgang Haken은 이 과업을 100억 개의 개별적인 사례를 포함하는 1,936가지의 서로 다른 지도 배치를 검사해 모든 경우에 최소 네 가지 색이라는 기준을 만족하는지 확인하는 문제로 환원했다. 사람이 직접 계산해서는 적당한 시간 안에 끝내는 게 불가능했기 때문에 아펠과 하켄은 대신해 줄 컴퓨터 프로그램을 작성했다. 1970년대 중반에 처음으로 슈퍼컴퓨터들이 만들어지고 있었다. 아펠과 하켄은 그중 하나(마침 코앞의 일리노이대학교에서 형태를 갖추고 있던 세계 최초의 대규모 병렬 컴퓨터 일리악 IV)를 사용해 문제를 풀고 싶었다. 그러나 아직 일리악 IV가 준비가 되지 않았다는 말을 들은 두 사람은 브룩헤이븐 국립연구소의 컨트롤 데이터 6600라는 대체품을 찾았다. 이 기계로 필요한 계산을 약 1,200시간 만에 할 수 있었다.

결과는 다른 소프트웨어를 돌리는 다른 여러 컴퓨터로 확인했다. 결국 증명은 인정을 받았다. 인접한 지역이 같은 색이 되지 않도록 칠할 때 네 가지보다 더 많은 색이 필요한 지도는 존재하지 않는다. 그런데 컴퓨터의 도움을 받아 얻은 증명이라고? 수학계에서는 즉각 반대의 목소리가 터져 나왔다. 몇몇 수학자와 철학자는 사람이 해낸 증명만을 적법하게 여겨야 한다고 주장했다. 그 이유 중에는 기계는 창의성이 없고 우아하지 않으며 단순한 기호 조작에 그치는 방식으로만 억지로 결과를 얻어낼 수 있기 때문이라는 것도 있었다. 다른 이들은 컴퓨터와 컴퓨터가 돌리는 프로그램과 알고리즘의 신뢰성을 우려했다. 그러나 사람 역시 실수를 저지를 수 있고, 실제로 저지른다. 따라서 이건 기계에만 있는 약점이 아니다.

수학에서 컴퓨터로 할 수 있는 일들

마음에 들든 아니든 4색 정리의 증명은 수학의 역사에서 분수령이 되었다. 그와 함께 사람들은 너무 복잡해서 사람 혹은 사람 집단이 확인할 수 없는 증명이 있을 뿐만 아니라 이제 그 일을 대신해 줄 수 있는 잠재적인 도구가 손에 들어왔다는 사실을 깨달았다. 그 뒤로 속도가 빠른 컴퓨터를 이용해 복잡한 문제의 모든 가능성을 확인하는 브루트 포스 brute force 방식으로 증명을 검증하는 일이 점점 늘어났다. 사람이 직접 확인할 수 없다는 이유로 컴퓨터 보조 증명에 반대하는 목소리도 높아졌다. 그러나 Coq(만든 이 중 한 사람인 티에리 코컨드Thierry Coquand의 이름을 땄다)처럼 증명 보조 역할을 하며 사람이 조사하고 검토할 수 있는 형식으로 결과를 내놓는 프로그램이 개발되었다.

사실 몇몇 수학 연구 분야에서 컴퓨터는 이미 없어서는 안 될 파트너가 되었다. 어쩔 수 없이 컴퓨터의 영향력과 개입은 앞으로 점점 더 늘어날 것이다. 컴퓨터가 스스로 증명까지 해낼 수 있는 시기가 온다면 새로운 시대가 열리게 된다.

인공지능 분야의 발전을 보면 이게 아주 황당한 꿈만은 아니다. 2016년 구글이 개발한 프로그램 알파고는 5판 경기에서 세계 최고 수준의 바둑 기사 이세돌을 물리쳤다. 2017년에는 체스와 일본 장기인 쇼기까지 할 수 있는 또 다른 구글 프로그램 알파제로가 알파고를 능가했다. 알파고와 알파제로 둘 다 1997년 체스 세계챔피언 게리 카스파로프Garry Kasparov를 물리쳤던 딥 블루와 같은 전통적인 체스 컴퓨터와는 완전히 다른 방식을 사용한다. 딥 블루의 강점이 수많은 가능한 수를 확인할 수 있는 데 있었다면, 알파제로는 추상적인 패턴을 인식할 수 있다. 이는 바둑을 두는 데 필수적인 능력으로, 알파고의 등장 당시 여러 뛰어난 바둑 기사들이 컴퓨터가 조만간 최고의 인간 기사를 능가할 수 있다고 생각하지 않았던 이유이기도 하다. 컴퓨터가 수학에서도 인간을 능가할 수 있으려면 바로 이와 같은 인공지능, 추상적인 연관성과 개념을 인식할 수 있는 인공지능이 필요하다. 컴퓨터가 그런 능력에서 피와 살로 이루어진 자신의 창조자를 따라잡고 능가한다면, 컴퓨터의 증명도 갈수록 인간의 증명과 마찬가지로 진정한 창의성이 담긴 것으로 여겨지게 될 것이다.

수학에서의 컴퓨터 사용으로 새로 고민해봐야 할 것들

컴퓨터가 수학에서 점점 더 큰 역할을 맡게 되면서 특별히 두 분야가 융성하게 될 수도 있다. 실험 수학은 컴퓨터를 사용해 엄청나게 많은 데이터 집합을 만들어 낸 뒤 새로운 추측이나 이론의 바탕이 될 수 있는 패턴을 찾는다. 부분적으로 엄밀한 수학은 더욱 논란의 대상이 되며 전통적으로 수학자가 해왔던 방식에 정면으로 배치된다. 앞으로 언젠가 어떤 정리를 증명하려고(혹은 반증하려고) 노력할 때 컴퓨터 사용 시간과 자원의 차원에서 비용을 생각해 결정해야 할 때가 온다는 주장이 있다. 이스라엘 수학자 도론 자일베르거Doron Zeilberger의 의견에 따르면, 분명한 증명이 존재하지만 그 증명을 얻는 데 들어갈 비용이 우리가 지불할 수 없는 수준임을 보이는 게 가능한 상황이 생길지도 모른다. 이런 경우 부분적으로 엄밀한 증명이 받아들일 수 있을 만한 수준의 확실성을 제공할 수 있다. 자일베르거는 미래의 논문은 초록이 이런 식이 될지도 모른다고 추측했다. "우리는 어느 정도 정확한 의미에서 골드바흐 추측이 0.99999이상의 확률로 참임을, 그리고 완전한 참인지의 여부는 100억 달러의 예산으로 결정할 수 있음을 증명한다."

수학, 특히 방대한 자료를 분석하는 데 컴퓨터가 점점 더 많이 쓰이면서 윤리적인 문제도 생겨난다. 우리는 생물학(특히 의학) 연구, 심지어는 무기 개발에 쓰일 경우 물리학 연구의 윤리 문제에 익숙하다. 그러나 수학은 너무 추상적이어서 옳고 그름을 따지는 일과 무관해 보인다. 그러나 그런 인식은 잘못된 것이다. 사람들이 윤리적 함의를 깨닫지 못하고 수학을 사용하거나 고의로 수학을 오용하는 경우도 있다.

케임브리지 애널리티카와 2016년 미국 대선

2013년에 생긴 회사 케임브리지 애널리티카는 세계 여러 나라 국가의 선거 결과를 조종하기 위해 데이터 마이닝과 분석 기법을 이용했다. 가장 악명 높은 사례는 도널드 트럼프Donald Trump가 승리한 2016년 미국 대선이었다. 그러나 그렇게 할 수 있었던 건 페이스북이 사용자에게서 얻은 데이터를 다루는 방식 덕분이었다. 여러 회사가 그러듯이 페이스북도 가능한 한 많은 고객 정보를 수집한 뒤 면밀하게 조사해 구체적이고 상업적으로 가치가 있는 정보를 찾아낸다. 예를 들어 사용자의 위치를 알아내고 그로부터 어떤 활동을 했는지 결론을 이끌어내는 건 비교적 쉽다. 수집한 데이터를 이용해 개인의 신념(선거에서 어느 쪽에 투표할 것인지)을 가늠하는 것도, 정치적인 견해의 강도를 판단하는 것도 가능하다. 이런 분석을 하는 핵심 이유는 광고다. 광고주가 더 효과가 좋은 사람을 표적으로 광고할 수 있도록 하기 위해서다. 그 과정에서 되먹임 고리가 생길 수도 있다. 유튜브를 이용하는 사람이라면 아마 알 것이다.

되먹임 고리는 흔히 알고리즘의 결과를 인간의 결정을 바탕으로 강화할 때 생긴다. 만약 여러분이 특정 정치적 견해가 담긴 유튜브 영상을 본다면, 유튜브 알고리즘은 이것을 인식하고 비슷한 내용의 영상을 더 많이 추천할 것이다. 사람들은 화면 위에 두드러지게 떠 있는 이런 추천 영상을 클릭하게 마련이다. 그리고 자동 재생 기능이 있으니 다음에 무엇이 나오든 그저 보고만 있을 수도 있다. 그 결과가 되먹임 고리다. 정치적으로 기울어진 영상 하나를 보면 똑같은 메시지를 보내는 영상을 더 많이 보게 된다. 그리고 그런 관점은 갈수록 점점 더 극단적이 된다. 일단 유튜브가 특정 유형의 영상을 보는 사람들을 확인하면, 광고주는 이들을 표적으로 삼을 수 있다. 그러면 돈을 벌 수 있고, 똑같은 종류의 영상에 더 많은 사람을 끌어들일 동기는 더욱 커진다.

케임브리지 애널리티카의 경우 처음에는 '이것이 여러분의 디지털 생활입니다'라는 앱을 개발했다. 이 앱은 사용자와 사용자의 페이스북 친구들의 정보를 수집했다. 그리고 정치적 경향을 파악한 뒤 선거 결과에 가장 효과적으로 영향을 끼칠 것 같은 광고를 제공했다. 예를 들어 누군가가 힐러리 클린턴 지지임을 알게 되면, 그 사람에게 클린턴이 이미 유리하다는 내용의 광고를 보낼 수 있다. 그러면 그 사람은 선거일에 투표해야겠다는 생각이 줄어들 수 있다. 반대로 굳이 투표하지 않을 수도 있는 온건한 공화주의자에게는 투표가 얼마나 중요한지를 알리는 광고를 보낼 수 있다. 특정 당이나 후보에 관한 언급은 하지 않는다. 케임브리지 애널리티카는 그 사람이 만약 투표한다면 공화당 후보인 도널드 트럼프에게 할 것이라는 사실을 이미 알고 있기 때문에 그건 불필요한 정보다.

이 시스템의 영리한 점, 그리고 대단히 위험한 점은 주석이 어렵다는 것이다. 각 사용자는 기껏해야 광고 한 개를 본다. 그리고 광고의 출처는 서로 완전히 다른 곳으로 보인다. 예를 들어 클린턴의 성공에 관한 광고를 받은 사람은 으레 그게 민주당에서 왔다고 생각할 것이다. 반면 투표를 권장하는 광고를 받은 사람은 출처를 독립적이고 비당파적인 선거 위원회로 생각할 것이다. 흔적을 숨김으로써 케임브리지 애널리티카는 교묘하게 2016년 미국 대통령 선거 결과를 비롯해 전 세계의 수많은 선거에 영향을 끼칠 수 있었다. 악행이 드러나고 회사가 강제로 문을 닫게 된 건 2018년이 되어서였다. 페이스북은 사용자의 개인 정보를 보호하지 못한 죄로 벌금 50만 파운드를 내야 했다. 그러나 비슷한 윤리 위반이, 기업과 국가 차원에서 여전히 벌어지고 있다는 데는 의심의 여지가 없고, 앞으로도 오랫동안 온라인 환경의 특징이 될 것이다.

스트라바와 아프가니스탄의 미군

데이터를 수집해 사용하는 일은 예상치 못한 위험을 가져올 수도 있다. 소셜 피트니트 네트워크 서비스를 제공하는 앱 스트라바Strava는 사용자가 운동 결과를 상세하게 관리할 수 있게 해주며, 추가 악세사리를 이용해 심박수와 같은 좀 더 상세한 정보를 측정할 수 있다. 이후 회사는 모든 데이터를 온라인에 공개하기로 결정했다. 모든 게 익명이니 그래도 안전하다고 생각했던 것이다. 그러나 데이터에 접근할 수 있는 사람이라면 특정 주소로 이어지는 조깅 경로를 쉽게 추적할 수 있고, 이어서 누가 그 경로로 달리는지를 확인할 수 있다. 게다가 그 사람이, 가령 매일 오전 8시 20분에 조깅에 나선다는 사실을 알면 위치를 어느 정도 정확하게 추적할 수 있다. 이 사례로 볼 때 이름만 지워서 데이터를 익명화한다는 건 도리가 없을 정도로 순진한 생각이라는 게 분명하다.

2018년 국제 안보를 공부하던 호주의 한 대학생 네이선 루서Nathan Ruser는 스트라바의 사용자 정보 수집에서 생기는 잠재적으로 더 심각한 문제를 찾아냈다. 다름이 아니라 대부분이 사막인 아프가니스탄에서 나온 데이터가 문제였다. 그 지역에는 주로 양치기 유목민이 살았다. 피트니스 앱을 사용할 만한 사람들은 아닌 게 분명했다. 그런데 루서는 스트라바의 데이터에 따르면 그 지역에서 조깅하는 사람들이 거의 완벽한 정사각형 경로를 따라 달린다는 사실을 알아챘다. 경로가 정사각형 안으로 들어가 그 안에서 이리저리 돌아다닐 때도 많았다. 이건 아프가니스탄의 양치기가 아니었다. 루서는 그게 미국의 비밀 군사 기지에서 조깅하는 미군 병사라는 사실을 깨달았다. 열심히 모은 데이터를 통해 스트라바는 자기도 모르게 군사 기지의 위치뿐만 아니라 내부의 상세한 지도까지 공개해 버렸던 것이다.

그런 민감한 데이터의 유출은 여러분이 어떤 사람이냐에 따라 부정적으로도 긍정적으로도 다가올 수 있다. 예를 들어 만약 여러분이 미국 국방부 소속이라면, 아마 누구나 볼 수 있게 기지의 위치가 공개된 데 따른 국가 안보에 대한 잠재적인 위협에 분개할 것이다. 반대로 만약 여러분이 군사적인

이점을 노리는 탈레반 요원이거나 혹시 미국이 부당하게 사람을 체포하고 감금하는지 알고 싶은 국제앰네스티 직원이라면, 스트라바의 정보가 아주 유용하다고 생각할 수도 있다. 어쨌든 스트라바와 페이스북의 사례와 같은 사건은 만약 방대한 데이터를 쌓아 놓고 있다면 언제나 그게 예상치 못했던 그리고 해악을 끼칠 수도 있는 용도로 쓰일 위험이 있다는 사실을 보여준다.

한 세기 전에 추측했던 수학의 미래

미래의 수학을 추측하는 일은 전혀 새로운 게 아니다. 거의 한 세기 이상 전부터 저명한 수학자들이 해왔던 일이다. 1908년 앙리 푸앵카레의 글에 따르면,

> 수학의 미래를 예측하는 진정한 방법은 수학의 역사와 현재 상태를 연구하는 데 있다.

이런 맥락에서 과거의 수학자가 무엇을 자신의 분야에서 가장 어려운 과제로 생각했는지를 살펴보고 그 이후 성취한 내용과 비교해보는 건 유용하다. 20세기 초 당대의 가장 영향력 있는 수학자였을 다비트 힐베르트는 앞으로 풀어야 할 가장 중요하며 흥미로운 미해결 문제 23가지의 목록을 발표했다. 1900년 파리에서 열린 제2회 세계수학자대회의 유명한 연설에서 힐베르트는 이렇게 말했다.

> 수리 과학 전반의 발전에 있어 명확한 문제가 갖는 커다란 중요성은… 부정할 수 없다… 어느 지식 분야가 그런 문제를 충분하고도 남을 정도로 제공하는 한 그 분야는 생명력을 유지한다…

힐베르트의 문제는 이후 몇십 년 사이에 많이 풀렸다. 그리고 그때마다 수학에서 중요한 진전이 이루어졌다. 일부는 명확한 답이 나오기에는 너무 모호하거나 정의가 불충분하다는 재평가를 받았고, 한 문제는 현재 수학보다는 물리학 문제로 여겨지고 있다. 단 세 문제만이 미해결 상태로 남아있는데, 그중에는 가장 유명하고, 일반적으로 수학에서 가장 중요하다고 인정받는 미해결 문제가 있다. 바로 소수의 분포를 다루는 리만 가설이다.

오늘날 힐베르트의 23가지 문제와 가장 비슷한 건 클레이 연구소가 100만 달러의 상금을 걸고 있는 밀레니엄 문제 7가지다. 이 21세기의 도전 중에서 지금까지 단 한 문제만이 수학계가 만족할 만한 수준으로 풀렸다. 바로 푸앵카레 추측으로, 은둔의 러시아 수학자 그리고리 페렐만Grigori Perelman이 해결했는데, 페렐만은 100만 달러 상금과 필즈 메달 모두 받기를 거부했다.

밀레니엄 문제 중에서 막대한 실용적 관심을 받고 있는 것으로 P 대 NP 문제(『기묘한 수학책』의 5장에서 자세히 다루었다)가 있다. 모든 경우에 대해 만약 어떤 문제의 답을 빨리 검증할 수 있다면, 마찬가지로 빨리 답을 찾을 수 있는지를 묻는 문제다. 만약 P=NP임이 밝혀진다면, 빨리 검증할 수 있다고 하는 모든 수학 문제는 빨리 풀 수도 있다. 그 결과는 엄청날 것이다. 운송 일정이 최적으로 계획할 수 있어 사람과 상품을 가능한 가장 효율적으로 실어나를 수 있게 된다. 공장의 생산성도 올라가면서 폐기물은 오히려 적게 만들 수 있다. 그리고 단백질 접힘과 같은 온갖 복잡한 과학 시뮬레이션도 가능해질 것이다. 미국의 컴퓨터과학자 스코트 애런슨Scott Aaronson은 이렇게 표현했다.

> "만약 P=NP라면, 세상은 우리의 평소 생각과 근본적으로 다른 곳이 될 것이다. '창조적 도약'에는 아무 특별한 가치가 없을 것이고, 문제의 답을 구하는 것과 일단 답이 있을 때 답을 확인하는 것 사이에 아무런 근본적 차이가 없게 된다."

반대로 만약 P와 NP가 같지 않다는 사실이 밝혀지면, 어떤 문제는 아무리 많은 자원과 데이터, 전문가를 투입한다고 해도 푸는 데 천문학적인 시간이 걸린다는 뜻이 된다.

수학자들은 최근 어느 한 분야의 도구를 다른 분야의 문제에 적용하며 괜찮은 진전을 이루어왔다. 때로는 어떤 미해결 문제의 용어를 다른 분야, 가령 정수론 문제의 용어를 위상수학의 언어로 번역하는 방식을 쓰기도 했다. 이런 방식으로 돌파구를 열었다는 건 서로 아주 달라 보이는 수학의 여러 분야가 어쩌면 사실은 밀접하게 연결되어 있을지도 모른다는 사실을 시사한다. 어떤 이들은 아예 수학의 '모든 것의 이론(과학자들이 우주의 가장 근본적인 모습을 연결하고 있을지도 모른다고 추측하는, 모든 것을 망라하는 이론)'이 우리 손아귀에 있는 게 아닌지 궁금해하기도 한다.

수학에 관심을 갖기에 지금보다 더 흥미로운 시절은 없었다. 천문학자가 미탐사 행성과 블랙홀과 암흑에너지 같은 진기한 대상으로 가득 찬 우주를 내다보는 것과 마찬가지로 수학자는 소수와 다차원 기하학의 미해결 문제를 보며 경이로워한다. 수학자들은 호모토피 이론과 범주론 같은 도구를 통해 겉보기에 전혀 달라 보였던 수학의 여러 분야 사이에 놓인 그물망을 인식하기 시작하고 있다. 수학에서 컴퓨터 사용은 점점 늘어나고 있으며, 인공지능이 수학의 미개척 영역을 탐사하고 인간의 두뇌만으로는 불가능할 정도로 빠르게 나아가면서 그 속도는 점점 더 빨라질 것이다. 지금 우리는 놀라우면서도 기묘한 수와 도형, 대칭의 새로운 앞날을 볼 수 있게 될 수학적 탐험의 황금시대를 목전에 두고 있다.

가장 기묘한 수학책

스포츠부터 암호까지, 기묘함이 가득한 수학 세계로의 모험

초판 1쇄 인쇄 2023년 4월 26일
초판 1쇄 발행 2023년 5월 8일

지은이 데이비드 달링, 아그니조 배너지
옮긴이 고호관
펴낸곳 (주)엠아이디미디어
펴낸이 최종현
기획 김동출
편집 최종현
교정 윤동현
마케팅 유정훈
디자인 박명원
지원 윤석우

주소 서울특별시 마포구 신촌로 162 1202호
전화 (02) 704-3448 팩스 02) 6351-3448
이메일 mid@bookmid.com 홈페이지 www.bookmid.com
등록 제2011—000250호
ISBN 979-11-90116-81-7(03410)